"十四五"高等教育地理科学类系列教材

生物地理学实验与实习教程

主　编　田浩廷
副主编　杨晓辉
参　编　何岸飞　郁　祁
　　　　姜　晶　丁　静
　　　　钱　坤　冯静毅

南京大学出版社

图书在版编目(CIP)数据

生物地理学实验与实习教程 / 田浩廷主编. -- 南京：
南京大学出版社，2024. 8. -- ISBN 978-7-305-28365-9

Ⅰ. Q15-33

中国国家版本馆 CIP 数据核字第 2024US4362 号

出版发行　南京大学出版社
社　　址　南京市汉口路 22 号　　邮　编　210093

书　　名　**生物地理学实验与实习教程**
　　　　　SHENGWU DILIXUE SHIYAN YU SHIXI JIAOCHENG
主　　编　田浩廷
责任编辑　刘　飞　　　　　　　编辑热线　025－83592146

照　　排　南京布克文化发展有限公司
印　　刷　南京玉河印刷厂
开　　本　787 毫米×1092 毫米　1/16　印张　14.75　字数　345 千
版　　次　2024 年 8 月第 1 版　2024 年 8 月第 1 次印刷
ISBN 978-7-305-28365-9
定　　价　49.00 元

网　　址　http://www.njupco.com
官方微博　http://weibo.com/njupco
官方微信　njupress
销售咨询热线　025－83594756

　　生物地理学是地理学与生物学之间的交叉学科，是研究生物的发展演化、地理分布及其分布规律的科学，因而是一门实践性很强的专业基础课程。由于计算机、高分辨率遥感影像及地理信息系统等现代科学技术不断向生物地理学及其分支学科渗透，使得生物地理学向实验科学的发展成为必然。加强生物地理学的实验和野外实习教学，培养学生的创新意识与实践创新能力，成为生物地理学十分重要和迫切的教学环节。目前，部分院校地理相关专业的本科教学中设置了生物地理学课程，而且都十分重视课堂实验与野外实践教学环节，但与生物地理学教材及学科发展动态以及创新人才培养相适应的实验与实习教材尚不多见，这在一定程度上影响到生物地理学的实践教学。为此，在依托前期本科教学及自编的《生物地理学实验与实习指导书》基础上，结合本科教学特点编写了《生物地理学实验与实习教程》，作为生物地理学实践教学的配套教材，希望本教程的出版及应用能够达到加强实践教学、提高学生综合素质、培养学生创新精神和实践创新能力的基本目标要求。

　　本书内容为第一章绪论，主要介绍生物地理学实验与实习的意义、基本方法及实验与实习报告的编写。第二章为植物地理学实验与实习，包括植物基本形态、植物分类、植物与环境、植物群落、植物区系与植被类型等方面的实验与实习。第三章为动物地理学实验与实习，主要包括动物细胞的基本形态观察、大型土壤动物群生态实习、鸟类形态特征观察及群落生态实习。

　　本书主编及参编者在高校长期从事地理科学、生态学及环境科学专业的教学和科研工作，具有深厚的理论知识、丰富的教学经验和野外实习经验。书中插图主要源于教程编写人的拍摄和制作，部分插图源于网络资源，在此对网络图片的制作者表示诚挚感谢。本书的编写过程还收到了很多同行的宝贵建议，得到了学校和学院领导的大力支持，在此一并表示衷心感谢！

　　本教程的编写为初次尝试，经验不足，加之编写人专业水平有限，书中不当之处在所难免，敬请专家、同行和读者批评指正。

田浩廷

2024年4月

目录

第一章

绪论

　　生物地理学是研究生物的发展演化、地理分布及其分布规律的科学,是一门实践性很强的专业基础课程。学生不仅要学习生物地理学的基本理论与基本知识,而且要掌握室内与室外基本的实验、观察、观测、调查、分析等操作方法,获得对生物资源与环境关系进行分析的基本技能,以达到巩固课堂理论教学的效果,为今后专业课学习及相关专业研究奠定基础。

　　室内实验与室外实习是生物地理学教学中重要的实践教学环节,是培养学生学习兴趣、创新意识以及实践能力的重要教学过程。实践教学,一方面可使学生将所学理论与实践相结合,增强感性认识,加深对课堂讲授理论知识的理解;另一方面,学生通过自身实际操作了解本课程实践教学操作的基本技能和方法、掌握有关仪器的工作原理与使用方法;训练科学思维,养成实事求是的科学态度和严谨科学的学术作风。另外,实践教学还可以培养学生热爱大自然与生物、热爱专业、团结协作、吃苦耐劳的精神,增强独立观察、独立思考和独立解决实际问题的能力,提高学生的综合素质。

第一节　生物地理学实验与实习的目的及意义

　　生物地理学实践教学包括室内实验与野外实习两部分。室内实验可以使学生学会最基本的实验操作方法,熟悉实验操作规范,掌握基本的实验技能,培养动手能力。野外实习可使学生掌握最基本的野外工作方式与方法,培养观察事物、发现问题、提出问题及解决问题的综合实践能力,并进一步培养学生的科研意识、创新能力,提高综合素质。实践教学是实现理论知识与感性认识有机结合的重要手段与途径。

一、巩固课堂理论教学内容

　　生物地理学是一门交叉学科,涉及的理论与内容较多,生物的演化与分布涉及的时空跨度也较大。生物分类、生物命名、生物细胞、组织与器官等基础知识的内容繁杂，难以掌握；而且生物种群、生物群落以及各种生物群的地理分布、生物区系及其区系组成、生物与环境的关系等内容又涉及很强的实践性。因此，只有使生物地理学的教学从课堂理论教学与走进实验室、走向大自然相结合，做到理论联系实际，增强对地球上生物的形成、演化、生物群组成结构、动态变化、生物基本类群及其地理分布、生物区系及其区系组成以及生物与环境关系的深入理解与感性认识，才能使课堂所学知识得到巩固、加强与验证。另外，通过实践教学，还能开阔学生的视野、拓宽知识领域、开发智力、启迪思维，真正学到课堂上学不到的知识与实践技能，为后续专业学习及未来工作奠定坚实基础。

二、培养学生观察世界、发现问题和分析问题的能力

生物地理学研究地球表面的生物群，阐明地球上生物分布的基本规律。随着人类社会的不断发展，自然生态环境不断发生着变化，因而产生了许多生态环境问题，导致了生物多样性的降低。野外实习让学生对地球上生物群的组成结构、动态变化、生物与环境的关系、生物的地理分布及其区系演变等内容进行亲身感受、详细观测、调查研究或采样分析，获取第一手资料，然后分析资料，探讨地球上生物的时空变化及其现存问题的形成原因，从而让学生正确认识和理解实现生物与自然之间、生物与人类之间和谐共存关系的重要性。这对学生正确认识地球上生物多样性的保护及其合理利用以及实现人类的可持续利用有重要意义。

三、培养学生形成爱护生物、保护环境的良好素养

爱护生物、保护环境良好素养的培养不只局限于教室中。生物地理学野外实习能让学生走进大自然，亲身感悟大自然的神奇，将所学知识与大自然现实现象有机结合起来，去发现自然界生物与环境之间的奥秘。所以，实习可激发学生学习生物地理学的兴趣与热情，使学生在正确认识自然与生物、人类与生物关系的基础上，逐步树立起热爱大自然、热爱生物、珍惜生命、爱护环境的良好品德。另外，野外艰苦的实习过程，还能培养学生的吃苦耐劳、互助互爱、团结协作、勇于探索和大胆创新的精神。

第二节　生物地理学实验与实习的基本要求

一、实验课要求与实验室规则

1. 实验课要求

（1）实验前应预习实验课内容与实验指导，明确每次实验目的、内容与方法，做到"心中有数"，提高实验课效果。

（2）仔细检查实验仪器和用具，包括自备的实验用品，如：绘图铅笔、绘图纸、铅笔刀、橡皮、三角板、小直尺、实验报告纸等。

（3）认真听取老师对实验的讲解与要求，操作注意事项，特别是关键步骤做好记录。

（4）实验时，要严肃认真，严格遵守操作规范，仔细观察，及时记录，务求绘图仔细准确，独立思考、独立完成。

（5）绘图不过分追求美观，务求比例正确、线条清楚、客观真实。必要时用细点来区分明暗部分，不能用笔涂抹阴影。绘图前应对本实验所绘图数目及大小做到心中有数，并在纸上作适当安排，对于图中各部名称，要在图的一侧横向书写清楚。

（6）认真对待实验作业，按时完成实验报告，实验后要结合思考题进行总结，以巩固实验结果。

2. 实验室规则

（1）学生按实验规定时间提前10分钟进入实验室，做好实验前的预备工作。

（2）每10人一组，按编号使用显微镜，用前做好检查，用后擦拭整理，放回原处，盖好防尘罩。如有损坏，及时报告实验指导老师。

（3）爱护国家仪器及其它公共设施，节约材料药品及水电。如损坏仪器用品须立即主动向老师报告，按仪器管理规定酌情处理。

（4）实验室内要保持严肃、整洁，严格遵守实验室规则，不得大声喧哗、吵闹、嬉戏及随意走动，实验室内严禁吸烟，不准随地吐痰、乱扔纸屑、杂物等。

（5）每组实验结束后，清点仪器用品，清理自己用的实验台，将仪器、标本、药品、用具等整理好放回原处或办理归还手续，填写使用记录卡。将实验室打扫干净。

（6）值日生负责打扫实验室，最后离开实验室时要检查水电开关及门窗是否关好，检查无误后方可离开实验室。

二、野外实习的一般过程及基本要求

1. 野外实习的一般过程

生物地理学野外实习通常包括如下几个过程：明确实习目标与任务、制定实习计划、实习前的准备工作、实习内容实施与过程管理、实习评价与总结。

（1）明确实习目标与任务

生物地理学的野外实习具有综合性、区域性及差异性特点，每次野外实习会涉及不同的区域与实习内容。所以，明确实习目标与任务，对实习有着非常重要的作用。只有明确了实习目标与任务，制定切实可行的实习计划，才能在实习中做到有目的地开展实习活动，提高实习的效果。第一，熟悉本课程总体实习规划与总体实习目标；第二，了解课程总体实习计划与实习内容；第三，了解具体实习区域、实习路线与实习点的内容；第四，了解不同实习区域的特色、实习内容的侧重点及解决的问题。

（2）制定实习计划

根据课程总体实习目标及任务，制定总体计划与具体实习计划。总体计划可保证课程所有实习内容及实习进程的有序安排与实施。具体实习计划是保证野外实习有序高效进行的有力保证和重要环节。总体计划可包括实习的组织领导、人员组织与配备计划、实习时间安排与协调、车辆安排、实习地点食宿安排、安全保障、实习总体考核等。具体实习计划包括具体实习的实习时间、地点；实习目的、实习具体内容与任务要求；具体实习路线与实习点以及点上的观察内容、观察方法及基本要求；具体实习路线进程安排；实习指导老师、组织管理的带队老师、学生野外实习分组及负责人安排、后勤服务人员安排、实习资料与用品计划、实习保障措施、实习要求及安全措施、实习效果评定方法及成绩管理办法等。

（3）实习前的准备工作

准备实习的各种材料，包括实习内容的指导资料、实习用图件、记录表格等；实习工具与仪器设备借用、药品及日常用品准备；野外工作人员组织与分工；实习经费及交通、住宿的落实；实习内容与目标要求；实习分组及完成任务的分工要求；实习动员与安全教育。

（4）实习内容实施与过程管理

实习内容的实施是野外实习工作的核心部分与重要环节。实习指导老师要严格按实习前设计的实习路线与实习点开展野外实习教学，学生不仅要听好老师的讲解，更要自己动手做好野外的调查、观测与记录。各实习小组要严格按小组实习计划与目标任务，团结协作，分工负责，共同完成实习任务。学生自己动手活动时，指导老师要做好现场的指导、答疑，参与学生讨论问题，解决野外随时发现的相关问题。负责野外组织的带队老师或辅导员配合主讲教师做好野外安全工作，严格控制学生野外私自行动，保证实习过程顺利实施。

（5）实习效果评价与总结

实习结束后，学生在一周内完成实习报告。指导教师对实习报告进行认真评阅，并按标准给出评定成绩。同时，对整个实习过程进行总结与评价，学生写出实习总结，每个小组选出一位代表做总结发言。学生实习的最后成绩要包括实习表现成绩、实习报告成绩及实习过程中的专业技能成绩构成，每部分按照 2∶6∶2 的比例计算。

2. 野外实习的基本要求

野外实习就是在野外进行的教学实践活动，属于课堂教学的一种形式。教师要认真讲解，学生要认真听课，做好记录。要充分利用实习时间，合理安排实习内容，让学生全身心投入实习。学生要多看、多动、多想、多问、多思考。当然，野外实习又不同于室内的课堂教学，野外分散，学生多，不好管理。所以，要严格实习纪律，保证实习安全，一切行动服从统一安排，避免粗放式的自由活动；严禁到不安全的地方，按规定时间活动，不许任何学生早离队晚归队；学生学会自我管理，保管好自己的物品及所分担携带的公物。另外，同学之间要团结互助，文明礼貌、爱护实习地区群众的一草一木；要艰苦朴素、吃苦耐劳；要勤于动手、仔细观察、认真思考、深入探索、努力钻研、敢于创新。实习小组内多讨论探究，掌握实习技能，提高实习效率。

第三节　生物地理学实验与实习报告编写

一、实验或实习报告的内容与规范

实验或实习结束后，学生要撰写实验或实习报告，对实验或实习获得的资料、数据进行归纳整理、分析总结。实验报告或实习报告均按报告的格式要求撰写。报告要包括两部分内容：报告基本信息与正文。报告的基本信息可呈现在实验或实习报告的封面上，包括：单位、专业、姓名、班级、组长、小组成员、指导教师、报告提交时间。正文包括：实验或实习题目、实验或实习目的、实验或实习时间、实验地点或实习路线、实习地点、实验或实习内容、结果、实验或实习总结。

实验或实习报告的正文部分是实验或实习报告的核心部分，也是学生实验或实习过程的成果汇报。报告的题目要体现实验或实习的基本内容，要具体明确。前言部分包括实验或实习的时间、地点；实验或实习的基本原理、基本技能；实验或实习的方法、目标和任务；对野外实习要综述实习地区基本情况等。报告的正文是实验或实习过程中进行的主要部分，对过程中所进行的内容、收获及结果进行整理、归纳与分析，形成完整的系统的文本。实验或实习总结部分，要求全面概要地总结实验或实习的主要成果、存在的问题、感受与体会、新见解、意见或建议等。

二、实验或实习报告的撰写要求

1. 要求学生以严肃认真的态度撰写报告，报告内容要客观真实。
2. 报告力求简明扼要、图文并茂、图表清晰、概念正确、数据真实、论证可靠、证据充分。
3. 报告格式规范、各个环节齐全、内容客观真实。

第二章

植物地理学实验与实习

植物地理学的实验与实习,旨在让学生熟悉有关植物地理学的基础知识,掌握植物地理学的实践方法,认识植物及植被分布规律。实验教学部分旨在让学生了解显微镜及解剖镜的构造和使用方法;掌握各类植物的形态解剖特征;掌握植物的系统分类类型;熟悉常见植物科、属的识别特征;学会植物检索表的编制与使用,认识常见植物;学会植物标本的采集、制作与保存方法;学会种子植物形态描述方法及标本鉴定;学会阅读和制作植被图。野外实习部分旨在加强学生对植物群落及植被的感性认识;理解植物群落概念,掌握植物群落调查的基本方法、群落数量调查、统计分析群落数量特征及群落的结构分析等基本方法;掌握植被分类、植物群落命名及植被类型描述方法。

第一节　植物的基本形态

实验一　显微镜、解剖镜的构造及使用方法

一、实验目的

1. 了解显微镜、解剖镜的基本构造,理解显微镜的成像原理。

2. 熟悉和掌握显微镜的正确使用方法及其维护。

二、实验用品

显微镜、解剖镜。

三、实验内容

(一)显微镜

1. 显微镜的构造

显微镜是观察生物体各种细微结构的重要光学仪器。其构造精密,使用时必须按照规定的方法进行操作,才能保证它不受损坏,并收到良好的观察效果。显微镜的种类很

多,但基本构造相似,是由机械装置与光学系统两个部分组成的。

　　以上海产 2XA 型显微镜为例,机械装置部分包括:镜座、弯臂、载物台及标本移动器、镜筒、物镜转换器、升降调节螺旋等机件;光学系统部分包括:目镜、物镜、聚光器与反光镜等玻璃透镜。显微镜的构造,如图 2-1-1 所示。

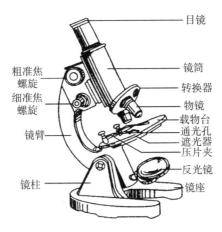

图 2-1-1　显微镜的构造

　　(1) 显微镜的机械装置

　　①底座(镜座)是仪器整体的基座。它可使仪器稳定地放在桌上。底座后侧面有孔,可安插光源组。

　　②弯臂是与底座固定连接的部分,其下面两侧装有粗、细调节螺旋,上端支镜筒,为抓握显微镜之处。

　　③载物台(镜台)及标本移动器。载物台是放置载玻片标本的方形平面台,中央有一圆形通光孔。台上的标本移动器是利用滚花螺钉使其固定在载物台上的。移动器一端有弹性压片夹,以固定被观察的载玻片标本。移动器上的手轮分别可使标本做横向与纵向移动,其上表面的刻度是用作标本定位及记取标本移动量的。

　　④镜筒是弯臂上端由金属制成的中空弯筒,上端装目镜,下端装有物镜转换器。物镜转换器上有四孔,可拧上四个不同倍率的物镜,转动圆盘即可交换使用各种物镜。各物镜是齐焦的。当以 10× 物镜观察后,转换至其它倍率物镜时,视场中心象仍然保持在视场范围内。为避免光线漫射,镜筒内壁喷上黑色无光漆。

　　⑤升降调节螺旋:在弯臂下面两侧装有升降调节螺旋,大轮是粗调节螺旋,小轮是细调节螺旋。粗调节螺旋旋转一周,可使载物台升降 10 mm,通常是低倍镜时使用,细调节螺旋旋转一周升降 0.1 mm,通常是高位镜观察时调节,使用时应特别小心,一般旋转不应超过一圈,调节螺旋向后转(即向内方向)是使载物台上升,向前转,则使载物台下降。

　　(2) 显微镜的光学系统

　　①目镜是插入镜筒上端的透镜,也叫接目镜,用以放大物镜所形成的物象。显微镜备有几个倍数不同的目镜,其上标有放大倍率。如 5×、10× 等。目镜越长,放大倍数愈小。

　　②物镜也叫接物镜,是显微镜最宝贵的部分,安装在镜筒下面的转换器上。显微镜一般有 3~4 个物镜,在金属筒上刻有放大倍数,如 4×、10×、40× 等几种,其中,10× 以下

为低倍物镜,40×～65×的物镜为高倍物镜,90×以上的为油镜。放大倍数愈大的物镜其镜筒愈长,其镜头与标本间的距离就愈小。整个显微镜的放大倍数等于目镜和物镜放大倍数的乘积。

③聚光器位于载物台透光孔下方,由几个透镜(集光镜)组成,它的作用是集聚由反光镜反射上来的光线射入镜筒,使较弱的光线照于待观察的载玻标本物上。

④反光镜是在聚光器下方的圆镜,可以在水平和垂直两个方向上自由旋转,以对准光源,使外来光源的光向上反射而入聚光器,圆镜一面为平面镜,一面为凹面镜,一般在光弱时用凹面镜,光强时用平面镜。

2. 显微镜的成像原理

光学显微镜是利用光学成像原理观察生物体结构的,其成像原理,如图 2-1-2 所示。光学显微镜经过物镜和目镜两次成像,物体(AB)第一次经过物镜成像,此时物镜的作用类似于投影仪的镜头,该物体(AB)通过物镜成倒立、放大的实像(B′A′)。该实像(B′A′)通过目镜二次成像,此时目镜的作用类似于普通放大镜,因此该实像(B′A′)通过目镜成正立、放大的虚像(B″A″)。因此,经显微镜到人眼后物体(AB)最终成倒立、放大的虚像(B″A″)。

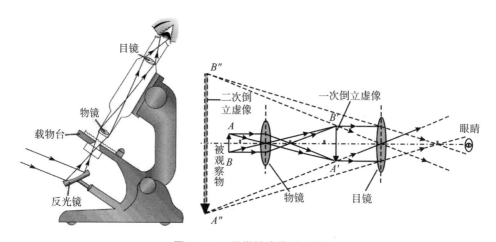

图 2-1-2 显微镜成像原理图

3. 显微镜的使用

(1)镜检环境:实验室内要宽敞整洁,潮气、尘埃小,室内不放置有腐蚀性的试剂;地基坚固无震动;观察时光线柔和,避免使用直射阳光,以免造成眼睛伤害。一般利用阳光的散射光或反射光。

(2)显微镜放置:取用时,一手提着弯臂,一手托住镜座,保持直立位置。把显微镜放在实验台桌面上,应偏于操作者左侧(右侧放绘图纸、笔等用具),应使镜臂朝向身体,镜座与实验台边缘相距约 5 cm。安放后不要随意移动,以保证光源不变。

(3)对光:转动物镜转换器,先将低倍接物镜与镜筒成一直线,然后用左眼由目镜向下观察,将反光镜调向光源,然后用聚光器和光圈调整光度,避免光线过强或过弱。此时镜内所见的圆形光亮部分叫视野。

（4）放置载玻片标本：取一待观察的玻片标本置于载物台上，使标本位于通光孔的正中心，用标本夹夹住。

（5）低倍镜的使用：观察时先将低倍物镜旋转到中央，小心转动粗调节螺旋，使载物台升至与物镜较近距离（约 1 cm），通过目镜观看标本，向外方向转动粗调节螺旋使载物台徐徐下降，直到所看物像清晰为止。如果物像不在视野中央，可用手转动手轮，端正位置，但移动时要注意方向，因为显微镜视野中所成之像都是倒像。所以，玻片移动方向应与物像方向相反。

（6）高倍镜的使用：在上述低倍物镜下把物像对准于中央以后，若放大倍数太小，可调用高物镜，即转动旋转器换为高倍接物镜。这时若观察不清楚，应用细调节螺旋进行调节（严禁用粗调节螺旋调节），看到出现清晰物像为止。在使用细调节螺旋时，切勿转到极限，最好只在半圈范围内转动使用。注意不管粗、细螺旋的旋转，一定要由上向下操纵。这样，可防止错过焦点。

4. 显微镜的使用注意事项

（1）持取显微镜时必须一手提弯臂，一手托住镜座，切不可斜提，要轻取轻放。

（2）使用前后都要仔细检查有无损坏和丢失零件（特别是镜头）的现象。

（3）显微镜安置妥当后，要保持显微镜的清洁，机械部分有灰尘时用纱布擦净。物镜、目镜等玻璃部分若有尘埃或脏物，不得用手指、手帕任意抹擦，必须用特备的拭镜纸拭擦。

（4）未经老师同意，不得将显微镜之任一部分随意拆卸，以免损坏或使尘埃落入镜内。

（5）运用粗、细调节螺旋时必须由上向下对焦距，并且转动不能超过极限，以免受损失灵。若发现螺旋使用不灵活时，切勿强扭，立即请老师帮助。

（6）要保持载物台干净，所以切片必须擦净，并注意勿将玻片翻置。观察新鲜材料时，要在标本上加盖玻片，以免沾污镜头，不要让水分或试剂接触物镜。

（7）观察标本时应先在低倍镜下观察，然后转换到高倍镜，不能直接用高倍镜观察。要注意高倍镜不要接触到盖玻片，以免损伤到物镜镜头。

（8）用完显微镜后，撤下载玻片，检查玻片有无遗失损坏，然后转动转换器，使物镜偏到两旁，将镜筒下降最低处，并将聚光器放下，反光镜垂直，然后放入镜箱内锁好或用布罩盖上。

（二）解剖镜

1. 解剖镜的构造

解剖镜由镜座、玻璃镜台、镜柱、调节器及物镜、目镜等组成。PXS6 解剖显微镜结构，如图 2-1-3 所示。

2. 解剖镜的使用方法

（1）取用、放回或搬动解剖镜时必须一手握持镜柱，一手托住镜座，切不可斜提，要轻取轻放。把解剖镜放在实验台桌面上，应使镜柱朝向操作者，且偏于操作者左侧（右侧放绘图纸、笔等用具），镜座与实验台边缘相距约 5～10 cm。

（2）旋松螺丝，调整物镜与玻璃镜台到合适距离，然后旋紧螺丝，防止滑落。

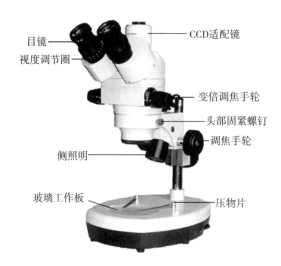

目镜
视度调节圈
CCD适配镜
变倍调焦手轮
头部固紧螺钉
调焦手轮
侧照明
玻璃工作板
压物片

图 2-1-3　PXS6 解剖显微镜结构图

（3）把装有植物标本的培养皿或植物标本直接放在玻璃镜台上，透明标本用玻璃镜台，深色标本或淡色标本，改用白色底板或黑色底板，加灯光照射标本。

（4）调整两个目镜间距离，使双眼能看到植物标本。旋转调节器直到能清楚看到植物标本的外部形态。

3. 解剖镜使用注意事项

（1）解剖镜安置妥当后，要保持解剖镜清洁，机械部分有灰尘时用纱布擦净。物镜、目镜等玻璃部分有尘埃或脏物，不可用手指、手帕任意涂擦，必须用特备的拭镜纸拭擦。

（2）不得随意拆开解剖镜各部分，以免损坏或使尘埃落入镜内。

（3）使用完毕后，旋松螺丝，恢复原来位置后再旋紧螺丝。然后放入镜箱内锁好或用布罩盖上。

四、综合作业

1. 绘制光学显微镜与解剖镜的结构图，并标注各部分的名称。

2. 运用显微镜观察几种玻片标本，熟悉光学显微镜的使用方法。

3. 掌握解剖镜的构造，熟悉解剖镜的使用方法。

实验二　植物细胞与组织观察

一、实验目的

了解植物细胞形态的多样性；掌握植物细胞的基本结构；识别和鉴定植物细胞中常见的内含物；了解保护组织、机械组织、输导组织、薄壁组织的基本形态结构。

二、用品与材料

1. 用品：显微镜、载玻片、盖玻片、刀片、镊子、吸水纸、解剖针、培养皿、表面皿、滴管、吸管、清洁纱布、碘液、蒸馏水。

2. 材料：植物组织离析材料如小麦（*Triticum aestivum* L.）叶、棉花（*Gossypium her-*

baceum L.）茎、洋葱（*Allium cepa* L.）鳞茎新鲜材料、叶表皮气孔切片、海桐（*Pittosporum tobira*（Thunb.）Ait.）叶横切片、南瓜（*Cucurbita moschata*（Duch. ex Lam.）Duch. ex Poiret）茎横切片、马铃薯（*Solanum tuberosum* L.）茎切片、水稻（*Oryza sativa* L.）老根横切制片、向日葵（*Helianthus annuus* L.）茎横切片、萝卜（*Raphanus sativus* L.）根尖、蚕豆（*Vicia faba* L.）叶片、番薯（*Ipomoea batatas*（L.）Lam.）叶片、楝树（*Melia azedarach* L.）枝条、椴树（*Tilia tuan* Szyszyl.）茎横切片、苹果（*Malus pumila* Mill.）茎横切片、夹竹桃（*Nerium oleander* L.）叶片等。

三、实验内容和步骤

（一）植物细胞形态观察

用水将盖玻片、载玻片洗干净，用纱布擦干；在载玻片中央加一滴蒸馏水，用镊子或吸管吸取植物组织离析材料放在蒸馏水中；加盖玻片（加盖玻片时先将盖玻片的一边与载玻片接触，再慢慢放下另一边，这样可将盖玻片下的空气挤出，以免产生气泡）；将制好的装片放在显微镜下观察，可看到各种形状的细胞。如图 2-1-4 所示。

图 2-1-4　各种形状的植物细胞

（二）植物细胞观察

将洋葱鳞茎的鳞片（肉质叶）纵向切一窄条（约 0.5 cm 宽），然后用刀片在其内表皮处与窄条垂直的方向轻划两下，划破表皮，两刀之间的距离约 0.5 cm 左右。用镊子小心地将两刀之间的表皮（透明的薄膜）撕下，平铺在预先放好一滴蒸馏水的载玻片中央，用解剖针轻轻铺平，然后盖上盖玻片，有水溢出时用纱布或吸水纸吸掉。

将制好的装片放在低倍镜下观察，可观察到洋葱鳞片的表皮是由无数个蜂窝状的小腔所组成，这些小腔室就是所要观察的细胞，这些细胞为无色透明的长形细胞，如图 2-1-5（左）所示。

将装片从显微镜上取下，在盖玻片一侧滴 1～2 滴碘液，在另一侧用吸水纸吸水，这样可将装片进行染色。然后低倍镜下观察，可清楚地看出细胞壁和被染成褐色的细胞核、淡黄色的细胞质及细胞质里的液泡，如图 2-1-5（右）所示。

细胞壁是包围在细胞最外面的一层（比较透明），它是植物细胞所特有的结构。

细胞质是细胞壁以内、细胞核以外的原生质，在活细胞中细胞质是透明、半流动的胶体，有较强的折光性，内含很多细小的颗粒（细胞器，如线粒体、质体等）。在成年细胞中，细胞质被一个或数个液泡挤向紧贴细胞壁的地方，成为一层薄层。细胞质经染色后较深。

细胞核位于细胞质中，常呈扁圆形或圆形。幼期的细胞核常位于细胞质的中央，占着

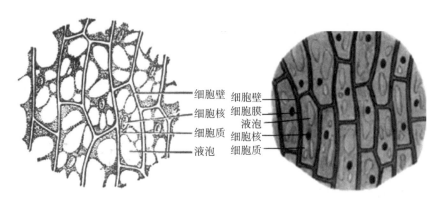

图 2-1-5　洋葱鳞片叶表皮细胞

很大的体积。成年的细胞核多被液泡挤向紧贴细胞壁的地方。细胞核染色后，较细胞质色更深。细胞核最外一层为致密的薄膜，称核膜。核膜以内物质称核质，其构造较均一，核质中常有一至几个光亮小点，经染色后，色最深者称为核仁。

液泡：年幼的细胞，液泡不明显。随着细胞的增长，液泡不断扩大，并占据了细胞中央大部分体积，液泡内充满原生质体，它是生命活动过程中形成的各种产物的混合水溶液。

观察时注意细胞的各种形状及相互之间的排列，认清细胞的基本构造。

（三）植物不同组织观察

1. 保护组织

（1）叶下表皮组织

取蚕豆叶表皮气孔切片，置于低倍镜下观察。可观察到表皮细胞彼此镶嵌排列，侧壁呈波浪状，排列紧密无细胞间隙，细胞中有无色透明的细胞质及圆形细胞核。在表皮细胞之间，分布着许多气孔器，每个气孔器由两个新月形（或肾形）的保卫细胞和中央的气孔组成，中间的黑色缝（气孔缝）即为气孔含有空气时的现象，如图 2-1-6 所示。

取海桐叶横切片，放在显微镜下观察表皮细胞，注意观察表皮细胞上的角质层结构，如图 2-1-7 所示。

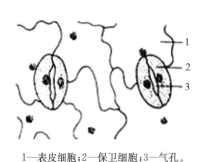

1—表皮细胞；2—保卫细胞；3—气孔。

图 2-1-6　蚕豆叶下表皮

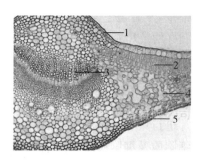

1—上表皮；2—栅栏组织；3—维管束；
4—海绵组织；5—下表皮。

图 2-1-7　海桐叶的表皮细胞

（2）观察茎的周皮

取楝树(椴树)枝条进行观察,表面白色粒状突起为皮孔。观察木栓层、栓内层及木栓形成层,三者构成周皮。木栓层为茎最外层呈褐色,其内呈绿色的部分为栓内层,两层之间的部分为木栓形成层。在局部区域木栓形成层向外分裂产生薄壁细胞,形成次生通气组织(皮孔),如图 2-1-8 所示。

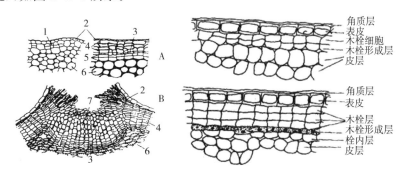

1—木栓形成层开始发生;2—表皮;3—木栓形成层;4—木栓层;5—栓内层;6—皮层薄壁细胞;7—补充细胞。

图 2-1-8　周皮的发生(A)与皮孔(B)

练习与思考:取番薯叶片,将其背面向上,放在左手食指上,用中指和大拇指夹住叶片两端,用镊子撕下小块表皮,制成临时装片,用低倍镜观察叶下表皮细胞。另取椴树茎横切片观察周皮的结构,思考叶下表皮细胞是怎样起到保护作用的,气孔有什么作用,老茎表层的周皮为适应其保护功能在形态和结构上有什么特点等问题。

2. 机械组织

机械组织的特征是组成这些组织的细胞具有加厚的细胞壁。

（1）厚角细胞(组织)

取南瓜(或向日葵、蚕豆、苹果)茎横切片,放在低倍镜下观察,找到棱角处,再换成高倍镜,然后由外向内观察,最外一层排列整齐的扁平细胞为表皮,在表皮下有数层被染成绿色的厚角细胞,其细胞壁在角隅处加厚,是生活细胞,有时还可看到细胞内的叶绿体,为厚角组织。向日葵茎厚角组织如图 2-1-9 所示。

（2）厚壁细胞(组织)

在厚角组织的内方,有几层椭圆形的薄壁细胞,属薄壁组织。在其内方有几层染成红色的细胞,其细胞壁均匀加厚并木质化,细胞腔较小,无原生质体,是死细胞,为厚壁组织中的纤维。蚕豆茎的厚壁组织如图 2-1-10 所示。

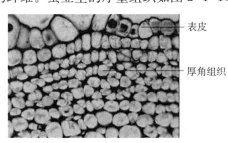

图 2-1-9　向日葵茎厚角组织

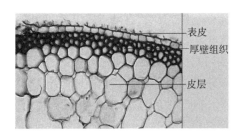

图 2-1-10　蚕豆茎厚壁组织

练习与思考: 取苹果茎或椴树茎横切片,观察其厚角组织及厚壁组织,比较两者的区别表现在哪些方面,它们的形成构造与功能有何关系。

3. 输导组织

输导组织在植物体中起着输送水、无机盐类和营养物质的作用。因此,它们一般是管状的。通过实验,搞清楚导管与筛管形态构造,明确它们在整个植物体中是怎样分布的。导管是由根部向植物体上部输送水分及无机盐的管状结构,它们纵向排列于木质部内。筛管是植物体内向下输送有机营养物质的管状结构,它们纵向排列在韧皮部内。

(1) 导管

取南瓜茎纵切片,在低倍镜下观察,切片中央两边有一些被染成红色的细胞壁、具有各种加厚花纹的成串管状细胞(每个细胞即为一个导管分子),它们是多种类型的导管(组织),它们在壁上具有不同的纹状加厚。每个导管细胞通过端壁的穿孔相互连接,上下贯通。观察发现,有些细胞,管径较小,其壁具有螺旋状加厚并木质化,这类导管称为螺纹导管。有些导管,管径较大,其壁具有网状加厚并木质化,这类导管称为网纹导管。还有些管径很小、管壁上具环状加厚并木质化的环纹导管。南瓜茎纵切面各类导管如图 2-1-11 所示。

(2) 筛管

取南瓜茎纵切片放低倍镜下观察,分布在木质部内外两侧被染成绿色的韧皮部处可见一些口径较大的长管状细胞(每个细胞即为一个筛管分子)上下相连而形成的管状结构,这些管状结构就是筛管。用高倍镜观察可见上下两个筛管分子连接的端壁,就是筛板。筛板颜色较深,有水平的,有倾斜的。有些还可看到筛板上的筛孔。南瓜茎纵切面筛管如图 2-1-12 所示。

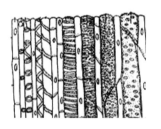

图 2-1-11 南瓜茎各种导管

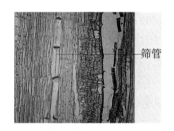

图 2-1-12 南瓜茎筛管

4. 薄壁组织

薄壁组织,又叫营养组织、基本组织。其种类较多,有吸收组织、同化组织、储藏组织和通气组织等分类。桃(*Amygdalus persica* L.)叶的同化组织如图 2-1-13 所示。

练习与思考: 取萝卜根尖制作压片,放显微镜下观察根毛的形态和结构特点(吸收组织);取马铃薯块茎切片,置显微镜下观察淀粉贮藏细胞的结构特点(贮藏组织);取夹竹桃叶片制作临时切片标本,观察叶肉栅栏组织和海绵组织的结构和功能特点(同化组织);观察水稻老根横切制片,了解水稻老根的通气组织。

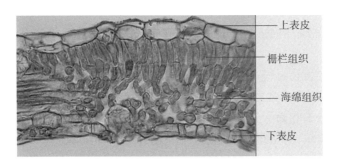

图 2-1-13　桃叶的同化组织

5. 维管束结构及类型

取南瓜茎横切片在低倍镜下观察,可见维管束由外向内分为外韧皮部、形成层、木质部和内韧皮部 4 部分。木质部中有几个直径较大的网纹导管和多个小的螺纹或环纹导管、管胞及薄壁细胞;在木质部内外两侧分别为内、外韧皮部。在高倍镜下观察外韧皮部中的筛管、伴胞和韧皮薄壁细胞。筛管呈多边形、管径较大,也可看到端壁具筛孔的单筛板。筛管旁边为伴胞。韧皮部内的大型细胞为韧皮薄壁细胞。外韧皮部与木质部之间为形成层区,由数层排列紧密、形态扁平、近长方形、较规则的细胞组成。形成层为侧生分生组织,其细胞分裂可使维管束扩大。这种在韧皮部内有形成层的维管束称为无限或开放维管束。在木质部和韧皮部之间无形成层的称为有限或闭合维管束。如南瓜茎维管束为无限维管束,而玉米茎维管束为有限维管束。另外,韧皮部分内外两层的,称为双韧维管束,仅有外韧皮部的,称为外韧维管束。双子叶植物的维管束为双韧无限(开放)维管束,而单子叶植物的维管束为外韧有限(闭合)维管束。南瓜茎的维管束结构,如图 2-1-14 所示,玉米茎的维管束结构,如图 2-1-15 所示。

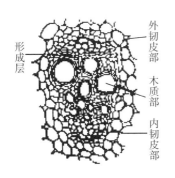

图 2-1-14　南瓜茎的双韧维管束结构

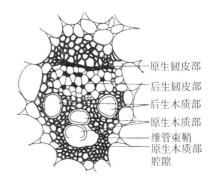

图 2-1-15　玉米茎外韧维管束结构

练习与思考:观察苹果茎的纵切制片,仔细区分导管的结构特点和不同类型的导管,思考导管是死细胞还是活细胞。观察苹果茎的纵切制片,找一下筛管、筛板及筛孔等构造;观察南瓜茎横切片找一下筛板的构造。思考在茎的纵横切面上如何区分木质部和韧皮部,导管和筛管有什么差异。

五、综合作业

1. 绘几个洋葱鳞片内表皮细胞图,并详细注明其中一个细胞各部分名称,示气孔结构。

2. 选取适当的植物材料,运用徒手切片技术,分别制作临时装片,用显微镜观察植物细胞的基本结构及细胞中常见的内含物,并分别绘出简图,标出名称。

3. 绘制导管分子和筛管分子的纵切结构图。

4. 比较保护组织、薄壁组织、机械组织和输导组织的细胞形态、特征、功能及在植物体中的分布。

5. 就所观察到的不同组织,解释形态与功能的一致性。

实验三 植物营养器官的形态观察

一、实验目的

识别植物根、茎、叶的形态类型;初步掌握描述植物根、茎、叶形态的术语和方法;掌握单子叶植物与双子叶植物的根系类型;掌握枝、芽、茎的外部形态和类型;掌握叶的组成、叶片的形态、叶脉的类型、单叶与复叶的区别、复叶类型、叶序;掌握双子叶植物与单子叶植物叶的解剖结构;认识根、茎、叶的变态和类型。

二、用品与材料

1. 用品:放大镜、镊子、解剖针。

2. 材料:各种植物形态的根、茎、叶标本;校园植物。

三、实验内容

观察植物根、茎、叶的形态特征。

四、实验原理

植物机体由各种不同的组织构成。执行一定的功能并且有特殊的形态和结构,这种特殊部分叫器官。器官之间在生理和结构上有明显差异,但彼此又是密切联系、相互协调,构成一个完整的植物体。植物的根、茎、叶与营养物质的吸收、合成、运输和储藏有关,称为营养器官。

(一) 根

根是植物体的地下器官(除少数气生根外),主要用于固定、支持植物体和从环境中吸收水分和无机盐类,并输送到茎、叶,同时根也具有储藏作用。通常双子叶植物种子萌发时,胚根先突破种皮,向下生长形成主根,主根只有一条。主根的各级分支,常呈放射状绕主根分布,叫侧根。侧根也有多级分支。主根或侧根都有一定的发生位置,均来源于胚根,所以叫定根。有些植物的根不来自主根和侧根,而是从植物的茎、叶及老根上生出,因其生根位置不定而称为不定根。

1. 根的类型

从根的功能看,可将根分为贮藏根、气生根、寄生根和板状根几类,如图 2-1-16 所示。

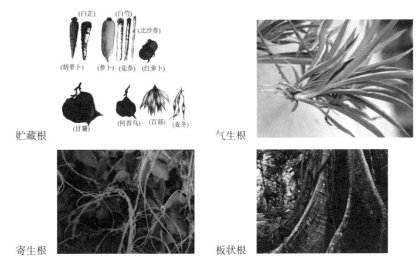

图 2-1-16　根的类型

（1）贮藏根

生长于地下,形态多样,能贮藏养料,常见于两年或多年生的草本植物。根据贮藏根是由根的哪一部分发育而成,又把贮藏根分为肉质根和块根两种。肉质根是由主根发育而成。所以,一棵植株上仅有一个肉质根,其近地面一端的顶部,有一段节间极短的茎,其下由肥大的主根构成肉质根的主部,一般不分枝,仅在肥大的肉质根上有细小须状的侧根。如胡萝卜（*Daucus carota* L.）、萝卜的食用部分。块根是由侧根或不定根局部膨大而形成,所以,一棵植株上,可由多条侧根或不定根上形成多个块根。块根在其近地表一端的顶部没有茎,整个块根均由根的膨大而形成。常见的块根如番薯,另外如大丽花（*Dahlia pinnata* Cav.）、百部（*Stemona japonica*（Bl.）Miq.）、何首乌（*Fallopia multiflora*（Thunb.）Haraldson）、麦冬（*Ophiopogon japonicus*（L. f.）Ker Gawl.）等,均具有块根。

（2）气生根

气生根是一类较特殊的根,它生长在地表以上的空气中,有吸收气体或支撑植物体向上生长的功能。根据其功能,可分为攀援根、支柱根和呼吸根 3 类。攀援根多为一些茎柔弱不能直立的植物,其茎藤上生出不定根以固着于其他支持物体的表面上而向上攀援生长。如常春藤（*Hedera nepalensis* K. Koch）、凌霄（*Campsis grandiflora*（Thunb.）Schum.）。支柱根是从植物的茎秆上或近地表的茎节上生出、向下深入土中生长,形成支持植物体地上部分直立生长的辅助根系,如甘蔗（*Saccharum officinarum* Linn.）、玉米（*Zea mays* L.）、榕树（*Ficus macrocarpa* L. f.）的支柱根。呼吸根是指某些植物,因长期生活在缺氧环境中,一部分根背地向上生长,露出地表或水面适应于呼吸的一些不定根,它有发达的通气组织,能吸收大气中的气体,以补充土壤中氧气的不足。如红树（*Rhizophora apiculata* Bl.）,水松（*Glyptostrobus pensilis*（Staunt.）Koch）等。

（3）寄生根

寄生根也称吸器,是寄生植物所特有的一种根,它能伸入寄主植物的根或茎等维管组织中,直接从寄主体内吸取的养料和水分。如菟丝子（*Cuscuta chinensis* Lam.）、桑寄生

（*Taxillus sutchuenensis*（Lecomte）Danser）、槲寄生（*Viscum coloratum*（Kom.）Nakai)为茎寄生植物，列当（*Orobanche coerulescens* Steph.）、肉苁蓉（*Cistanche deserticola* Ma)为根寄生植物。

（4）板状根

板状根是热带植物支柱根的一种形式，它是在根与树干相接处形成的板壁状的部分，也称为板根。它的功能除了吸收水分、养分供给植物地上部分的茎、枝叶生长外，还能加强植物体的稳定性，支持巨大的树冠。如热带雨林中的一些巨大的树均具有较大的板根。

2. 根系的类型

根系是整株植物全部的根构成，包括主根、各级侧根、不定根以及不定根上所生的侧根。根系按形态可分为直根系和须根系两种类型，如图 2-1-17 所示。

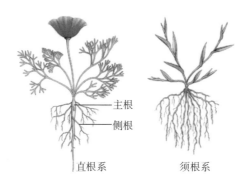

图 2-1-17　根系类型

直根系由主根及其各级侧根共同构成。主根很发达、明显，极易与侧根区分。多数裸子植物和双子叶植物具有直根系，如雪松（*Cedrus deodara*（Roxb.）G. Don)、石榴（*Punica granatum* L.）、蚕豆、蒲公英（*Taraxacum mongolicum* Hand.-Mazz.）等的根系。须根系其主根不发达，由不定根构成。单子叶植物主根不发达，其根系就是须根系，如水稻、小麦、玉米以及水仙（*Narcissus tazetta* L. var. chinensis Roem)、葱（*Allium fistulosum* L.）、蒜（*Allium sativum* L.）等的根系。

小结：掌握植物根系类型，有利于识别植物。每种植物的植株形态可以各不相同，但其根系类型是不变的，同种植物的根系不会由直根系变为须根系，或者相反。在众多高等植物中，直根系植物约占 3/4，须根系植物约占 1/4。根系类型是区分某些植物，特别是区分单子叶植物和双子叶植物的一个重要标志。几乎所有单子叶植物为须根系，绝大多数双子叶植物为直根系。木本植物均为直根系类型；草本植物则有两种根系类型。

（二）茎

茎是植物体地上部分，是联系根和着生叶、花、果实的营养器官。茎上有节和节间。节上着生叶和芽。植物的茎按质地分为木质茎和草质茎。木质茎的木质部极发达，生活期长。草质茎的木质细胞少，生活期短，无永久的木质组织，在开花结实后枯死。

1. 茎的类型

按形态分，茎有圆柱形、三角形（莎草科）、方形（唇形科）、多角柱形（仙人掌科）、偶有球形、扁平体形。多为实心的，也有中空的（如葫芦科、伞形科、菊科等）。

按茎的大小,分为木本茎(直立茎)、斜生茎、藤本茎(攀援茎、缠绕茎)、斜倚茎、平卧茎、匍匐茎等。茎的类型,如图 2-1-18 所示。

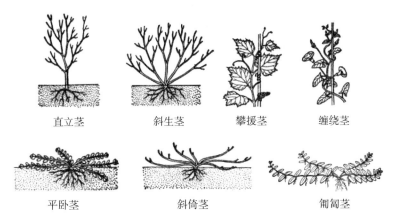

直立茎　　　斜生茎　　　攀援茎　　　缠绕茎

平卧茎　　　斜倚茎　　　匍匐茎

图 2-1-18　茎的类型

2. 茎的变态

茎的变态分为地下茎变态和地上茎变态。

(1) 地下茎变态基本类型,如图 2-1-19 所示。

根状茎:地下茎横着伸向土中,外形似根,如竹(*Bambuseae species*)、莲(*Nelumbo nucifera* Gaertn.)、芦苇(*Phragmites australis* (Cav.) Trin. ex Steud.)等。

鳞茎:地下茎,外围有多数肥厚或膜质的鳞片叶,如洋葱、大蒜、葱、水仙、石蒜(*Lycoris radiata* (L'Her.) Herb.)等。

球茎:短而肥大的球形肉质地下茎,外面生有干膜质鳞片及藏在鳞片内的芽,如荸荠(*Eleocharis dulcis* (Burm. f.) Trin.)、慈菇(*Sagittaria sagittifolia* L.)、芋(*Colocasia esculenta* (L) . Schott)等。

块茎:地下枝膨大而成的地下肉质茎,如马铃薯(*Solanum tuberosum* L.)。

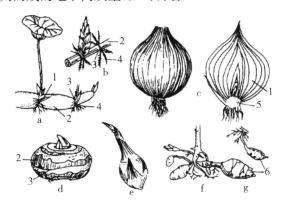

a、b—根状茎(a 莲,b 竹);c—鳞茎(洋葱);d、e—球茎(d 荸荠,e 慈菇);f、g—块茎(f 菊芋,g 甘露子)。

1—鳞叶;2—节间;3—节;4—不定根;5—鳞茎盘;6—块根。

图 2-1-19　地下茎的变态

（2）地上茎的变态基本类型，如图2-1-20所示。

枝刺（茎刺）：茎枝变态呈刺状，如山楂（*Crataegus pinnatifida* Bge.）、皂荚（*Gleditsia sinensis* Lam.）、石榴、梅（*Armeniaca mume* Sieb.）等。

枝卷须（茎卷须）：枝条变态呈卷须状，如葡萄（*Vitis vinifera* L.）的枝卷须。

叶状枝（叶状茎）：叶子退化，枝条变成叶片状，如竹节蓼（*Homalocladium platycladium*（F. Muell.）L. H. Bailey）、昙花（*Epiphyllum oxypetalum*（DC.）Haw）。

肉质茎：如仙人掌（*Opuntia dillenii*（Ker Gawl.）Haw.）。

小鳞茎和小块茎：小鳞茎如百合（*Lilium brownii* var. viridulum Baker）、小块茎如薯蓣（*Dioscorea polystachya* Turczaninow）。

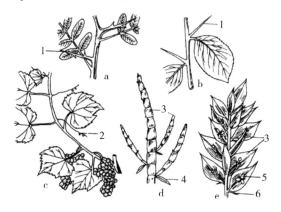

1—茎刺；2—茎卷须；3—叶状茎；4—叶；5—花；6—鳞叶。

a、b—茎刺（a 皂荚，b 山楂）；c—茎卷须（葡萄）；d、e—叶状茎（d 竹节蓼，e 假叶树）。

图2-1-20　地上茎的变态

（三）叶

叶是维管植物光合作用、制造有机物质、蒸腾水分和气体交换的营养器官之一。叶源于枝条顶端的分生区——叶原基。向顶生长形成叶片及部分叶柄，向基生长形成部分叶柄或托叶、叶鞘。

1. 叶的组成与形态类型

木本植物的叶由叶片、叶柄、托叶三部分组成。草本植物的叶由叶片、叶舌、叶耳和叶鞘组成。

（1）叶片

叶的主体部分，多呈片状，有较大的表面积。一个完整的叶片可分叶端（叶尖，叶的上端）、叶基（叶的基部）、叶缘（叶的周边）三部分；另外，还有贯穿于叶片内部的维管束，称叶脉。这些部分形态各异，因而叶片的形状也有很多变化，从针状小型叶到各种形态的大型叶都有变化。

①叶形

叶形即叶片全形或基本轮廓，如图2-1-21所示。常见的有：针形、披针形、倒披针形、线（条）形、剑形、圆形、矩圆形、椭圆形、卵形、倒卵形、匙形、扇形、镰形、心形、倒心形、肾形、提琴形、盾形、箭形、戟形、菱形、三角形、鳞形等。

倒阔卵形:长宽近相等,最宽处近顶部的叶形,如玉兰(*Yulania denudata* (Desr.) D. L. Fu)。

圆形:长宽近相等,最宽处近中部的叶形,如莲。

阔卵形:长宽近相等,最宽处近基部的叶形,如马甲子(*Paliurus ramosissimus* (Lour.) Poir.)。

倒卵形:长约为宽的 1.5~2 倍,最宽处近顶部的叶形,如栌兰(*Talinum paniculatum* (Jacq.) Gaertn.)。

椭圆形:长约为宽的 1.5~2 倍,最宽处近中部的叶形,如大叶黄杨(*Buxus megistophylla* Levl.)。

卵形:长约为宽的 1.5~2 倍,最宽处近基部的叶形,如女贞(*Ligustrum lucidum* Ait.)。

倒披针形:长约为宽的 3~4 倍,最宽处近顶部的叶形,如鼠曲草(*Gnaphalium affine* D. Don)。

长椭圆形:长约为宽的 3~4 倍,最宽处近中部的叶形,如金丝梅(*Hypericum patulum* Thunb. ex Murray)。

披针形:长约为宽的 3~4 倍,最宽处近基部的叶形,如旱柳(*Salix matsudana* Koidz)。

线形:长约为宽的 5 倍以上,最宽处近中部的叶形,如沿阶草(*Ophiopogon bodinieri* Levl.)。

剑形:长约为宽的 5 倍以上,最宽处近基部的叶形,如石菖蒲(*Acorus tatarinowii* Schott)。

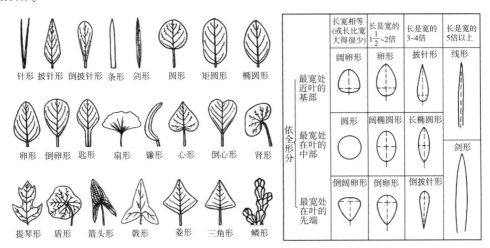

图 2-1-21 叶形的基本形态

②叶端(尖)

叶端(尖)即叶片上端,基本类型如图 2-1-22 所示。常见的有以下类型。

刺尖:叶顶端两边夹角小于 30°,先端尖细,如天南星(*Arisaema heterophyllum* Blume)。

急尖:叶顶端两边夹角为锐角,先端急骤趋于尖狭状,如艾麻(*Laportea cuspidate* (Wedd.) Friis)。

尾尖:叶顶端两边夹角为锐角,先端渐趋于狭长状,如东北杏(*Prunus mandshurica* (Maxim.) Koehne.)。

渐尖:叶顶端两边夹角为急角,先端渐趋于尖狭状,如乌桕(*Sapium sebiferum* (L.) Roxb.)。

锐尖:叶顶端两边夹角为锐角,两边平直而趋于尖狭状,如慈竹(*Neosinocalamus affinis* (Rendle) Keng)。

凸尖:叶顶端两边夹角为钝角,先端有短尖,如石蟾蜍(*Trichosnthes* Merr. Chun.)。

钝形:叶顶端两边夹角为钝角,先端两边较平直或呈弧线状,如梅花草(*Parnassia palustris* L.)。

截形:叶顶端平截,近于平角状,如火棘(*Pyracantha fortuneana* (Maxim.) Li)。

微凹:叶顶端向下微凹但不深陷,如马蹄金(*Dichondra repens* Forst.)。

倒心形:叶顶端向下极度凹陷呈倒心形,如羊蹄甲(*Bauhinia purpurea* L.)。

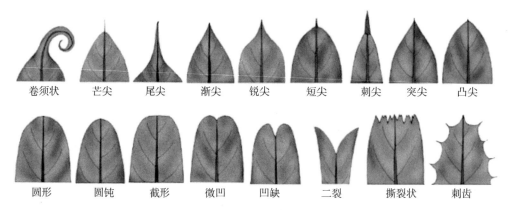

卷须状　芒尖　尾尖　渐尖　锐尖　短尖　刺尖　突尖　凸尖

圆形　圆钝　截形　微凹　凹缺　二裂　撕裂状　刺齿

图 2-1-22　叶尖的基本类型

③叶基

叶基即叶片基部。常见类型如图 2-1-23 所示。

心形:叶基部下端略呈心形,两侧叶耳宽大圆钝,如苘麻(*Abutilon theophrasti* Medik.)。

耳形:叶基部下端略呈耳形,两侧叶耳较圆钝,如白英(*Solanum lyratum* Thunb.)。

箭形:叶基部下端略呈箭形,两侧叶耳较尖细,如慈菇。

楔形:叶基部两边夹角呈锐角,两边较平直,叶片不延至叶柄,如枇杷(*Eriobotrya japonica* (Thunb.) Lindl)。

戟形:叶基部下端略呈戟形,两侧叶耳宽大而呈戟刃状,如打碗花(*Calystegia hederacea* Wall. in Roxb.)。

盾形:叶片盾形,叶柄着生叶片中央部位,好似盾柄,如旱金莲(*Tropaeolum majus* L.)。

偏斜:叶基部两边大小形状不对称,如曼陀罗(*Datura stramonium* L.)。

渐狭:叶基部两边弯曲,向下渐趋尖狭,叶片不下延至叶柄,如樟树(*Cinnamomum camphora*(L.)Presl.)。

穿茎:其茎生叶呈圆形的贯穿叶,如穿心草(*Canscora lucidissima*(H. Lév. et Vaniot)Hand.-Mazz.)。

抱茎:叶基部呈耳形抱茎状,如苦苣菜(*Sonchus oleraceus* L.)。

截形:叶基部近于平截,或略近于平角,如金线吊乌龟(*Stephania cepharantha* Hayata)。

圆钝:叶基部两边夹角呈钝角,或略呈圆形,如蜡梅(*Chimonanthus praecox*(Linn.)Link)。

| 心形 | 耳形 | 箭形 | 楔形 | 戟形 | 盾形 | 偏斜 | 穿茎 | 抱茎 | 合生抱茎 | 截形 | 渐狭 |

图 2-1-23 叶基基本形态

④叶缘

叶缘即叶片边缘。常见类型如图 2-1-24 所示。

全缘:叶周边平滑或近于平滑,如女贞。

睫状缘:叶周边齿状,齿尖两边相等而细锐,如石竹(*Dianthus chinensis* L.)。

齿缘:叶周边齿状,齿尖两边相等而粗大,如苎麻(*Boehmeria nivea*(L.)Gaudich.)。

细锯齿缘:叶周边锯齿状,齿尖细锐,两边不等,常向一侧倾斜,如茜草(*Rubia cordifolia* L.)。

锯齿缘:叶周边锯齿状,齿尖粗锐,两边不等,常向一侧倾斜,如茶(*Camellia sinensis*(L.)O. Ktze.)。

钝锯齿缘:叶周边锯齿状,齿尖较圆钝,两边不等,常向一侧倾斜,如地黄(*Rehmannia glutinosa*(Gaertn.)Libosch. ex Fisch. et C. A. Mey.)。

重锯齿缘:叶周边锯齿状,齿尖两边呈锯齿状,两边不等,常向一侧倾斜,如刺儿菜(*Cirsium setosum*(Willd.)MB.)。

曲波缘:叶周边曲波状,波缘呈凹凸波交互状,如茄(*Solanum melongena* L.)。

凸波缘:叶周边凸波状,波全为凸波,如连钱草(*Glechoma longituba*(Nakai)Kupr.)。

凹波缘:叶周边凹波状,波缘全为凹波,如曼陀罗。

| 全缘 | 浅波状 | 波状 | 深状 | 皱波状 | 圆齿状 | 锯齿状 | 细锯齿状 | 睫毛状 | 重锯齿状 |

图 2-1-24 叶缘的形态

⑤叶脉

叶脉即叶片中的脉纹,为叶的维管束系统,叶脉有规律性的排列,称为脉序。双子叶植物的叶脉多为网状脉序;单子叶植物为平行脉脉序,少数单子叶植物也具网状脉序,如天南星、薯蓣,但其叶脉脉梢多为相互连结在一起的,缺乏游离的脉梢。这与双子叶植物的网状脉序不同。常见类型如图 2-1-25 所示。

| 分叉状脉 | 掌状网脉 | 掌状网脉 | 羽状网脉 | 直出平行脉 | 弧形平行脉 | 射出平行脉 | 横出平行脉 |

图 2-1-25　叶脉的形态

二岐分枝脉:叶脉二岐分枝,分枝常从叶柄着生处发生,叶脉不呈网状也不平行,如银杏(*Ginkgo biloba* L.)。

掌状网脉:叶脉交织呈网状,通常从近叶片基部发出数条主脉,主脉的基部同时产生与主脉近似粗细的多条侧脉,再从侧脉产生许多的细脉,并交织成网状,如八角莲(*Dysosma versipellis* (Hance) M. Cheng)。

羽状网脉:叶脉交织呈网状,一条明显的主脉,侧脉自主脉两侧发出,呈羽状排列,并几达叶缘,如女贞。

射出平行脉:叶脉不交织成网状,主脉、侧脉均从叶片基部生出,以辐射状向四面伸展,如棕榈(*Trachycarpus fortune* (Hook.) H. Wendl.)。

横出平行脉:叶脉不交织成网状,主脉一条,侧脉自主脉两侧垂直或近于垂直主脉分出,侧脉之间彼此平行直达叶缘,如美人蕉(*Canna indica* L.)。

弧状平行脉:叶脉不交织成网状,主脉一条,侧脉从叶基发出,略呈弧状平行并直达叶尖,如玉簪(*Hosta plantaginea* (Lam.) Asch.)。

直出平行脉:叶脉不交织成网状,主脉一条,侧脉从叶基发出,彼此近于平行,并直达叶尖,如麦冬。

(2)叶柄

叶柄是叶的组成部分之一,连结叶片基部与茎,其下端着生于茎上,以支持叶片。多数植物的叶柄上端与叶片的基部相连,称为基着,如马兰(*Kalimeris indica* (L.) Sch. -Bip.)。少数植物的叶柄着生叶片中央或略偏下方,称为盾着,如莲。叶柄有圆柱形、扁圆柱形、半圆柱形或具沟。长短不等,有的极短。

(3)托叶

托叶为从叶柄基部或叶柄两侧或腋部所生出的像叶子样的植物组织,呈细小绿色或膜片状。常先于叶片长出,起着保护幼叶和芽的作用。

有些托叶着生于叶柄基部两侧,不与叶柄愈合成鞘状,称为侧生托叶,如补骨脂(*Pso-*

ralea corylifolia L.）。有些托叶着生于叶柄基部两侧，并与叶柄愈合形成叶鞘及叶舌等，称为侧生鞘状托叶，如慈竹。有些托叶着生于叶柄基部的叶腋处，但不与叶柄愈合，称为腋生托叶，如玉兰。有些托叶着生于叶柄基部的叶腋处，且托叶彼此愈合成鞘状包茎，称为腋生鞘状托叶，如何首乌。

（4）叶裂

叶裂为叶片边缘常有深浅或形状不同的凹缺。叶裂通常是对称的。

按深浅不同叶裂可分为全裂、深裂和浅裂。按叶裂的形状不同又分为掌状、羽状和三出裂。综合起来，叶裂类型如图 2-1-26 所示。

掌状裂：叶片具掌状叶脉，叶裂从中脉以放射状向各方散开呈放射状。若缺裂深度不到叶缘至中脉的 1/2 者，称掌状浅裂，如瓜木（*Alangium platanifolium*（Sieb. et Zucc.）Harms）；若缺裂深度超过叶缘至中脉的 1/2 者，称为掌状深裂，如黄蜀葵（*Abelmoschus Manihot*（L.）Medik.）；若缺裂深达叶柄着生处，称为掌状全裂，如大麻（*Cannabis sativa* L.）。

羽状裂：叶片具羽状叶脉，叶裂从侧脉间发生缺裂，并排列呈羽状。若缺裂不到主脉与叶缘间距离的 1/2 者，称为羽状浅裂，如苣荬菜（*Sonchus wightianus* DC.）；若缺裂已过主脉至叶缘间距离的 1/2 者，称为羽状深裂，如荠菜（*Capsella bursa-pastoris*（Linn.）Medic.）；若缺裂深达主脉处者，称为羽状全裂，如水田碎米荠（*Cardamine lyrate* Bunge）。

三出裂：属掌状分裂的一种，仅三个裂片，也分三出浅裂、三出深裂和三出全裂。

另外，在羽状裂中，若裂片大小不等，呈间断交互排列者，称为间断羽状裂；若裂片向下方倾斜，呈倒向排列者，称为倒向羽状裂；若裂片再发生二次或三次缺裂，则称为二回或三回羽状裂。

| 羽状浅裂 | 羽状深裂 | 羽状全裂 | 倒羽状裂 | 掌状浅裂 | 掌状深裂 | 掌状全裂 |

图 2-1-26　叶裂类型

（5）叶序

叶子在茎枝上着生或排列的次序，叫叶序。其基本类型，如图 2-1-27 所示。

| 互生 | 对生 | 轮生 | 簇生 |

图 2-1-27　叶序类型

每茎节上只生 1 个叶片，交互或呈螺旋状着生，称为互生叶序，如棉、水稻等。每茎节上相对着生2个叶片而形成的叶序,称为对生叶序,如女贞;在对生叶序中,一个节上的一对叶片与上下相邻的2对叶相交互成十字形的叶序,称为交互对生叶序,如薄荷(*Mentha haplocalyx*)。每节上着生3枚或更多叶片而形成的叶序,称为轮生叶序,如桔梗(*Platycodon grandiflorus*)。每节上着生1枚或2枚以上的叶,节间很短,像许多叶簇生在一起,称为簇生叶序,如金钱松(*Pseudolarix amabilis*)。

2. 单叶与复叶

一个叶柄上只着生1枚叶片的称为单叶,其叶柄和叶片间不具关节,单叶是植物中普遍存在的叶型,如杨、柳、杏等。2枚至多枚分离的小叶片,共同着生在一个总叶柄或叶轴上,称为复叶,如蚕豆、七叶树(*Aesculus chinensis* Bunge)等。复叶中小叶的叶柄一端着生在小叶上,另一端着生在总叶柄或叶轴上;若小叶无叶柄,则小叶直接着生在叶轴或总叶柄上,复叶中的每个小叶不会着生在枝条上,只有总叶柄才着生在枝条上。

复叶按小叶排列的方式不同,可分为羽状复叶、掌状复叶、三出复叶、单身复叶,如图2-1-28所示。

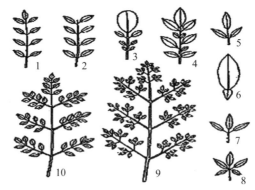

1——一回奇数羽状复叶;2——一回偶数羽状复叶;3——大头一回奇数羽状复叶;4——参差一回奇数羽状复叶;
5——三出羽状复叶;6——单身复叶;7——三出掌状复叶;8——五出掌状复叶;9——三回羽状复叶;10——二回羽状复叶。

图2-1-28 复叶主要类型

(1)羽状复叶

羽状复叶为3枚以上的小叶在叶轴的两侧排列成羽毛状。其中,在叶轴顶端只生长一枚小叶的,称为奇数羽状复叶或单数羽状复叶,如槐树(*Sophora japonica* L.);若叶轴顶端着生两片小叶的,称为偶数羽状复叶或双数羽状复叶。如无患子(*Sapindus saponaria* L.)。

在羽状复叶中,若在叶轴两侧各有一列小叶的,称一回羽状复叶,如槐树;如叶轴两侧有羽状排列的分枝,在分枝两侧才着生羽状排列的小叶的,称为二回羽状复叶,如合欢(*Albizia julibrissin* Durazz.)。同理,可有三回以至多回羽状复叶。

(2)掌状复叶

掌状复叶为复叶上没有叶轴,小叶排列在总叶柄顶端的一个点上,如手指向外展开,如木通(*Akebia quinata* (Houtt.) Decne.)、五加(*Acanthopanax gracilistylus* W. W. Smith)等。

(3)三出复叶

仅有3片小叶着生在总叶柄顶端,称为三出复叶。如果3片小叶均无小叶柄或有等长的小叶柄,则称为掌状三出复叶,如酢浆草(*Oxalis corniculate* L.)、白车轴草(*Trifoli-um repens* L.);如果顶端小叶柄较长,两侧的小叶柄较短,就称为羽状三出复叶,如鸡眼草(*Kummerowia striata*(Thunb.)Schindl.)。

（4）单身复叶

单身复叶是三出复叶的退化类型,由于两侧生 2 小叶退化,只留下 1 一枚顶生的小叶,形似单叶,但在其叶轴顶端与顶生小叶相连处有一关节,这类特殊的复叶称单身复叶,如柑橘(*Citrus reticulata* Blanco.)。

在识别植物时,要注意单叶和复叶常用特征:叶轴或总叶柄的顶端没有芽,而小枝的顶端有顶芽。着生叶轴或总叶柄上的小叶不管有多少,都是一片复叶;着生在枝条上的每一片叶,都是一片单叶。

复叶中的每一片小叶,它的叶腋内是不会长腋芽的,腋芽只出现在叶轴或总叶柄的腋内,单叶的每一片叶腋中均有腋芽。在落叶时,复叶的叶轴与总叶柄会脱落,而在枝条上的单叶脱落后,枝条不会脱落。

3. 叶的变态

受外界环境的影响,植物的叶常产生一些变态,常见的变态类型如图 2-1-29 所示。

图 2-1-29　各种变态叶

（1）叶柄叶指叶片退化、叶柄扩大呈绿色叶片状,如柴胡(*Bupleurum chinense* DC.)。

（2）捕虫叶指能捕捉昆虫的植物(食虫植物)变态叶的总称,叶呈掌状或瓶状,表面有大量能分泌消化液的腺毛或腺体,以此捕获动物并能消化动物而获得自身所需的营养。如茅膏菜属(*Drosera* Linn)、捕蝇草(*Dionaea muscipula* J. Ellis ex L.)、猪笼草属(*Nepenthes* L.)、瓶子草(*Sarracenia purpurea* L.)、狸藻(*Utricularia vulgaris* L.)。

（3）革质鳞叶指托叶、叶柄完全不发育,叶片革质而呈鳞片状,常覆于芽的外侧,故为芽鳞,如玉兰。

（4）肉质鳞叶指托叶、叶柄完全不发育,叶片肉质而呈鳞片状,如贝母(*Fritillaria* L.)。

（5）膜质鳞叶指托叶、叶柄完全不发育,叶片膜质而呈鳞片状,如大蒜。

（6）刺状叶指叶片变态为棘刺状,如豪猪刺(*Berberis julianae* Schneid.)。

（7）刺状托叶指托叶变态为棘刺状,叶片部分仍基本保持正常,如马甲子(*Paliurus ramosissimus*(Lour.)Poir.)。

（8）苞叶指着生于花轴、花柄或花托下部的叶。其中,着生于花序轴上的称为总苞叶,着生于花柄或花托下部称为小苞叶或苞片,如柴胡。

(9) 卷须叶指叶片先端或部分小叶变成卷须状。如野豌豆(*Vicia sepium* L.)。

(10) 卷须托叶指托叶变态为卷须状。如菝葜(*Smilax china* L.)。

五、实验方法

(一) 根的外部形态

根据根的形态类型特征,观察植物标本的根,将观察结果记录在表 2-1-1 中。

表 2-1-1　植物根的形态类型

根的类型	植物名称	形态特征
主根		
侧根		
定根		
不定根		
贮藏根(肉质根、块根)		
气生根		
支柱根		
寄生根		
板状根		
直根系		
须根系		

(二) 茎的外部形态

1. 茎的外部形态

根据茎的形态类型特征,观察植物标本的茎(或杨树、柳树枝条)及其形态特征。包括节与节间、顶芽与腋芽、叶痕与芽鳞痕,将观察结果记录在表 2-1-2 中。

表 2-1-2　植物茎的类型

茎的类型	植物名称	特征描述
草质茎		
木质茎		
根状茎		
肉质茎		
攀援茎		
缠绕茎		
匍匐茎		
平卧茎		
直立茎		
块茎		
鳞茎		
球茎		

2. 芽的结构

取一杨树或柳树枝条,观察各类芽在枝条上的着生位置与特点。再用镊子取下芽,左手持芽,右手用镊子将芽从外及内逐层剥下,置于白纸上用放大镜观察其结构。用刀片将芽纵切,用放大镜观察芽的结构。

观察校园植物,识别各种类型的芽,将观察结果填写在表 2-1-3 中。

表 2-1-3　各种类型的芽

芽的类型	植物名称	特征描述
叶芽		
花芽		
混合芽		
顶芽		
腋芽		
不定芽		
鳞芽		
裸芽		
活动芽		
休眠芽		

(三) 叶的形态

1. 叶的外部形态

(1) 叶的组成

观察校园各类植物的完整叶,识别叶片、叶柄及托叶三部分。

(2) 叶片的形态

观察校园各类植物的叶,区分各类不同形状的叶片、叶基、叶尖、叶缘、叶裂、叶脉、单叶或复叶、叶序、变态叶,把所观察到的对应植物各部分名称分别填入表 2-1-4 至表 2-1-11 中。

表 2-1-4　叶片的形状

叶片形状	植物名称	特征描述
卵形		
倒卵形		
椭圆形		
阔卵圆形		
圆形		
倒阔卵圆形		
披针形		

叶片形状	植物名称	特征描述
长椭圆形		
倒披针形		
线形		
针形		
肾形		
箭形		
心形		
盾形		
戟形		
剑形		

表 2-1-5　叶基的形状

叶基形状	植物名称	特征描述
楔形		
耳形		
盾形		
圆形		
抱茎形		
穿茎形		
心形		
截形		
渐狭形		
偏斜形		

表 2-1-6　叶尖的形状

叶尖形状	植物名称	特征描述
圆形		
钝形		
截形		
急尖		
渐尖		
刺尖		

叶尖形状	植物名称	特征描述
短尖		
倒心形		
渐狭		
微凹形		

表 2-1-7　叶尖的形状

叶缘形状	植物名称	特征描述
全缘		
睫状缘		
齿缘		
细锯齿缘		
锯齿缘		
钝锯齿缘		
重锯齿缘		
曲波缘		
凸波缘		
凹波缘		

表 2-1-8　叶裂的形状

叶裂形状	植物名称	特征描述
羽状全裂		
羽状深裂		
羽状浅裂		
掌状全裂		
掌状深裂		
掌状浅裂		
倒羽状裂		

表 2-1-9　叶脉形状

叶脉形状	植物名称	特征描述
二岐分枝脉		
掌状网状脉		
羽状网状脉		

叶脉形状	植物名称	特征描述
辐射平行脉		
羽状平行脉		
弧状平行脉		
直出平行脉		

表 2-1-10　单叶与复叶类型

单叶与复叶	植物名称	特征描述
奇数羽状复叶		
偶数羽状复叶		
大头奇数羽状复叶		
参差奇数羽状复叶		
三出羽状复叶		
单身复叶		
三出掌状复叶		
五出掌状复叶		
二回羽状复叶		
三回羽状复叶		

表 2-1-11　叶序类型

叶序类型	植物名称	特征描述
互生		
对生		
轮生		
簇生		
丛生		

2. 叶的内部结构

（1）双子叶植物叶的内部结构

取棉花叶（或海桐叶）横切片在显微镜下观察，区分上、下表皮，叶肉和叶脉等基本构造。

表皮：有上、下表皮之分，均由一层细胞组成，表皮细胞外壁有角质层，在表皮细胞间散布着气孔，上、下表皮气孔数目不一样，长在不同环境中，气孔数目也不同。如栽培在日光充足条件下的向日葵叶上有 22 000 个气孔/cm²，而栽培在比较阴湿条件下，则只有 14 000 个/cm²。

叶肉:在上、下表皮间为叶肉,含叶绿体,是叶片进行光合作用制造有机物质的场所,可分两部分,紧接上表皮为排列整齐的圆柱状细胞,呈栅栏状,细胞间隔小,细胞内含大量叶绿体,这部分称栅栏组织。栅栏组织和下表皮之间,细胞排列疏松、形状不规则,有圆形或椭圆形,细胞间隙发达,排列无序,内含叶绿体较少,这部分细胞称海绵组织。

叶脉:将叶片移动观察,可看到在叶肉内分布着大小不同的维管束。叶脉中的木质部排列在上,韧皮部在下,形成层在中间,其周围有薄壁细胞的维管束鞘包围。

（2）单子叶植物叶的内部结构

取水稻叶横切片在显微镜下观察,区分表皮,叶肉和叶脉等基本构造,注意与双子叶植物叶的区别。

表皮:有一层细胞,在上表皮中可见大型的泡状细胞,组成扇形。具有角质层,细胞壁常硅质化,形成硅质的乳突。

叶肉:无栅栏组织与海绵组织的分化。

叶脉:叶脉中的维管束为有限外韧皮部的维管束,在维管束与上、下表皮之间有发达的厚壁组织,形成维管束鞘。

（3）水生植物叶的内部结构

取眼子菜(*Potamogeton distinctus* A. Benn.)叶的横切片观察。表皮为一层细胞,壁薄,无角质化。

叶肉:叶肉细胞不发达,没有栅栏组织与海绵组织的分化,细胞间隙大,有发达的气腔。

叶脉:细胞很不发达,主脉木质部退化,韧皮部细胞外有一层厚壁细胞。

（4）旱生植物叶的内部结构

取夹竹桃叶的横切片观察。

表皮:2～3层细胞,壁较厚,排列紧密,具发达的角质层。下表皮气孔位于下陷的气孔窝内。

叶肉:栅栏组织为二层细胞,海绵组织为多层细胞。

叶脉:为双韧的维管束。

3. 根、茎、叶的变态和类型

观察校园植物、水果、蔬菜,将合适的植物名称填入表 2-1-12 中。

表 2-1-12　各种根、茎、叶的变态类型

根、茎、叶的变态类型	植物名称	特征描述
肉质直根		
块根		
气生根		
支柱根		
攀援根		
寄生根		

根、茎、叶的变态类型	植物名称	特征描述
根状茎		
块茎		
鳞茎		
球茎		
枝刺		
茎卷须		
叶状茎		
叶刺		
叶卷须		
苞片		
捕虫叶		

六、综合作业

1. 观察不同植物的根、茎、叶,写出各部分的形态类型与特征。

2. 区分植物的单叶与复叶。

3. 比较水生植物与旱生植物叶在结构上的异同。

4. 区分双子叶植物与单子叶植物叶在结构上的异同。

5. 从棉花叶所观察到的不同组织,说明器官的概念。

实验四　植物繁殖器官的观察

一、实验目的

掌握描述花和果实形态的常用术语,掌握花、花序和果实的形态类型,为后续植物分类识别奠定基础。

二、用品与材料

1. 用品:显微镜、解剖镜、放大镜、镊子、刀片、解剖针、培养皿、载玻片。

2. 材料:各种类型的植物花、花序和果实的新鲜材料或标本。菜豆(*Phaseolus vulgaris* Linn.)、蚕豆、蓖麻(*Ricinus communis* L.)、小麦、水稻等植物种子。

三、实验内容

观察花和果实的形态;识别花序的形态及类型;了解果实的结构、识别果实的形态及类型。

四、实验原理

(一)花

花是种子植物的繁殖器官,由花芽发育而来。花和枝条本质上是一样的,花是变态的枝条。花的各部分都是变态的枝和叶。

1. 花的构造

种子植物分为裸子植物和被子植物。裸子植物的花简单,无花被。被子植物的花构造复杂,如图2-1-30所示。

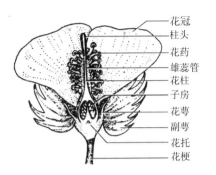

花冠
柱头
花药
雄蕊管
花柱
子房
花萼
副萼
花托
花梗

图 2-1-30　花的组成部分

(1) 花柄(梗)为花与枝条之间的连结部分,圆柱形,有支持与输导作用。花柄有长有短,有的花无柄,如桃花。

(2) 花托为花柄顶端的膨大部分,呈杯状或盘状。花托是花被、雄蕊群和雌蕊群着生的地方。

(3) 花被为花托外围的花萼和花冠的总称。

花萼:通常为绿色,为花的最外一轮或最下一轮的叶状物,由若干萼片组成,如图2-1-31所示。

花萼的类型如下。

1) 按萼片是否分离,分为:

①离萼(aposepalous):萼片各自分离。

②合萼(synsepalous):萼片全部或部分联合在一起。

2) 按萼片的大小相同或不同,分为:

①整齐萼:萼片大小相同,如天仙子属(*Hyoscyamus* L.)、蝇子草属(*Silene* L.)。

②不整齐萼:萼片大小不同,如三叶草属(*Trifolium* L.)、鼠尾草属(*Salvia* L.)。

3) 按萼片是否脱落,分为:

①早落萼:萼片比花冠先脱落,如罂粟(*Papaver somniferum* L.)。

②落萼:萼片和花冠一起脱落,如油菜(*Brassica napus* L.)、桃。

③宿存萼:花萼常留花柄上,随同果实一起发育,如茄、柿(*Diospyros kaki* Linn. f.)、番茄(*Lycopersicon esculentum* Mill.)、辣椒(*Capsicum annuum* L.)等。

柿树的花萼　　　白头翁的花萼　　　蕃茄的花萼　　　草莓的花萼

图 2-1-31　花萼

另外,有些植物在萼的下面还有一轮花萼,称为副萼。

4) 其他类型有:

①距(spur):有的植物在花萼一边伸出的短小的管状突起,如凤仙花(*Impatiens balsamina* L.)、旱金莲(*Tropaeolum majus* L.)等。

②冠毛(pappus)：在菊科植物中，萼片退化形成冠毛以帮助果实传播。如蒲公英。

花冠：由生在花托上花萼内侧的叶状物组成，每个叶状物叫花瓣。花瓣有各种颜色，但通常不呈绿色。

花瓣的排列方式有：镊合状、螺旋状、覆瓦状、重覆瓦状。花瓣完全分离的称为离瓣花，多少合生的称为合瓣花。合瓣花连合部分称为花冠筒，分离部分称为花冠裂片。

花冠的类型：花冠的类型多种多样，如图 2-1-32 所示。

| 十字形花冠 | 碟形花冠 | 唇形花冠 | 高脚碟形花冠 | 漏斗状花冠 | 钟状花冠 | 辐状花冠 | 管状与舌状花冠 |

图 2-1-32　各种花冠类型

①辐状(或轮状)花冠：花冠筒短，裂片自基部向四周扩展，呈辐射状排列，如马铃薯。

②十字形花冠：四个分离花瓣排成十字形，如油菜。

③蝶形花冠：花瓣五枚分离，排成蝶形，上面一瓣最大，位于外方，叫旗瓣；内方两侧各有一瓣，较狭小，叫翼瓣；最下两瓣最小，下缘稍合生，并向上弯曲，状如龙骨，称为龙骨瓣，如豆科(*Leguminosae sp.*)。

④唇形花冠：花冠裂片呈上、下两唇，上唇二裂片多少有连合，下唇三裂片，如益母草(*Leonurus japonicus* Houtt.)。

⑤漏斗状花冠：花冠筒长，自基部逐渐向上展开，形如漏斗，如牵牛花(*Ipomoea nil* (L.) Roth)。

⑥钟状花冠：花冠筒短，一般呈筒状，上部宽大，向一侧展伸呈钟状，如连翘(*Forsythia suspensa* (Thunb.) Vahl)。

⑦管状(筒状)花冠：花瓣大部分合成管状，花冠筒较长，上下粗细相似，上部的花冠裂片向上展，如向日葵。

⑧舌状花冠：花瓣 5 枚，基部合生成一短筒，上部裂片联合，并向一侧延伸呈扁平舌状，前端有 5 个小齿，如蒲公英。

⑨高脚碟状：花冠下部呈狭圆筒状，上部呈水平扩大如碟状，如迎春花(*Jasminum nudiflorum* Lindl.)。

(4) 雄蕊群

花被内着生在花托上的许多顶端稍膨大的丝状体，称雄蕊群。它是由许多雄蕊所组成。雄蕊由花丝与花药组成，是花的重要器官。其中，着生在花冠上的叫冠生雄蕊。花丝由薄壁细胞组成，只有一根维管束自花托通入。花药由两对花粉囊构成，以药隔相连，一维管束通达药隔，内产花粉粒。雄蕊有螺旋状排列和轮状排列。

1) 雄蕊的类型

雄蕊根据花丝、花药的数目、离合及长短来区分，常见类型如图 2-1-33 所示。

多体雄蕊　　离生雄蕊　　聚药雄蕊　　单体雄蕊　　两体雄蕊(9+1)　二强雄蕊　　四强雄蕊

图2-1-33 雄蕊的类型

①单体雄蕊:花中10至多数雄蕊的花丝合成一束,组成花丝筒,花药分离,如锦葵(*Malva sinensis* Cavan)。

②二体雄蕊:花中10枚雄蕊的花丝连合成2束,其中9枚花丝连合成1束,另1枚雄蕊单独分离,或者每束5枚。这种为蝶形花科(豆科)植物特有,如洋槐(*Robinia pseud-oacacia* L.)。

③多体雄蕊:一花中多数雄蕊的花丝连合成数束,如金丝桃(*Hypericum monogy-num* L.)、酸橙(*Citrus aurantium* L.)。

④离生雄蕊:一花中有多数雄蕊彼此分离的现象,如莲、小麦。

⑤二强雄蕊:一花中4枚雄蕊,其中,2枚较长,2枚较短,如泡桐(*Paulownia* Sieb. et Zucc.)。

⑥四强雄蕊:一花中有6枚雄蕊,其中,4枚花丝较长,2枚花丝较短,如油菜、萝卜。

⑦聚药雄蕊:一花中雄蕊的花丝分离,而花药贴合成筒状的雄蕊,如向日葵。

2)花药

花药是花丝顶端膨大呈囊状并产生花粉的部分。花药是由不同数目的花粉囊组成,花粉囊之间由药隔相连,花粉囊内产生花粉粒,并在花粉成熟后裂开散出花粉粒。

花药在花丝上的着生方式主要有以下几种,如图2-1-34所示。

全着药　底着药　　背着药　丁字着药　个字着药　广歧着药

图2-1-34 花药着生方式

①全着药:花药全部着生于花丝上,如莲。

②底(基)着药:花药基部与花丝顶端相连,如小檗(*Berberis thunbergii* var. atropur-purea Chenault)。

③背(贴)着药:花药背部全部贴着在花丝上,如油桐(*Vernicia fordii* (Hemsl.) Airy Shaw)。

④丁字形着药:花药背部一点与花丝顶端相连,形如丁字,如小麦、水稻。

⑤个字着药:药室基部张开,上部与花丝顶上相连,如荠菜。

⑥广歧着药:药室完全分离开中部与花丝顶端相连,如地黄(*Rehmannia glutinosa* (Gaert.) Libosch. ex Fisch. et Mey.)。

花药开裂方式有如下几种:

①纵裂:沿2个花粉囊之间的交界处纵向开裂,散出花粉,如百合。

②横裂:沿花药中部横向开裂散出花粉,如木槿(*Hibiscus syriacus* L.)。

③孔裂:花药顶端开1小孔散出花粉,如番茄。

④瓣裂:在花药侧壁裂成几个小瓣,由瓣下小孔散出花粉,如香樟(*Cinnamomum camphora* (L.) Presl.)。

(5)雌蕊群

种子植物的雌性繁殖器官,位于花的中间,具有一个或数个绿色的瓶状物。一个完整的雌蕊由子房、花柱、柱头三部分组成。其中,子房是雌蕊的主要部分,如图 2-1-35 所示。一朵花中所有雌蕊联合成群,称雌蕊群。

1)雌蕊的类型

雌蕊由心皮发育而来。根据心皮的数目与离合,雌蕊可分为以下几种类型,如图 2-1-36 所示。

①单雌蕊:一朵花中仅由一个心皮发育而成的雌蕊,子房一室,如豆类、桃。

②离生单雌蕊:一朵花中有数个彼此分离的单雌蕊而构成的雌蕊,如芍药(*Paeonia lactiflora* Pall.)。

③复雌蕊(合生心皮雌蕊):一朵花中由两个以上心皮合生而成的雌蕊,子房一室或多室,如棉、瓜类、油菜、柑橘。

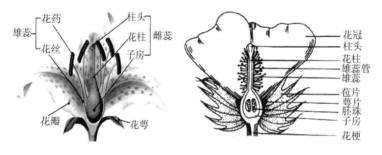

图 2-1-35 雌蕊

图 2-1-36 雌蕊的类型

2)子房及其着生位置

子房是被子植物生长种子的器官,位于雌蕊下方,略为膨大。子房由子房壁、胎座和胚珠组成。当传粉受精后,子房发育成果实,胚珠发育为种子,子房壁发育成果皮。子房分单心皮子房、离心皮子房和合心皮子房等。

根据子房在花托上的着生位置,子房与花托愈合的程度及其与花的各部分的关系,可分为以下类型,如图2-1-37所示。

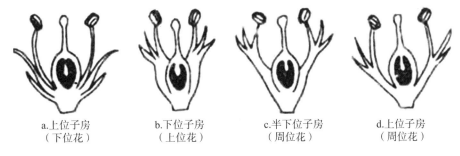

| a.上位子房 | b.下位子房 | c.半下位子房 | d.上位子房 |
| （下位花） | （上位花） | （周位花） | （周位花） |

图2-1-37　子房着生的位置

①上位子房下位花:花托多少突起,子房底部与花托中央最高处相连,称上位子房。花萼、花冠及雄蕊位于子房下侧,与子房分离,故称为下位花,如油菜。

②下位子房上位花:凹陷的花托包围子房壁并与之完全愈合,仅花柱和柱头露在花托外,花的其他部分着生于子房上方花托的边缘,称为下位子房上位花,如苹果、黄瓜(*Cucumis sativus* L.)。

③半下位子房周位花:凹陷的花托与子房下半部愈合,花的其他部分着生在花托上部内侧周边,与子房分离,称为半下位子房周位花,如马齿苋(*Portulaca oleracea* L.)、菱(*Trapa bispinosa* Roxb.)。

④上位子房周位花:花托下陷与子房底相连,称上位子房。花的其他部分着生在花托上端边缘,即子房的周围,称为周位花,如桃、月季(*Rosa chinensis* Jacq.)。

3) 胎座类型

胚珠在子房内着生的位置称胎座,而着生的方式,称胎座式,常见的胎座类型如图2-1-38所示。

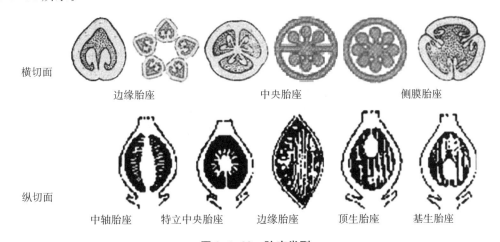

横切面　　　边缘胎座　　　　　　中央胎座　　　　　侧膜胎座

纵切面　　中轴胎座　特立中央胎座　边缘胎座　顶生胎座　基生胎座

图2-1-38　胎座类型

①中轴胎座：多心皮雌蕊，各心皮互相连合形成中轴和隔膜，子房室数与心皮数相同，胚珠着生在中轴上。如棉、柑橘。

②特立中央胎座：多心皮雌蕊，子房1室，心皮基部贴生于花托上部，向子房内伸突，形成特立中轴，胚珠着生在中轴上，如樱草（*Primula sieboldii* E. Morren）。

③边缘胎座：单心皮雌蕊，子房1室，胚珠着生在腹缝线上，如蚕豆、豌豆。

④侧膜胎座：雌蕊由多心皮构成，各心皮边缘合生，子房1室，胚珠着生在腹缝线上，如油菜、瓜类。

⑤基生胎座：由2心皮构成雌蕊，子房1室，胚珠着生在子房的基部，如向日葵、莎草科植物。

⑥顶生胎座：由2心皮构成雌蕊，子房1室，胚珠着生在子房顶部呈悬垂状，如桑（*Morus alba* L.）。

4）胚珠结构

胚珠是种子植物的大孢子囊，受精后发育成种子。被子植物的胚珠以珠柄着生于子房内壁的胎座上，为子房包被。裸子植物的胚珠着生在大孢子叶上，裸露。

胚珠由珠柄、珠被、珠孔、珠心和胚囊组成，其基本结构，如图2-1-39所示。

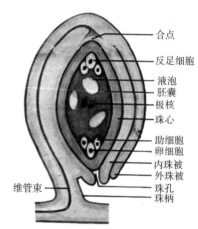

①珠柄：连接胚珠与胎座的短柄，即胚珠以珠柄着生在胎座上。

②珠被：是珠心外围的保护组织，常分为外珠被和内珠被两层。

③珠孔：珠被在一端合拢处，留有一个小孔，即珠孔，它是花粉管到达胚囊的通道。

④珠心：位于珠被之内，由薄壁细胞组成的部分。

⑤合点：珠被、珠心与珠柄的连接处为合点，是珠柄维管束进入胚囊的位置。

⑥胚囊：珠心中发生胚囊，成熟后占据胚珠的大部分体积。

图 2-1-39　胚珠的基本结构图

5）胚珠的类型

根据珠柄、珠孔和合点三者排列位置不同，胚珠有如下几种类型，如图2-1-40所示。

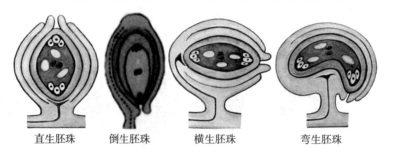

直生胚珠　　倒生胚珠　　横生胚珠　　弯生胚珠

图 2-1-40　胚珠的类型

①直生胚珠:胚珠直立地着生在株柄上,珠孔、珠心、合点和珠柄处于同一直线上,如荞麦(*Fagopyrum esculentum* Moench)、胡桃(*Juglans regia* L.)。

②倒生胚珠:胚珠两侧生长速度不同,生长快的一侧向生长慢的一侧倒转约180°,珠心不弯曲,珠孔在珠柄基部的一侧,合点在珠柄相对的一侧,三者的连接线和珠柄平行,靠近珠柄一侧的外珠被常与珠柄贴生,形成一条珠脊,向外隆起。多数被子植物的胚珠属此类型。

③横生胚珠:胚珠两侧差异生长,生长较快的一侧,在珠柄上扭转约90°,珠孔、珠心和合点三者连接线与珠柄近成直角,如锦葵(*Malva sinensis* Cavan.)、毛茛(*Ranunculus japonicus* Thunb.)。

④弯生胚珠:胚珠上半部生长快,向生长慢的下半部一侧弯曲,胚囊也弯曲,珠孔向珠柄方向下倾,如油菜、蚕豆、扁豆(*Lablab purpureus* (Linn.) Sweet)。

(6)蜜腺

蜜腺植物花内分泌蜜汁的外分泌腺组织。分泌的蜜汁有引诱昆虫传粉的作用。

小结:花的花萼、花冠、雄蕊和雌蕊四个基本组成部分都是由叶演变来的。具有这四部分的花叫做完全花,缺少其中任何一部分的花叫不完全花。花蕊是植物繁殖后代的器官。所以,花可以完全缺少花被(花萼和花冠),但不能完全缺少花蕊(雄蕊和雌蕊)。最简单的花,可以无花萼和花冠,但不能没有雌蕊或雄蕊。

2. 花的类型

(1)以花的各部分与否完备分为以下类型。

①完全花:一朵花中花萼、花冠、雄蕊群和雌蕊群都具备的花,如油菜、棉、桃、番茄花。

②不完全花:缺少花萼、花冠、雄蕊群、雌蕊群中的任何一部分或几部分的花,如黄瓜花。

(2)以花的对称性分为以下类型。

①辐射对称花:通过一朵花的中心可作出多个对称面的花,又称整齐花,如棉、桃、茄等的花。

②两侧对称花:通过一朵花的中心只能作出1个对称面的花,又称不整齐花,如蚕豆、水稻等的花。

③不对称花:通过一朵花的中心不能作出对称面的花,如美人蕉(*Canna indica* L.)的花。

(3)以花被完备与否分为以下类型。

①双被花:具有花萼和花冠的花,如桃花。

②单被花:只有花萼或花冠的花,如百合花。

③无被花(裸花):不具花被的花。常具苞片,如柳花。

(4)以花中是否有雄蕊、雌蕊分为以下类型。

①两性花:一朵花中雄蕊和雌蕊都具有的花,如桃花。

②单性花:一朵花中缺少雄蕊或雌蕊的花。其中,无雄蕊或仅有退化雄蕊的花称雌花;无雌蕊或仅有退化雌蕊的花称雄花。雌花和雄花生于同一株树上的,称为雌雄同株。雌花和雄花分别生于不同植株上,称为雌雄异株。同一植株上,有单性花和两性花的,称

杂性同株。单性花和两性花分别生于不同植株上的,称为杂性异株。

③无性花:雄蕊和雌蕊均无或雄蕊和雌蕊均退化的花,这样的花也称为中性花。

(5) 以花中花被离合状况分为以下类型。

①离瓣花:各花瓣之间完全分离,如油菜花。

②合瓣花:各花瓣之间部分联合或完全联合,其中,花冠下部联合形成花冠筒,上部联合形成花冠片,如益母草。

花的同一种器官连合,如花瓣与花瓣的连合,称为合生;不同部分连合,如棉的雄蕊群与花瓣基部连合,称为贴生。

(6) 以花被的卷叠方式分为以下类型。

①镊合状:花被片边缘彼此相接触排成一圈,花被片互不覆盖。其中,镊合状花被边缘微向内弯者,称内向镊合,如沙参(*Adenophora stricta* Miq.);微向外弯者,称外向镊合,如蜀葵(*Althaea rosea* L.)。

②旋转状:花被片彼此一辨压一辨呈回旋状,如夹竹桃。

③覆瓦状:花被片边缘彼此覆盖,其中,有一片完全在外面,被两边花瓣覆盖;一片完全在里面,覆盖他旁边的花瓣,如紫草(*Lithospermum erythrorhizon* Sieb. et Zucc.)。

3. 花序及其类型

(1) 花序

许多单个花排列在花轴上形成的序列,叫花序。常见有无限花序与有限花序两类。

(2) 花序类型

1) 无限花序:也称作总状类花序。开花期间,花序轴下部的花先开,随着花序轴顶端不断向上生长,花由下往上依次开放,或由边缘向中央依次开放。这种花序的主要类型,如图 2-1-41 所示。

①总状花序:花序轴较长,不分枝,自下而上着生许多花柄长短大致相等的花,开花顺序自下而上,如油菜、紫藤(*Wisteria sinensis* (Sims) Sweet)等的花序。

②复总状花序主花序轴分枝,每一分枝又形成一总状花序,整个花序似圆锥形,又叫圆锥花序,如南天竹(*Nandina domestica* Thunb.)、女贞等的花序。

③穗状花序:花序轴较长,其上着生许多无柄或花梗极短的两性花,如车前(*Plantago asiatica* L.)、地榆(*Sanguisorba officinalis* L.)的花序。

④复穗状花序:主花序轴分枝,每一分枝又形成一穗状花序,整个花序构成复穗状花序,如大麦(*Hordeum vulgare* L.)、小麦等的花序。

⑤肉穗状花序:花序轴棒状或鞭状,肉质肥厚,其上着生许多单性无柄小花,如玉米、玉蜀黍(*Zea mays* L.)、香蒲(*Typha orientalis* Presl)的雌性花;有的植物在肉穗花序外有一个大型的苞片,称佛焰苞,因而也称佛焰花序。如半夏(*Pinellia ternata* (Thunb.) Breitenb.)、马蹄莲(*Zantedeschia aethiopica* (L.) Spreng.)的花序。

⑥柔荑花序:花序轴柔软下垂(有少数直立),其上着生许多无柄的单性花。开花后整个花序脱落。如柳、杨(*Populus* L.)、栗(*Castanea mollissima* Bl.)的雄花序。

⑦伞房花序:花序轴较长,其上着生许多两性花。其中,花轴下部的花柄较长,上部的花柄依次渐短,整个花序的花排成一平面,如梨、苹果的花序。

⑧复伞房花序:花序轴分枝,每个分枝(花序柄)又形成一伞房花序,如石楠(*Photinia serrulate* Lindl.)、花楸(*Sorbus pohuashanensis* (Hance) Hedl.)的花序。

⑨伞形花序:花序轴缩短,其顶端聚生许多花柄等长的小花,呈放射状排列如张开的伞,如人参(*Panax ginseng* C. A. Mey.)、刺五加(*Acanthopanax senticosus* (Rupr. Maxim.) Harms)的花序。

⑩复伞形花序:总花梗顶端集生许多近等长的伞形分枝,每一分枝上又形成伞形花序,基部常有总苞,如胡萝卜、芹菜(*Apium graveolens* L.)等伞形科植物的花序。

⑪头状花序:花序轴缩短顶端膨大为球形、半球形或盘状的花序托,其上着生许多无柄或近于无柄的小花,花序基部常有总苞,称头状花序,如向日葵。有的花序下面无总苞,如喜树(*Camptotheca acuminata* Decne.)。有的花轴不膨大,小花集生于顶端,如三叶草(*Trifolium* Linn)、紫云英(*Astragalus sinicus* L.)等的花序。

⑫隐头花序:花序轴顶端膨大,中央部分凹陷成中空的球状体,其凹陷的内壁上着生许多无柄的单性花,如无花果(*Ficus carica* L.)。花序轴顶端有一孔,与外界相通,为虫媒传粉的通路。

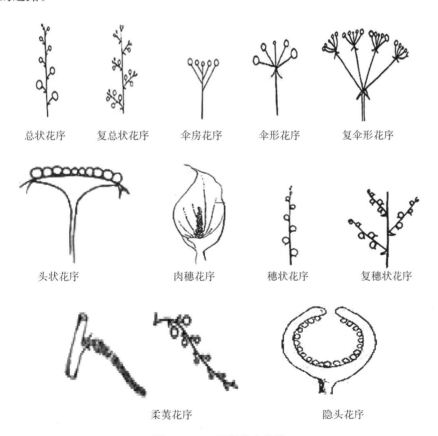

总状花序　复总状花序　伞房花序　伞形花序　复伞形花序

头状花序　　　肉穗花序　　　穗状花序　　复穗状花序

柔荑花序　　　　　　隐头花序

图 2-1-41　无限花序类型

2) 有限花序:也称聚伞花序,其花序主轴顶端或中间先开一花,主轴生长受到限制,由侧芽继续生长形成侧轴,侧轴顶端又先开一花,依次由上向下或由内向外开放。根据花轴分枝与侧芽发育的不同,这类花序可分为如下几类,如图 2-1-42 所示。

单歧聚伞花　　蝎尾状聚伞花序　　螺状聚伞花序　　二歧聚伞花序　　复聚伞花序

图 2-1-42　有限花序类型

①单歧聚伞花序:顶芽成花后,其下一侧芽发育形成侧枝,顶端也成花,再在侧枝下一侧再形成侧枝,顶端生花,这样依次形成花序。如果侧芽左右交替地形成侧枝,顶生花朵,排成二列,形如蝎尾状,这种单歧聚伞花序叫蝎尾状聚伞花序,如唐菖蒲(*Gladiolus gandavensis* Vaniot Houtt)、黄花菜(*Hemerocallis citrina* Baroni)等的花序。若侧芽仅在同一侧依次形成侧枝和顶生花朵,排列呈镰状,这种单歧聚伞花序叫螺状聚伞花序,如附地菜(*Trigonotis peduncularis* (Trev.) Benth. ex Baker et Moore)、勿忘草(*Myosotis silvatica* Ehrh. ex Hoffm.)等的花序。

②二歧聚伞花序:主花轴顶端先开一花,在其下面节上生出两个等长侧枝,侧枝顶端各开一花,然后再以同样方式产生侧枝并顶端发育一花,依次展开形成的花序。如大叶黄杨(*Buxus megistophylla* H. Lév.)、石竹等的花序。

③多歧聚伞花序:主花轴顶端先开一花后停止生长,然后在其下面的节上同时生出多个等长的侧枝,顶端各生出一花,然后再以同样方式产生侧枝,顶端生花,依次展开形成的花序,如大戟(*Euphorbia pekinensis* Rupr.)、藜(*Chenopodium album* L.)、泽漆(*Euphorbia helioscopia* L.)等。

④轮伞花序:在对生叶的叶腋处分别着生两个细小的聚伞花序,花序轴及花梗极短,故各对生叶处有四个小花序着生呈轮状排列,形成轮伞花序,如野芝麻(*Lamium barbatum* Sieb. et Zucc.)、益母草等唇形科植物的花序。

4. 花程式与花图式

为方便和形象地表示各种植物花的构造,可用花程式与花图式表示。

(1) 花程式:用符号及数字组成一定的程式把一朵花的各部分的组成、排列、位置以及它们彼此的关系表示出来,常以拉丁字母记载花的各部分,用阿拉伯数字表示花各部分的数目,并用以下符号表示花的各部分间的关系。

①字母

一般用每轮花的名称的第一个字母来表示花的各个组成部分,如:花被用"P"表示,是Perianth 或 Perianthium(拉)的缩写;花萼用"K 或 Ca"表示,是 Kelch(德)或 Calyx(拉)的缩写;花冠用"C 或 Co"表示,是 Corolla(拉)的缩写;雄蕊群用"A"表示,是 Androecium(拉)的缩写;雌蕊群用"G"表示,是 Gynoecium(拉)的缩写。

②符号

某部缺少用"○"表示;某部相互连合用"( )"表示,在"( )"号内加上数字;同一花部形成多轮或同一轮中有几种不同的联合和分离用符号"+"来连接;花部的基部连合用"⌣"

表示;花部的上部连合用"⌒";表示不整齐花(两侧对称花)用"↑"表示;整齐花(辐射对称花)用"＊或⊕"表示;子房上位用"G"表示;子房下位用"$\overline{G}$"表示;子房半下位用"$\overline{\underline{G}}$"表示;雌花用"♀"表示;雄花用"♂"表示;两性花用"♂/♀"表示,或不写表示两性花;贴生者用"↙"表示。

③数字

花的各部分的数目用阿拉伯数字"0,1,2,3,……10"以及"∞"或"x"来表示。表示实际数目数字均写在代表花各部分字母符号的右下方。数目在 10 以上或数目不定(数目很多)用"∞"表示;少数或数目不定用"x"表示;缺少某一轮或退化用"0"表示;雌蕊右下方有 3 个数字,且数字间用":"隔开,则 3 个数字分别表示心皮数、子房室数、每室胚珠数(一般常只用第一和第二个数字)。

如:$^{*}P_{3+3}$;A_{3+3};$\underline{G}_{(3:3)}$ 为百合花的花公式,表示百合为整齐花,花被 6 数,分二轮,每轮 3 片,雄蕊 6 枚,分二轮排列,每轮 3 枚,子房上位,雌蕊由 3 个心皮合生,3 个子室。

$♂↑K_0,C_0,A_2;♀^{*}K_0,C_0,\underline{G}_{(2:1)}$ 为柳的花程式,表示柳的花为单性花,雄花为不整齐花,无花萼,无花冠,只有两枚雄蕊;雌花为整齐花,无花萼和花冠,子房为上位,2 心皮合生 1 子室。

④花公式书写顺序

花性别、对称情况、花各部分从外部到内部依次介绍花萼 K 或 Ca、花冠 C 或 Co、雄蕊群 A、雌蕊群 G,并在字母右下方写明数字以表示花各部分数目,如:

苹果花:$^{*}K_{(5)},C_5,A_∞,\overline{G}_{(5:5:2)}$。表示两性花,辐射对称;萼片 5 枚,合生;花瓣 5 枚,分离;雄蕊多数,分离;单雌蕊,子房下位,由 5 枚心皮联合形成 5 室子房,每室 2 个胚珠。

紫藤花:$↑K_{(5)},C_{1+2+(2)},A_{(9)+1},\underline{G}_{1:1:∞}$。表示两性花;两侧对称;萼片 5 枚,合生;花瓣 5 枚,分离,排成三轮,其中有 2 个花瓣联合;雄蕊 10 枚,其中 9 枚联合,1 枚分离成二体雄蕊;子房上位,单雌蕊,一个心皮,一室,每室胚珠数不定。

桑花:$♂^{*}P_4,A_4;♀^{*}P_4,\underline{G}_{(2:1:1)}$。表示单性花,辐射对称。雄:花被片 4 枚,分离;雄蕊 4 枚,分离;雌花:花被片 4 枚,分离,子房上位,2 心皮合生,1 室,1 个胚珠。

豌豆花:$↑K_{(5)},C_5,A_{(9)+1},\underline{G}_{(1:1)}$。表示不整齐花(两侧对称花),萼片 5 个连合,花瓣 5 个分离,雄蕊 10 个,9 个连合,雌蕊子房上位,1 心皮合生,1 室。

泡桐花:$♂/♀,↑K_{(5)},C_5,↙A_{2+2},\underline{G}_{(2:2:∞)}$。表示两性,不整齐花,萼片 5 个连合,花瓣 5 个分离,雄蕊 4 个,分 2 轮排列,每轮 2 个,雄蕊贴生于花瓣上,子房上位,2 心皮合生,2 心室,胚珠数不定。

(2) 花图式

花程式能表示花各部分的排列、组成、位置及彼此间的关系,但不能表达花各部分的结构等特征,因此,必须用花图式来比较全面地表示花各部分的结构特征。

将花的各部分投影在垂直于花轴的平面上,并用花的各部分横切面简图表示其实际情况所得到的简图就叫花图式。花图式不仅可以表示花各部分的轮数、数目、离合、排列方式、胎座式等,还能表示花的远轴面和近轴面。在绘制花图式时,不仅要表示出花萼、花冠、雄蕊和雌蕊之间的关系，而且还要表示出花各部分的形态差异。绘制时要求在花图式上方用"•"表示花轴；在花轴的对方或两侧用中央有一突起的空心弧片"◡"表示苞片或小苞片；如花为顶生花，则"•"及苞片和小苞片都可不必绘出；用带有线条的弧片"◡"表示萼片，弧片中央尖突的部分表示萼片的中脉；用实心的弧片"◡"表示花瓣；若花萼、花瓣离生，各弧线彼此分离；如为合生，则以虚线连接各弧线。还要注意花萼片、花瓣各轮的排列方式（如镊合状、覆瓦状、旋转状）以及它们之间的相互关系（如对生、互生）的表示。如萼片、花瓣有距，则以弧线延长来表示。雄蕊以花药横切面表示，注意雄蕊的排列方式和轮数、分离、连合以及雄蕊与花瓣冠的贴生（用连接线表示）的表示。如雄蕊退化，则以虚线圈表示。雌蕊以子房的横切面来表示，注意心皮的数目、结合情况（离生或合生）、子房室数、胎座类型以及胚珠着生方式的表示。图 2-1-43 为百合及蚕豆的花图式。

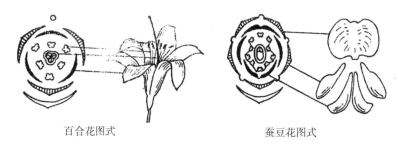

百合花图式　　　　　　　　　　　蚕豆花图式

图 2-1-43　百合及蚕豆的花图式

由于花图式不能表示花的某些特征（如子房位置等），故需要与花程式配合使用，才能把某一种花的结构特征完全表达清楚。因此，在描述一具体植物时，需将花图式和花程式配合使用。如图 2-1-44、图 2-1-45 所示。

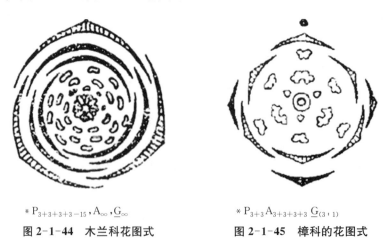

$*P_{3+3+3+3-15}, A_\infty, \underline{G}_\infty$

图 2-1-44　木兰科花图式

$*P_{3+3} A_{3+3+3+3} \underline{G}_{(3:1)}$

图 2-1-45　樟科的花图式

有的花图式表示的是花序的图式。如大戟属植物三个杯状聚伞花序的图式，如图 2-1-46 所示；唇形科轮伞花序的图式，如图 2-1-47 所示。

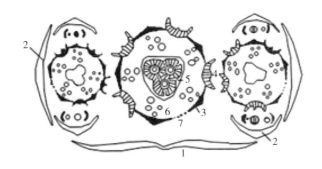

1—总苞片;2—杯状总苞;3—萼状裂片;4—腺体(蜜腺);5—雌蕊群(3 心皮、
3 心室、每室 1 胚珠);6—雄蕊群(蝎尾状聚伞排列);7—腺体缺失地方。

图 2-1-46　大戟属植物三个杯状聚伞花序的花图式

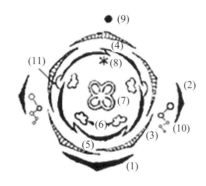

1—苞片;2—小苞片;3—萼片(5 裂);4—花瓣上唇(2 枚);5—花瓣下唇(3 枚);6. 雄蕊群;
7—雌蕊群;8—退化的雄蕊位置;9—花轴;10—腋生的镶状聚伞花序;11—花瓣上下唇联合。

图 2-1-47　唇形科轮伞花序的花图式

(二) 果实

被子植物的雌蕊传粉受精后,由子房或花的其他部分(花托、花萼)等参与发育而形成的器官,称为果实。果实一般包括果皮和种子两部分,其中,果皮又可分为外果皮、中果皮和内果皮。自然条件下不经过传粉受精而结的果实无种子,属于无子果实,如香蕉(*Musa nana* Lour.)、蜜橘。

果实的种类繁多,分类方法也多种多样。

(1) 根据果实由花的哪个部位发育而成,可分真果和假果。

真果:只由子房发育而成的果实叫真果。多数植物的果实属于真果。

假果:由子房和花被或花托一起发育而形成的果实叫假果。例如苹果、梨、石榴、向日葵、草莓以及瓜类作物的果实。

(2) 根据果实形态结构,可以分为单果、聚合果和聚花果三类。

1) 单果:由一朵花的单雌蕊或复雌蕊的子房发育而成的果实。大多数植物的果实属此类型,其中,因果皮及其附属物的质地不同,单果又分肉质果和干果两类,每一类又分为若干类。

①肉质果:果皮或果实的其他部分肉质多汁,可食用的部分多为果肉。肉质果的主要类型,如图 2-1-48 所示。

梨果　　浆果

核果　　柑果　　瓠果

图 2-1-48　肉质果类型

核果:由单心皮上位子房发育而成的果实,包括外果皮、中果皮、内果皮及种子等部分。外果皮薄,由单层细胞的表皮层,及皮下层的厚角组织构成。中果皮肉质,为可食部分,由薄壁组织与维管束构成。内果皮硬质化,由石细胞形成的坚硬核壳部分,包围在种子外面,形成果核。核果又分为单子核果如桃、李(*Prunus salicina* Lindl.)和多子核果如山楂、石榴等。

浆果:由单心皮或合生心皮雌蕊上位或下位子房发育而成的肉质果。外果皮薄(膜质),中果皮和内果皮肉质多汁,内含多数种子,如葡萄、番茄等。

柑果:由具中轴胎座的复雌蕊多室子房发育而成的果实。外果皮革质,具油腺;中果皮疏松,有维管束,果实成熟后成为橘络;内果皮膜质、分隔成瓣,在内果皮表面生有许多肉质多汁的汁囊,汁囊即为可食的部分。外果皮多少与中果皮可分离,如柑橘、橘子、柠檬(*Citrus limon* (L.) Burm. f.)等。

瓠果:由 3 心皮 1 心室的下位子房发育而成的假果,花托与外果皮组成较硬的果壁,外果皮紧贴中果皮,中果皮与内果皮及胎座均肉质化,如丝瓜(*Luffa cylindrica* (L.) Roem.)、甜瓜(*Cucumis melo* L.)、冬瓜(*Benincasa hispida* (Thunb.) Cogn.)、西瓜(*Citrullus lanatus* (Thunb.) Matsum. et Nakai)等瓜类。

梨果:由下位子房合生心皮及花托、花被共同参与发育而成的假果。花托变成很厚的肉质部分。里面为果皮和种子,外、中果皮肉质化,内果皮革质或木化,如梨、苹果等,故也叫梨果。

②干果:果实成熟时果皮干燥,依果皮是否裂开分为裂果和闭果两种,如图 2-1-49 所示。

蓇葖果　　荚果　　蒴果　　长角果　　短角果

| 翅果 | 坚果 | 双悬果 | 瘦果 | 颖果 | 胞果 |

图 2-1-49　干果类型

裂果:以果实的组成及裂开方式不同又分为蓇葖果、荚果、角果和蒴果四种。

蓇葖果:由单心皮雌蕊发育而成,成熟时果皮沿背缝线或腹缝线一侧开裂,如八角茴香(*Illicium verum* Hook. f.)、芍药(*Paeonia lactiflora* Pall.)、花椒(*Zanthoxylum bungeanum* Maxim.)、牡丹(*Paeonia suffruticosa* Andr.)、飞燕草(又名鸽子花)(*Consolida ajacis*(L.)Schur)等。

荚果:由单心皮子房发育而成,为边缘胎座,豆科植物特有,成熟时果皮沿背缝线或腹缝线裂为两片,如大豆、蚕豆、刺槐等。

角果:由两个合生心皮的复雌蕊发育而成,为侧膜胎座,成熟时两果瓣沿两条腹缝线自下向上开裂为两瓣,两瓣之间具假隔膜。十字花科植物果实的特征。果实长度超过宽度一倍以上的叫长角果,如萝卜、油菜、紫罗兰(*Matthiola incana*(L.)R. Br.);长宽几乎相等的叫短角果,如荠菜。

蒴果:由两个以上合生心皮发育而成,种子通常多数。按子房室多少分为单室蒴果和多室蒴果。单室蒴果的心皮边缘相接,未及果实中央而成为单室,如金丝桃(*Hypericum monogynum* L.),多室蒴果的心皮边缘向内弯曲,在果实中央接触而成为多室,如棉花,七叶树等。蒴果开裂方式有:瓣裂,沿隔膜边缘开裂,如马儿铃(*Aristolochia debilis* Sieb. et Zucc);背裂,沿室背开裂,如紫花地丁(*Viola philippica* Cav.);有果皮开裂,中轴仍相连,如曼陀罗;齿裂,顶端呈齿状开裂,如王不留行(*Vaccaria segetalis*(Neck.)Garcke)、米瓦罐(*Silene conoidea* L.);盖裂,上部呈小盖脱落,如车前(*Plantago asiatica* L.)、马齿苋(*Portulaca oleracea* L.)。

闭果:果实成熟时,果皮不开裂,分以下5种。

瘦果:果皮与种皮基本分离,内含1粒种子,果皮不开裂,果实细小,如向日葵、荞麦(*Fagopyrum esculentum* Moench.)。

颖果:种皮与果皮联合难分,果实细小,内含1粒种子,如玉米、小麦。

翅果:果皮向外延伸呈翅状,如榆(*Ulmus pumila* L.)、椿(*Ailanthus altissima*(Mill.)Swingle.)、槭树(*Acer* L.)、枫杨(*Pterocarya stenoptera* C. DC.)。

分果:由复雌蕊发育而成,成熟时依心皮数沿中轴分离成2-多数的小分果,但小分果心皮不开裂,内各含1粒种子,如锦葵、蜀葵等;由2心皮的下位子房发育而成,果熟时,分离成2个悬果,并悬挂于果柄上端的细柄上,称为双悬果,如胡萝卜、芹菜等的果实。

坚果:果皮坚硬,1室,含1粒或多粒种子,如榛(*Corylus heterophylla* Fisch.)、栗。

2)聚合果:由多数离生单雌蕊和花托共同发育而成的果实。每一个单雌蕊形成一个小单果,许多小果聚生在同一花托上,组成聚合果,如图 2-1-50 所示。根据小果的性质不同,可分为聚合瘦果,如草莓、蔷薇(*Rosa multiflora* Thunb.)、金樱子(*Rosa laevigata* Michx.);聚合蓇葖果,如八角茴香、玉兰、珍珠梅(*Sorbaria sorbifolia* (L.) A. Br.);聚合坚果,如莲、聚合核果,如悬钩子(*Rubus corchorifolius* L. f.)。

聚花果　　　聚合果

图 2-1-50　聚合果与聚花果

3)聚花果:由整个花序发育而成的果实,花序中的每朵花形成独立的小果,聚集在花序轴上,也叫花序果,如图 2-1-50 所示。如桑葚(*Morus alba* L.)、菠萝(*Ananas comosus* (Linn.) Merr.)、无花果。

桑的复果桑葚是由一个雌花序发育而成,每一小花的子房发育成为一个小瘦果,藏于肉质花被中,可食部分为花萼。菠萝(凤梨)在肉质花轴上着生许多小花一起发育而成,花序轴肉质化,成为可食用部分。无花果是花轴内陷成囊,肉质化,内藏多数小瘦果,形成复果。聚花果也叫复果。

(三) 种子

种子是由胚珠传粉受精后形成的,一般由种皮、胚和胚乳 3 部分组成。种皮由珠被发育而来,具保护胚与胚乳的功能。胚包括子叶、胚芽、胚轴和胚根,它为种子植物的新一代的生命体。胚乳是成熟的种子为新生第二代幼体贮备养料的地方,贮藏的物质主要为淀粉、脂肪、蛋白质。

五、实验方法

(一) 花及花序形态类型观察

根据提供的新鲜植物花、花序材料或标本,按实验原理方法进行观察,认识花的形态及各部分的形态特征;认识花序的形态类型。观察花萼的数目、颜色、形态、对称情况、萼片大小、萼片离合等特征;观察花瓣数目、颜色、形态、大小、对称情况、有无附属物(如距、蜜腺、毛等)特征。将观察结果分别填入表 2-1-13 和表 2-1-14 中。

表 2-1-13　植物花序类型

花序类型		植物名称	形态特征描述
无限花序	总状花序		
	复总状花序		
	穗状花序		
	复穗状花序		
	肉穗花序		
	柔荑花序		
	伞房花序		
	复伞房花序		

续表

花序类型		植物名称	形态特征描述
无限花序	伞形花序		
	复伞形花序		
	头状花序		
	隐头花序		
有限花序	单歧聚伞花序		
	二歧聚伞花序		
	多歧聚伞花序		
	轮伞花序		

表 2-1-14　花的类型

花		植物名称	形态特征
花的类型	完全花 不完全花		
	整齐花 不整齐花		
	双被花 单被花 无被花		
	两性花 单性花 无性花		
	离瓣花 合瓣花		
花萼类型	离萼 合萼		
	整齐萼 不整齐萼		
	早落萼 落萼 宿萼		
花冠类型	辐状(轮状)形		
	十字形		
	蝶形		
	唇形		
	漏斗状		
	钟状		
	管状		
	舌状		
	高脚碟状		

续表

花		植物名称	形态特征
花被卷叠方式	镊合状		
	旋转状		
	覆瓦状		

（二）花的解剖结构观察

取新鲜的花材标本，用刀片从花柄处开始作一纵剖面，观察雄蕊群和雌蕊群的形态类型。观察雄蕊数目、着生位置、离生合生、雄蕊的类型及花药着生方式等；观察雌蕊的子房、花柱、柱头、子房的心皮数、子室数、每室胚珠数、子房在花托上的着生位置、胚珠结构及类型等，将观察结果列入表 2-1-15 中。

表 2-1-15　花的解剖结构

花的解剖结构		植物名称	形态特征
雄蕊类型	单体雄蕊		
	二体雄蕊		
	多体雄蕊		
	离生雄蕊		
	二强雄蕊		
	四强雄蕊		
	聚药雄蕊		
雌蕊类型	单雌蕊		
	离生单雌蕊		
	复雌蕊		
子房着生位置	上位子房（下位花）		
	下位子房（上位花）		
	半下位子房（周位花）		
	上位子房（周位花）		
胚珠类型	直生胚珠		
	倒生胚珠		
	横生胚珠		
	弯生胚珠		
花药着生方式	全着药		
	底着药		
	背着药		
	丁字着药		
	个字着药		
	广歧着药		

（三）花程式与花图式

取校园常见植物的花进行观察与解剖,写出花程式并绘出花图式。将结果填入表 2-1-16 中。

表 2-1-16　常见植物花的花程式与花图式

花的名称	花程式	花图式

（四）果实的构造与类型观察

取新鲜的桃、苹果等各种果实进行横切、纵切,观察其结构,识别胎座式类型;取各种果实进行解剖观察,认识主要果实的类型及特征。将解剖与观察结果填入表 2-1-17 中。

表 2-1-17　果实的类型及特征

植物名称	果实类型																聚合果	聚花果	真果	假果	胎座类型	主要特征
	单果																					
	肉质果					干果																
						裂果				闭果												
	核果	浆果	柑果	瓠果	梨果	蓇葖果	荚果	角果	蒴果	瘦果	颖果	翅果	分果	坚果								

(五) 种子的结构与形态观察

取蚕豆、菜豆、蓖麻、玉米、小麦、水稻等植物种子,先观察不同种子的外部形态;观察种子纵切面,区分种皮、胚、胚乳及其子叶、胚芽、胚轴、胚根;区分单子叶植物与双子叶植物种子在结构上的异同。将观察结果填入表 2-1-18 中。

表 2-1-18　种子的形态结构

种子	形态结构
菜豆种子	
蚕豆种子	
蓖麻种子	
玉米种子	
小麦种子	
水稻种子	

六、综合作业

1. 一个完整花由哪些部分组成? 花有哪些类型? 各组成部分的特征及类型是什么?

2. 雄蕊、雌蕊的组成及类型特征是什么? 子房的类型有哪些? 胚珠的结构如何?

3. 胚座有哪些类型? 什么是果实? 有哪些类型?

4. 什么是花序? 有哪些类型?

5. 种子由哪几部分组成? 单子叶植物与双子叶植物的种子在结构上有何异同?

第二节　植物分类

植物界种类多样,研究中按照一定原则和方法根据植物间的共性与个性特征进行分类,这对于认识自然、开发资源、发展生产、丰富科学知识等方面都具有重要意义。按照国际植物命名法规(The International Code of Botanical Nomenclature,缩写为 ICBN),植物分类的基本等级有界、门、纲、目、科、属、种。其中,"种"是植物分类的基本单位。在各分类等级之下可根据需要建立亚级分类等级,如亚门、亚纲、亚目、亚科和亚属。种以下的分类等级则根据该类群与原种性状的差异程度分为亚种、变种和变型。把各个分类等级按照其高低和从属关系顺序地排列起来,就形成分类的阶层系统。现存于地球上的植物,估计约为 50 余万种,整个植物界通常被分为 16 门。其中,16 门分类系统,如图 2-2-1 所示。

其中,藻类植物、菌类植物、苔藓植物和蕨类植物,以孢子繁殖,合称为孢子植物,这类植物没有开花结实现象,故又称为隐花植物。裸子植物和被子植物,以种子繁殖,称为种子植物,因这类植物均能开花,故又称为显花植物。在孢子植物中,菌类植物、藻类植物及地衣门植物合称为低等植物。低等植物在形态上没有根、茎、叶的分化,故称为原植体植物,又因构造上无组织分化,生殖器官单细胞,合子发育时离开母体,不形成胚,又称为无胚植物。苔藓植物、蕨类植物、裸子植物和被子植物合称为高等植物。高等植物在形态上有根、茎、叶的分化,称为茎叶体植物,又因构造上有组织分化,生殖器官多细胞,合子在母体内发育为胚,故又称为有胚植物。苔藓类与蕨类植物的雌性生殖器官有颈卵器,裸子植物绝大多数也有颈卵器,三类合称为颈卵器植物,而被子植物因有雌蕊,故称为雌蕊植物。蕨类植物、裸子植物和被子植物均有维管系统,故称为维管植物。

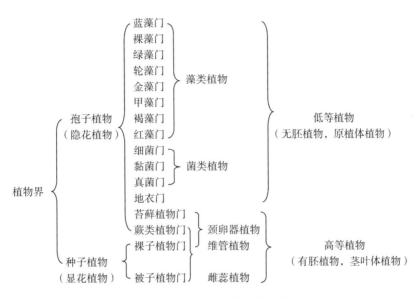

图 2-2-1　植物界的基本类群

实验一　低等植物观察

一、实验目的

了解藻类植物的基本特征;了解菌类及地衣植物形态结构特征,了解常见有代表性的低等植物与人类生产、生活的关系。

二、用品与材料

放大镜、解剖针、刀片、镊子、载玻片、盖玻片、滴管、吸水纸、显微镜以及代表性的实物标本。

三、实验内容

观察校园及附近地区的藻类植物、菌类植物及地衣植物,了解这几类植物的外部形态特征及其对环境的适应性。

四、实验原理

(一)藻类植物

藻类植物具有叶绿素,能进行光合作用,自养的原植体植物;基本无根、茎、叶的分化,多为单细胞个体,或为多细胞组成的丝状体、球形体或枝状体;均为真核生物(除蓝藻外);光合器统称为载色体。色素有叶绿素、类胡萝卜素和藻胆素;生殖器多为单细胞,少为多细胞,形成孢子或配子;蓝藻和某些单细胞真核藻类,无有性生殖过程,细胞不存在核相交替和世代交替现象。大多数真核藻类植物进行有性生殖,会出现核相交替及世代交替现象。在藻类植物中,可以看到世代交替演化的趋势是由配子体世代占优势向孢子体世代占优势发展。

生活环境:海水或淡水,或潮湿的土壤、树皮和石头上。适应力强,在养分贫乏、弱光照下都能生存。新鲜的无机质上最先定居。有些藻类有固氮作用,适当藻类可净化水体,大量会形成水华,污染水体。

藻类植物现存约 2.5 万种,共分 8 个门:蓝藻门(Cyanophyta)、裸藻门(Euglenophyta)、绿藻门(Chlorophyta)、轮藻门(Charophyta)、金藻门(Chrysophyta)、甲藻门(Pyrrophyta)、褐藻门(Phaeophyta)、红藻门(Rhodophyta)。

(二)菌类植物

菌类植物为异养型的原植体植物。植物体不含色素,不能进行光合作用,营腐生或寄生生活,无根、茎、叶的分化,为单细胞体、丝状体或为裸露的原生质团。

菌类植物现存约 12 万种,分为独立的 3 个门:细菌门(Bacteriophyta)、黏菌门(Myxomycota)和真菌门(Eumycota)。各门间植物形态、构造、繁殖方式和生活史差别较大,彼此之间无亲缘关系。

(三)地衣门

地衣(lichens)是某些真菌与藻类共生互惠的原植体植物(共生体),是多年生植物。共生真菌多为子囊菌,少数为担子菌,极少数为半知菌。共生的藻类主要是单细胞的蓝藻(Cyanobacteria)和绿藻(Chlorophyta)。共生方式是真菌的菌丝缠绕藻细胞,并包围藻类,使藻类与外界环境隔绝。真菌吸收水分、无机盐和二氧化碳供藻类进行光合作用,制造的有机物质成为真菌的有机养分。大部分地衣是喜光性、不耐污染的植物,对 SO_2 敏感,可用于大气污染监测。

地衣分布在裸露岩石表面、树皮、地表、高山带、冻土带等地。地衣是自然界的先锋植物或开拓者,可加速岩石风化和土壤形成,并为其他植物的生长奠定基础。

根据地衣中藻体的分布,可将地衣分为同层地衣和异层地衣。同层地衣的上、下皮层都由紧密交织的菌丝构成,下皮层的一些菌丝介入基质内,具有吸收和固着作用,中部菌丝稀疏,藻类细胞和菌丝混合交织,藻类细胞不集中排列为一层(无藻胞层);异层地衣则是在上皮层之下有一层由少量藻类细胞聚集成的藻胞层,即绿色藻层,在藻胞层和下皮层之间,有一层由一些疏松的菌丝和藻细胞构成的髓层。

根据地衣的外部形态,可将地衣分为壳状地衣、叶状地衣和枝状地衣三类。壳状地衣,属同层地衣,占全部地衣的 80%。这种地衣植物体扁平成壳状,紧贴于岩石、树皮和其他基质上,菌丝直接伸入基质,很难剥离;叶状地衣,属异层地衣,地衣体呈扁平薄片状,形似叶片,有背腹面之分,腹部生出一些菌丝(假根)或脐附着于基物上,易于剥离。枝状地衣,一般为异层地衣,地衣体直立,通常分枝,呈树枝状或须根状,基部附着于基质上。

地衣的繁殖方式有营养繁殖、有性繁殖和无性繁殖。其中,最常见的繁殖方式为营养繁殖。地衣体自行断裂,每个裂片可随风传播各处,遇适宜环境即萌发成新个体。有性繁殖是地衣体中参与共生的真菌即子囊菌或担子菌独立进行的,子囊菌或担子菌产生的子囊孢子或担孢子从地衣体中释放出来后,在一定条件下萌发,在适宜的基质上遇到合适的藻细胞,可与藻细胞结合共同形成新地衣。无性繁殖是由地衣体中的菌类和藻类分别进行的繁殖。菌类多产生分生孢子,萌发成菌丝后遇到合适的藻类即形成新的地衣共生体,否则死去。藻类在地衣中的无性繁殖,以增加其数量。

现存地衣 500 余属,2.5 万种,根据共生真菌的类别可分为子囊衣纲(Ascolichens)、担子衣纲(Basidiolochens)和半知衣纲(Deuterolichens)。子囊衣纲的地衣体为真菌子囊体,占地衣总数的99%。担子衣纲的地衣体为真菌担子体,有1目3科6属。半知衣纲为无性地衣。

五、实验方法

(一) 轮藻观察

用放大镜观察轮藻外形,辨认轮藻的主枝、侧枝、轮生的短分枝、假根;分辨植物体上的节与节间;轮生短分枝节上的苞片和小苞片;生于轮生短分枝上橘红色的精囊球。

将轮藻的主枝或轮生短枝制成透明标本,观察轮藻的节和节间细胞。取标本作水藏封片,观察轮藻的卵囊球和精囊球。

(二) 海带(*Laminaria japonica*)观察

取浸制的海带观察,辨认海带的带片、带柄和固着器。观察成熟带片表面上的孢子囊。

用刀片横切一小薄片做成徒手切片,观察带片的内部结构和孢子囊结构。观察带片的表皮、皮层、髓部、孢子囊及其之间的隔丝等。

(三) 食用菌观察

常见的食用真菌植物有香菇(*Lentinus edodes*(Berk.)Sing)、平菇(*Pleurotus ostreatus*)、蘑菇(*Agaricus bisporus*(lang.)Sing)、银耳(*Tremella fuciformis* Berk.)、木耳(*Auricularia auricula*(L. Ex Hook.))、灵芝(*Ganoderma lucidum*(Leyss. Ex Fr.)Karst.)等。观察这些食用菌实物标本,区分菌柄、菌盖、菌褶、菌环、菌托等组成部分。在显微镜下观察菌丝、担子、担孢子、菌髓等内部构造。

(四) 地衣观察

取地衣的实物标本观察壳状地衣、叶状地衣和枝状地衣的基本形态。取地衣的叶状体横切面在显微镜下观察地衣叶状体的上、下两层表皮,上表皮层下的藻胞层及其与下表皮层间的髓层。区分同层地衣与异层地衣。

六、综合作业

1. 了解低等植物的基本类群,熟悉各类群的主要特征。
2. 掌握地衣植物的基本特征、形态分类类型、分布及其对环境变化的意义。
3. 掌握轮藻、海带及食用菌的外部形态构造,熟悉各部分的名称。

实验二　高等植物——苔藓植物观察

一、实验目的

掌握苔藓植物的基本特征和生活史,了解苔藓植物常见代表植物的形态特征,了解苔藓植物在植物界的位置及其在自然界中的作用。

二、用品与材料

显微镜、解剖镜、镊子、解剖针、刀片、吸水纸；常见苔藓植物的新鲜标本或浸制标本、腊叶标本或制片。

三、实验内容

观察常见苔藓植物的标本或制片，识别常见苔藓植物的外部形态及内部构造。

四、实验原理

苔藓植物（Bryophyta）是植物从水生到陆生的过渡类型之一，为小型的多细胞绿色植物，是高等植物中较原始的类群，大多适于生活在阴湿环境中。

植物体，即苔藓植物的营养体——配子体，结构简单，为扁平的叶状体或有假根和类似茎、叶分化的茎叶体。苔藓植物没有真正的维管组织的分化和真正的根、茎、叶的分化，为非维管植物。

生活史中有明显的世代交替，配子体占绝对优势，孢子体不能独立生活，寄生或半寄生在配子体上。有性生殖器官为多细胞的精子器和颈卵器。精子具两条鞭毛，能游动，但仍需借助水。合子萌发形成胚。

苔藓植物约有 2.3 万种左右，遍布于世界各地，我国约有 2800 种。根据营养体形态结构可分为苔纲（Hepalicae）和藓纲（Musci）。

苔纲（Hepalicae）：一般要求较高的温湿条件，在热带亚热带绿林内种类尤为丰富。营养体（配子体）匍匐，叶呈两列式排列，叶状体或拟茎叶体多为两侧对称；茎不分化成中轴，叶不具中肋；孢子体简单，蒴柄柔韧，先有孢蒴，后有蒴柄；孢蒴无蒴齿，多数种也无蒴轴，但有弹丝；孢子萌发时，原丝体阶段不发达，每一原丝体通常只发育成一个植株。通常分为地钱目（Marchantiales）、叶苔目（Jungermanniales）和角苔目（Anthocerotales）3 个目。

地钱（*Marchantia polymorpha* L.）：是苔纲植物常见的代表植物，为世界广布种，常生于阴湿的土壤上。营养体为绿色具扁平的二叉分枝的叶状体，有背腹两面，背面分叉处或沿中肋常有孢芽杯，深绿色，两边有缺口，下面有细柄，其内能产生胞芽进行营养繁殖；腹面有假根和鳞片；叶状体的背面有许多小格状的气室，其中央的小白点为气孔；地钱雌雄异株，精子器托生于叶状体的背面，具一长柄，柄顶部为圆盘状，周围凹陷，许多精子器埋于盘的上面。颈卵器托生于雌株背面，具长柄，其顶部上缘有 8～12 条指状芒线，两线间的基部倒悬生着一列颈卵器，颈卵器两侧有蒴苞；孢子体包括孢蒴、蒴柄和基足三部分。地钱植物体及叶状体，如图 2-2-2 所示。

植物体   叶状体

图 2-2-2　地钱

藓纲（Musci）：植物体有茎、叶的分化，茎常有中轴分化，叶有中肋，在基部螺旋排列，孢子萌发成配子体时原丝体阶段显著,孢子体较苔类构造复杂;蒴柄坚挺,先有蒴柄,后有孢蒴,并有蒴帽;孢子囊内有蒴轴。只形成孢子,无弹丝,盖裂。原丝体发达,每一原丝体常形成多个植株。

种类繁多,遍布世界,比苔类耐低温。苔藓植物是植物界的拓荒者,可在地衣创造的环境中生活,为其他高等植物创造生存条件;对水生环境有一定适应性,可使湖泊、沼泽演替为森林;可涵养水源,保持水土。

藓纲可分为泥炭藓目(Sphagnales)、黑藓目(Andreaeales)和真藓目(Eubryales)3个目。

葫芦藓(*Funaria hygrometrica* Hedw):藓纲常见植物,属真藓目,多生于潮湿的土壤、墙角沟边,常成片生长,如图 2-2-3 所示。

营养体,即配子体,为茎叶体,无背腹之分;植物体矮小,约 1～3 cm,茎直立,叶片螺旋排列在茎上部,叶很薄。在茎的基部有毛发状的假根,伸入泥土中;雌雄同体而不同枝,配子枝单性,精子器和颈卵器分别生于不同的配子枝的顶端;产生精子器的雄枝顶端叶形宽大且向外张开,形似开放的小花朵,叶丛中聚生很多棒状的精子器和隔丝,它们共同构成雄器苞;精子器呈橘红色,肉眼可见;精子器有一短柄,周围有一层细胞,里面产生螺旋状两根鞭毛的精子;颈卵器生在雌配子枝的顶端,叶片紧包,形似顶芽,叶内生有数个带柄的颈卵器,它们构成雌器苞;颈卵器瓶状,具长颈,下有膨大的腹部,腹内有一卵。

孢子体由基足、蒴柄和孢蒴三部分组成。孢蒴是孢子体的主要部分,蒴柄是孢子蒴之下的细长部分,基足是蒴柄基部膨大部分,埋于雌雄配子枝顶端组织内,吸收营养,外表看不见。另外,在孢蒴顶端有一尖针形的帽状物,称蒴帽。

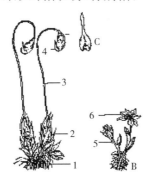

A—具孢子体的植株;B—具颈卵器及精子;C—蒴帽。
1—假根;2—叶;3—蒴柄;4—蒴帽;5—雌枝;6—雄枝;7—孢蒴。

图 2-2-3 葫芦藓的植株

五、实验方法

取葫芦藓的新鲜标本,观察其外形,区分配子体与孢子体的各部分。在显微镜下观察精子器、颈卵器及孢蒴的内部结构。

六、综合作业

1. 掌握苔藓植物的基本特征及其基本类群。

2. 比较苔纲与藓纲的异同。

3. 掌握葫芦藓配子体与孢子体的各部分的名称及其生殖器官的内部构造。

4. 简述苔藓植物在植物界演化中的地位及其在自然界中的作用。

实验三　高等植物——蕨类植物观察

一、实验目的

了解蕨类植物基本类群及其主要特征与区别,掌握各类群主要代表植物的形态结构。通过观察植物的形态特征与其对环境的适应,理解植物结构与功能、生物与环境相统一以及生物多样性形成的机理。

二、用品与材料

显微镜、解剖镜、放大镜、镊子、解剖针、刀片、吸管;蕨类植物主要代表植物的新鲜标本或浸制标本、腊叶标本。

三、实验内容

观察蕨类植物主要代表植物的外部形态,区分配子体、孢子体。

四、实验原理

蕨类植物是一群进化水平最高的孢子植物,也是孢子体植物占优势的植物类群。绝大多数为草本植物,多为土生、石生或附生,少数为水生,喜阴湿和温暖,以热带和亚热带地区为分布中心。

蕨类植物有两个独立生活的植物体——孢子体和配子体。孢子体内有维管组织的分化,绝大多数具有根、茎、叶的分化;孢子体上有孢子囊,常生在孢子叶上。孢子萌发后形成配子体,为微小的绿色叶状体,又称原叶体,能独立生活。有性生殖器官为精子器和颈卵器。生活史中世代交替明显,而孢子体世代占很大优势。

地球上现存的蕨类植物约有 1.2 万种,我国约 2 600 种,广布各地(海洋、沙漠除外),主要分布在南方热带、亚热带温湿地区,仅云南 1 000 种,有"蕨类王国"之称,它们既是孢子植物又是维管植物。我国蕨类植物学家秦仁昌教授将蕨类植物门分为 5 个亚门——松叶蕨亚门、石松亚门、水韭亚门、楔叶蕨亚门和真蕨亚门。

五、实验方法

取石松(*Lycopodium japonicum* Thunb. ex Murray)、中华卷柏(*Selaginella sinensis* (Desv.) Spring);问荆(*Equisetum arvense* L.)、节节草(*Equisetum ramosissimum* Des)、木贼(*Equisetum hyemale* L.);蕨(*Pteridium aquilinum* (L.) Kuhn);满江红(*Azolla imbricata* (Roxb. ex Griff.) Nakai)、槐叶萍(*Salvinia natans* (L.) All.)等常见蕨类植物标本,观察植株体的外形,区分配子体与孢子体。

石松:石松亚门,石松纲,石松目,多分布于热带,生于疏林、灌丛、酸性土壤上,是酸性土的指示植物。石松为多年生草本植物,茎多匍匐或直立,叉状分枝,有真根,但为不定根。小型叶螺旋排列生于小枝上,孢子穗顶生。

中华卷柏:石松亚门,石松纲,卷柏目,生于干旱山坡的草丛、路边、林缘,国内分布于东北、华北、华东等地。中华卷柏植株细弱,铺地蔓生,长 10～20 cm;主茎圆柱形,纤细,多回二歧枝,分枝处生有细根;茎下部叶卵状椭圆形,疏生,基部近心形,钝尖,全缘,贴伏于茎枝上；上部叶二型，四列，侧叶长圆形或长卵形，较大，斜展，钝尖或有短刺，基部圆楔形，边缘膜质，有细锯齿和缘毛，干后常反卷；中叶长卵形，较小，向枝端伸展，钝尖头，基部阔楔形，有膜质白边和微齿；叶草质，光滑；孢子囊穗单生小枝顶端，四棱柱形；孢子叶卵形、三角形，先端锐尖，边缘膜质，背部有龙骨突起；孢子囊二型，大孢子囊球状四面体形，较小，着生于孢子囊穗下部，小孢子囊圆肾形，较多，着生于孢子囊穗的中上部；孢子一型，近圆形。中华卷柏植株及各部分结构，如图 2-2-4 所示。

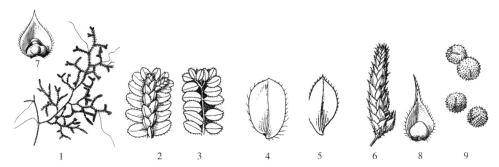

1—植株（部分）；2—小枝一段（背面）；3—小枝一段（腹面）；
4—侧叶；5—中叶；6—孢子叶穗；7—大孢子叶；8—小孢子叶；9—小孢子。

图 2-2-4　中华卷柏

问荆：楔叶蕨亚门，木贼纲，木贼科，木贼属，主要分布在东北、华北、四川、新疆等地，有毒，多年生草本。根状茎横生地下，黑褐色；地上基生的直立茎由根状茎上生出，细长，有节和节间，节间通常中空，表面有明显的纵棱。问荆的地上茎有两种，即孢子茎和营养茎，孢子茎（生殖枝）在早春从根状茎上萌发出来，肉质不分枝，为紫褐色，鞘长而大，顶端生有 1 个像毛笔头似的孢子叶穗，圆头，孢子叶六角形，盾状着生，螺旋状排列，孢子只有一种。孢子茎枯萎后生出营养茎，有纵棱 6～15 条。营养茎叶退化，基联合成鞘，膜质，鞘齿披针型；多层轮生分枝，基部相连形成鞘筒，包裹在茎节上；小枝棱脊 3～4 条，大小茎均不空心。问荆植株体及孢子囊穗，如图 2-2-5 所示。

节节草：楔叶蕨亚门，木贼纲，木贼科，木贼属，分布于全国各地。多年生常绿草本。茎有根状茎和地上茎两部分。根状茎，黑色，横生地表下，节上生有不定根。地上茎，直立，单一或仅于基部分枝，无营养茎与孢子茎之分，茎中空，有纵棱 6～20 条，粗糙；叶退化，基部联合成鞘，鞘片背面光滑，鞘齿短三角形，生有膜质尖尾，易脱落；孢子囊穗着生于分枝顶端或小分枝顶端，矩圆形，有小尖头，无柄；孢子叶六角形，边缘生有长形的孢子囊，孢子只有一种。节节草植株体及其孢子囊穗，如图 2-2-5 所示。

木贼：楔叶蕨亚门，木贼纲，木贼科木贼属。主要分布在东北、华北、四川、新疆等地。多年生草本。地上茎只有一种，灰绿色，中空，植株高 1 m 左右，茎粗糙，有纵棱 20～30 条，棱上有 1 列小疣状突起，坚硬粗糙，叶退化，叶鞘基部和鞘齿成两圈，为黑色，鞘齿顶部尾头早落而成钝头，鞘片背面有两条棱，形成浅沟。孢子囊穗矩圆形，无柄，着生在枝顶端，有小尖头；孢子只有一种。木贼植株外形及其孢子囊穗，如图 2-2-5 所示。

蕨：又称蕨菜。蕨类植物门，真蕨亚门，蕨科。大型多年生草本；根状茎粗长，横卧地下，春季从根状茎上生出叶，幼时呈拳卷状，成熟时展开，叶柄粗长，叶片三角形至广披针

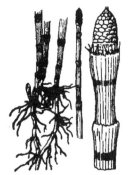

节节草植株及其孢子囊穗　　　木贼植株及其孢子囊穗　　　问荆植株及其孢子囊穗

图 2-2-5　木贼科几种代表植物及其孢子囊穗

形,2～4 回羽状复叶;在小羽片或裂片背面边缘集生孢子囊群,有囊群盖和膜质假囊群盖双层遮盖。为世界性种,最常见于林下、林缘、灌丛、荒山草坡等地方。有毒植物,其叶、嫩芽及根茎均有毒。蕨的植株外形,如图 2-2-6 所示。

满江红:真蕨亚门,真蕨纲,槐叶萍目,满江红科,满江红属。属小型漂浮水生蕨类;根状茎纤细,横卧,羽状分枝,其下生须根,悬垂水中,其上生叶,叶小型,鳞片状,互生,两行覆瓦状排列于茎上,每叶片呈二裂,上裂片浮水覆盖根状茎,绿色,秋后变红色,又称红萍。下裂片沉没于水中,膜质,上面着生成对的孢子囊果,孢子果有大小两种,生长期短,繁殖快。长江以南各省区普遍有分布,多漂浮生于池塘或水田中。满江红植株,如图 2-2-7 所示。

槐叶萍:真蕨亚门,薄囊蕨纲,槐叶萍目,槐叶萍科。喜生于温暖、无污染的水域环境。属多年生浮水性蕨类植物,根茎细长,平展于水面,无根;叶子为三叶轮生,具短柄,两型叶:2 枚叶浮于水面上,卵状椭圆形,羽状排列,上面绿色,厚质,下面灰褐色,两面被密毛;叶脉离生,中脉明显,侧脉约 20 对;水下叶 1 枚,淡褐色,细裂如丝,在水中形成胡须状假根,细长,密生有节的粗毛。孢子囊果球形,密被褐色毛,着生于水下叶的叶片基部,呈集结状排列。槐叶萍植株,如图 2-2-8 所示。

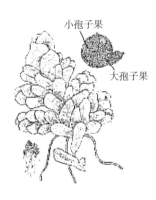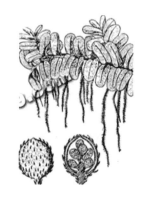

图 2-2-6　蕨的植株　　　图 2-2-7　满江红　　　图 2-2-8　槐叶萍

六、综合作业

1. 蕨类植物基本类群有哪些？其主要特征与区别如何？
2. 简述蕨类植物各类群主要代表植物的形态结构。
3. 比较蕨类植物与苔藓植物，说明蕨类植物的进化表现。
4. 通过观察植物的形态特征，说明植物结构与功能关系以及植物与环境相统一的基本原理。

实验四　高等植物——裸子植物观察

一、实验目的

通过对苏铁科、银杏科、松科、杉科、柏科的主要代表植物的观察，了解裸子植物的主要特征；认识裸子植物常见树种，熟悉必要的形态术语。

二、用品与材料

显微镜、放大镜、刀片、镊子、解剖针、尺子、载玻片、盖玻片、培养皿、滴管、吸水纸、植物腊叶标本和实物标本。

三、实验内容

观察校园或周边地区的裸子植物的代表树种，了解该类群的基本特征及其对环境的适应性。

四、实验原理

裸子植物是介于蕨类植物和被子植物之间的一类较低级的种子植物。这类植物有胚珠，但胚珠外面没有子房壁包被，不形成果皮，种子裸露。植物体（孢子体）极为发达，占绝对优势。多数种类为单轴分枝的高大常绿乔木，有长枝、短枝之分，少数为灌木或藤本（如热带的买麻藤）。具有发达的维管系统和根系。叶通常常绿，多为针形、线形、鳞形，稀为扁平的阔叶（如竹柏）、羽状全裂、扇形、带状或膜质鞘状；叶在长枝上呈螺旋状排列，在短枝上簇生顶端。大多数次生木质部几乎全部由管胞组成，稀具导管（如麻黄），韧皮部只有筛胞而无伴胞和筛管。花常为单性，雌雄同株或异株；孢子叶大多聚生成球果状，称为孢子叶球。孢子叶球单生或多个聚生成各种球序，其中，小孢子叶聚生成小孢子叶球，每个小孢子叶下面有贮满小孢子叶的小孢子囊，大孢子叶丛生或聚生成大孢子叶球，胚珠裸露，无心皮包被。配子体退化，构造简单，寄生在孢子体上，不能独立生活。大多数雌配子体有颈卵器，少数种类精子具鞭毛（如苏铁和银杏）。

裸子植物孢子体发达，产生种子和花粉管。种子的出现不仅使胚受到保护，而且为胚的发育和新孢子体初期生长提供营养物质，保证植物度过不利环境或适应新环境。花粉管的出现可使受精作用完全摆脱水的限制，使它更能适应陆生环境和繁衍后代，因而使裸子植物在中生代迅速发展，并取代蕨类植物，成为陆地上占优势的一个植物类群。

地球上现存裸子植物约有 800 种，隶属 5 纲 9 目，12 科，71 属。中国有 5 纲，8 目，11 科，41 属 236 种。

1. 苏铁纲(Cycadopsida)

常绿乔木,单干不分枝;大型一回羽状复叶集生于茎的顶部,每片小羽叶呈条形,有一条中肋,边缘反卷;下部叶柄宿存。雌、雄异株,大、小孢子叶球分别着生在两株植物的茎顶上。大孢子叶上密生黄褐色长绒毛,先端宽卵形,边缘呈羽状分裂,基部呈柄状,两侧着生1-多枚裸露的种子。种子卵圆形,略扁,顶部凹陷,大而皮厚,子叶两枚,胚乳丰富,成熟时呈朱红色。小孢子叶多数,螺旋状排列在小孢子叶球的主轴上。每一片小孢子叶呈楔形、肉质,背腹扁平,下面密生小孢

植株外形　小孢子叶背、腹面及小孢子囊

图 2-2-9　苏铁

子囊堆,每堆有3~5枚小孢子囊群集在一起,每个小孢子囊成熟时纵裂,内含多数小孢子。

本纲现存仅1目1科,即苏铁科(Cycadaceae),约9属100种左右,呈间断分布。美洲4属,非洲2属,大洋洲2属,东南亚1属,我国仅有苏铁属(Cycas),约25种。常见的是苏铁(*Cycas revoluta* Thunb),如图2-2-9所示。

2. 银杏纲(Ginkgopsida)

高大落叶乔木,树干挺拔。多分枝,有长短枝之分,长枝为营养枝,顶生,短枝为生殖性枝,侧生。单叶,扇形,长柄,叶先端2裂或波状缺刻,叶脉为二歧式分叉。孢子叶球单性,雌雄异株,生于短枝顶端的鳞片状叶的腋内。小孢子叶球具梗,柔荑花序状,小孢子叶具短柄,柄端生有两个小孢子囊组成小孢子囊群,每个囊内含多数小孢子。大孢子叶球具短柄,柄端有两枚环形大孢子叶(珠领),其上各着生1枚裸露的直立胚珠。种子核果状,具三层种皮,种皮外部层肉质,较厚,含油脂及芳香物质;中部层白色,骨质(又称白果),有2~3条纵脊;内部层纸质,红色。胚乳丰富、肉质,顶部着生一个小的胚,被胚乳包围着。

本纲现仅存银杏(*Ginkgo biloba* L.)1目1科1属1种,如图2-2-10所示。孑遗种,为我国特产植物。现存野生状态的银杏分布于我国浙江省西天目山、安徽省大别山、湖北省神农架和大洪山以及广东省南雄。

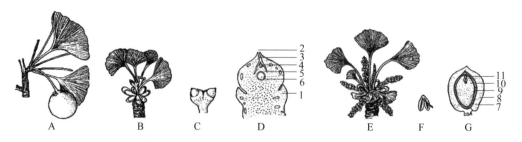

A—长、短枝及种子;B—生大孢子叶的短枝;C—大孢子叶球;D—胚珠和珠的纵切面;
E—生小孢子叶球的短枝;F—小孢子叶;G—种子纵切面。
1—珠领;2—珠被;3—珠孔;4—花粉室;5—珠心;6—雌配子体;7—种皮外部层;
8—种皮中部层;9—种皮内部层;10—胚乳;11—胚。

图 2-2-10　银杏

3. 松柏纲(Coniferae)

常绿或单叶乔木,主干发达,茎多分枝,常有长、短枝之分,具树脂道。叶呈针形、线形、披针形、刺形或鳞片形,单生或成束,螺旋状着生或交互对生,稀轮生。孢子叶球单性,常呈球果状,雌雄同株或异株。精子无鞭毛。大孢子叶常宽厚,称珠鳞(种子成熟时叫种鳞或果鳞),螺旋状排列成大孢子叶球。每1珠鳞下面有1片不育的苞鳞,珠鳞和苞鳞离生、半合生或完全合生。种子有翅或无翅,有的具肉质假种皮或外种皮,胚乳丰富,子叶2～10枚。松柏纲植物是现代裸子植物中种类最多、分布最广的类群。分为4科,44属,500多种。

(1)松科(Pinaceae)

乔木,稀灌木,多数常绿。叶针形或条形,条形叶扁平,稀呈四棱形,在长枝上螺旋状散生,在短枝上簇生;针形叶常2～5针一束,着生于极度退化的短枝顶端,基部包有叶鞘。孢子叶球单性同株,小孢子叶球具多数螺旋状着生的小孢子叶,小孢子叶具2个花粉囊,小孢子多数有气囊;大孢子叶球由多数螺旋状着生的珠鳞与苞鳞所组成,珠鳞与苞鳞分离,花后珠鳞增大发育成种鳞。每珠鳞具2枚胚珠,发育成2粒种子。种子常有翅。球果直立或下垂。共10属,约230种。金钱松植株形态及结构,如图2-2-11所示。

(2)杉科(Taxodiaceae)

常绿或落叶乔木,无长、短枝之分。大枝轮生或近轮生。叶披针形、条形、钻形或鳞形,叶螺旋状排列,散生,很少交叉对生(除水杉属对生外)。同一树上的叶同型或二型。球花单性,雌雄同株。大小孢子叶螺旋状排列,稀对生。小孢子叶单生或簇生枝顶,或排成圆锥花序状,或生叶腋,常具3～4个花粉囊,花粉无气囊。雌球花顶生或近枝顶,珠鳞与苞鳞半合生或完全合生,珠鳞腹面基部有胚珠2～9枚,直立或倒生。球果当年成熟,种鳞(或苞鳞)扁平或盾形,木质或革质,能育种鳞(或苞鳞)的腹面具2～9粒种子,种子扁平或三棱形,具翅。本科共有10属,16种,主要分布于北温带。我国有5属7种,引入栽培4属7种。其中杉木栽培最广,其次为柳杉(*Cryptomeria fortune* Hooibrenk ex Otto et Dietr)。柳杉球果枝及结构,如图2-2-12所示。

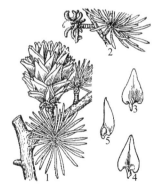

1—球果枝;2—小孢子叶球枝;3—种鳞背面及苞片;
4—种鳞腹面;5—种子。

图 2-2-11　金钱松

1—球果枝;2—种鳞;3—种子;4—叶。

图 2-2-12　柳杉

（3）柏科（Cupressaceae）

常绿乔木或灌木。叶鳞形或刺形，稀线形，交叉对生或轮生，稀螺旋状着生，或同一树上兼有两型叶。孢子叶球单性，雌雄同株或异株。单生枝顶或叶腋，小孢子叶交互对生，小孢子无气囊。大孢子叶交互对生或3～4片轮生，珠鳞腹面基部有一至多枚直立胚珠，苞鳞与珠鳞完全合生。球果通常圆球形，卵圆形或圆柱形；种鳞鳞薄或厚，扁平或盾形，木质或近革质，熟时张开或肉质合生，呈浆果状。能育种鳞有1至多粒种子；种子两侧具窄翅（柏木）或无翅（侧柏）。本科共22属，约150种。中国产8属，29种。如侧柏（*Platycladus orienatlis*（L.）Franco），如图2-2-13所示。

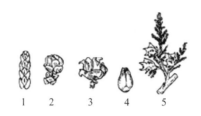

1—鳞片叶；2—雄球果；3—雌球果；4—种子；5—全枝。

图2-2-13 侧柏

（4）南洋杉科（Araucariaceae）

常绿乔木。叶锥形、鳞形、宽卵形或披针形，螺旋状排列或交互对生。球花雌雄异株，稀同株。雄球花圆柱形，有雄蕊多数，花粉无气囊；雌球花椭圆形或近球形，单生枝顶，珠鳞的腹面基部具一倒生胚珠。球果2～3年成熟；种鳞与苞鳞离生或合生；种子扁平无翅或两侧有翅或顶端具翅。本科仅南洋杉属（*Araucaria* Juss.）和贝壳杉属（*Agathis* Salisb.）两属，约40种，产于南半球的新西兰、澳大利亚及南美的热带、亚热带地区。我国引种栽培2属4种。

4. 红豆杉纲（Taxopsida）

常绿乔木或灌木。叶披针形、条形、鳞形，直或微弯，螺旋状排列或交互对生，叶柄常扭转，多少排成二列，上面中脉明显或不明显，下面沿中脉两侧各有1条气孔带，叶内有树脂道或无。孢子叶球单性，雌雄异株，稀同株。雄球花球状或穗状而单生叶腋，或相互对生排成穗状花序而集生枝顶。雌球花单生或对生于叶腋或苞腋，胚珠1枚，直立，生于盘状或漏斗状的珠托上，

本纲植物共3科14属，约162种。中国有3科，7属，33种。隶属于3科。

罗汉松（*Podocarpus macrophyllus*（Thunb.）D. Don）：罗汉松科（Podocarpaceae），常绿乔木，树皮灰色或灰褐色，浅纵裂，成薄片状脱落；叶螺旋状互生，条状披针形，微弯；先端尖，基部楔形，两面中肋隆起，表面绿色，背面灰绿色，被白粉；雄球花穗状、腋生，常3～5个簇生于极短的总梗上，基部有数枚三角状苞片；雌球花单生叶腋，有梗，基部有少数苞片；种子卵圆形，具紫黑色肉质假种皮，有白粉，着生于肉质而膨大的种托上，种托肉质圆柱形，深红色或紫红色，如图2-2-14所示。

雄球花枝

雌球花枝（种子枝）

图 2-2-14　罗汉松

三尖杉（*Cephalotaxus fortunei* Hook. f.）：三尖杉科（Cephalotaxaceae），常绿乔木，树皮红褐色或褐色，片状脱落；叶条形或披针状条形，微弯，螺旋状着生，基部扭转排成二列状，叶中部向上渐狭，先端有长尖头，基部楔形，上面亮绿色，中脉隆起，下面气孔带白色，中脉明显；花单性异株；雄球花球形，花梗极短，生于枝上端叶腋，基部具 1 苞片；雌球花具长梗，生于小枝基部叶腋，由 9 对交互对生的苞片组成，每苞有 2 枚直立胚珠；种子绿色，核果状，外被白粉，熟后成紫色或紫红色，如图 2-2-15 所示。

图 2-2-15　三尖杉

粗榧（*Cephalotaxus sinensis*（Rehder et E. H. Wilson）H. L. Li）：三尖杉科，灌木或小乔木。树皮灰色或灰褐色，片状脱落；叶条形，通常直，无柄，螺旋状着生，排成二列，基部扭转，叶基部近圆形或圆楔形，先端有微急尖或渐尖的短尖头，上面深绿色，中脉明显，下面有 2 条白色气孔带；雄球花 6～7 聚生成头状，梗极短，卵圆形，基部有 1 枚苞片；雌球花由数对交互对生、腹面各有 2 胚珠的苞片组成，有长梗。种子卵圆形、近圆形或椭圆状卵形，顶端中央有一小尖头，如图 2-2-16 所示。

红豆杉（*Taxus chinensis*（Pilger）Rehd.）：又名紫杉，红豆杉科（Taxaceae），第三纪古老孑遗树种；常绿乔木，树皮灰褐色、红褐色或暗褐色，条片状脱落；主根不明显、侧根发达；小枝不规则互生；叶条形，螺旋状互生，基部扭转为二列，叶直或略微弯曲似镰状，叶缘微反曲，叶端渐尖，叶背有 2 条宽黄绿色或灰绿色气孔带，表面中脉隆起，叶缘绿带极窄；冬芽黄褐色、淡褐色或红褐色，有光泽；雌雄异株，雄球花单生于叶腋，雌球花的胚珠直立，单生于花轴上部侧生短轴的顶端，基部有圆盘状假种皮，种子扁圆形，核果状，有 2 棱，假种皮杯状，红色；濒临灭绝的天然珍稀抗癌植物，如图 2-2-17 所示。

图 2-2-16　粗榧

小孢子叶球枝（雄球花枝）　　　　　大孢子叶球枝（种子枝）

图 2-2-17　红豆杉

5. 买麻藤纲(Gnetopsida)

灌木、藤本或小乔木。次生木质部常具导管，无树脂道。叶阔叶状、带状或鳞片状，对生或轮生。孢子叶球单性，雌雄异株或同株，孢子叶球有假花被；胚珠1枚，珠被1～2层，具珠孔管；精子无鞭毛；颈卵器极其退化或无；大孢子叶球球果状、浆果状或细长穗状。种子具假种皮，胚乳丰富。

本纲共有3目3科3属，约80种。中国有2目，2科，2属，19种。

麻黄目(Ephedrales)：小灌木或亚灌木；旱生植物；茎直立或匍匐，多分枝，小枝对生或轮生，绿色，圆筒形，具节；叶退化成膜质，鳞片状，基部鞘状，对生或轮生于节上；雌雄异株，球花卵圆形或椭圆形，生枝顶或叶腋；雄球花单生或数个丛生，具交叉对生或轮生苞片，苞片膜质，每苞中有一雄花，具膜质假花被；雌球花具交叉对生或轮生苞片，仅顶端1～3片苞片生有雌花，具顶端开口的囊状革质假花被，包于胚珠外，胚珠具一层膜质珠被，珠被上部延长成珠被管，自假花被管口伸出；种子浆果状，胚乳丰富，假花被发育成革质假种皮，包围种子，如图2-2-18所示。

买麻藤目(Gnetales)：多为缠绕性、攀援性木质大藤本，茎节呈膨大关节状；单叶对生，有叶柄，无托叶；叶片革质或半革质，具羽状叶脉；花单性，雌雄异株；雄球花穗单生或数穗组成顶生及腋生聚伞花序，着生在小枝上；雄花具杯状肉质假花被；雌球花穗单生或数穗组成聚伞圆锥花序，通常侧生于老枝上，雌花的假花被囊状，紧包于胚珠之外，胚珠具两层珠被；种子核果状，假种皮肉质红色或橘红色，胚乳丰富，肉质。如图2-2-19所示。

百岁兰目(Welwitschiales)：树干短矮粗壮，呈倒圆锥状，直径可达1.2 m，主根极长而

粗壮、深达地下水位。终生只有一对大型的革质叶片,呈长带状,具多数平行脉,长达 2~
3.5 m,宽约 0.6 cm,叶基部不断生长,顶部则逐渐枯萎,常破裂至基部而形成多条窄长带
状,其寿命可达百年以上,是典型的旱生植物,分布在非洲西南的狭长近海沙漠地带。球
花形成复杂分枝的总序,单性,异株,生于茎顶叶腋凹陷处,由多数交互对生、排列整齐而
紧密的苞片所组成,苞片的腋部生一球花;雄球花有两对假花被;雌球花有两枚假花被成
管状,胚珠的珠被伸长成珠孔管。种子具内胚乳和外胚乳,子叶 2 枚,种子有纸状翼,散播
靠强风。如图 2-2-20 所示。

图 2-2-18　麻黄目

1—雄花序;2—雌花序;3—雌花;4—种子;5—具种子的小枝。

图 2-2-19　买麻藤

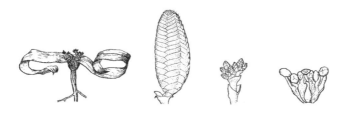

百岁兰外形　　大孢子叶球序　小孢子叶球序　小孢子叶球及胚珠

图 2-2-20　百岁兰

五、实验方法与步骤

1. 苏铁的观察

取苏铁的盆栽标本,观察其外形,区分雌、雄株。观察主干(柱状不分枝)、顶生羽状复
叶及条形小叶(有中肋)、小叶边缘外卷、带刺叶柄等。观察大、小孢子叶标本,区分其外形
特点。

2. 银杏的观察

观察校园银杏植物,观察其植株外形,区分雌、雄株,区分长、短枝,单叶叶形、叶柄、叶
脉、叶缘等;长、短枝上叶着生方式;观察大孢子叶球、大孢子叶及胚珠、小孢子叶球、小孢
子叶、小孢子囊及小孢子;观察银杏种子,区分种皮及胚乳等。

3. 油松（*Pinus tabulaeformis* Carr.）的观察

（1）观察油松的茎、枝、叶、芽、芽鳞

油松的大枝轮生，各芽显著呈长圆形，淡褐色。外面围以许多螺旋状排列的芽鳞（也叫变态叶）。叶有两种：幼苗时期为扁平线状的鳞叶，后来退化为苞片；另一类针叶着生在短枝顶端，2针一束（稀3针一束），位于苞片腋部，每束针叶基部被一些芽鳞组成的叶鞘包住，针叶长6～15 cm，叶鞘宿存，冬芽卵状褐红色。叶横切面在显微镜下（低倍）可见树脂管约10个，位于贴近表皮的内侧，称为边生。叶横切面中央有两个维管束。

（2）观察油松球果的大孢子叶球、小孢子叶球着生的位置、颜色及形状

油松的种鳞木质，排列很紧密，上部露出部分（通常较肥厚）叫鳞盾，上有横脊，其顶端（或中央）有瘤状突起的鳞脐和刺，果成熟时种鳞开张，种子散出，种子上部具长翅。油松球果及结构，如图2-2-21所示。

图2-2-21　油松的球果及结构

4. 校园松科植物观察

（1）赤松（*Pinus densiflora* Sieb. et Zucc.）：常绿乔木，枝有长枝和短枝之分，长枝上有螺旋状排列的鳞片叶，在鳞片叶的腋部生一短枝，短枝短小，顶端生二针一束的叶子，基部上由鳞片构成的鞘包着，赤松针叶细软，叶鞘宿存，冬芽圆锥形，赤褐色。

（2）黑松（*Pinus thunbergii* Parl.）：常绿乔木，树皮黑灰色，老皮灰黑色，粗厚，裂成块片脱落；二针一束，针叶浓绿，粗硬，叶鞘宿存，冬芽银白色。

（3）油松（*Pinus tabulaeformis* Carr.）：常绿乔木，树皮灰褐色，裂成不规则鳞块；二针一束，针叶粗硬，具细齿，叶鞘宿存，冬芽卵状褐红色。

（4）白皮松（*Pinus bungeana* Zucc. ex Endl.）：常绿乔木，主干明显，或从树干近基部分成数干，幼树皮光滑，灰绿色，老树皮淡灰色或灰白色，裂成不规则的鳞状块片脱落，新皮粉白色；三针一束，叶粗短，叶鞘早落，冬芽红褐色。

（5）华山松（*Pinus armandii* Franch.）乔木，幼树树皮灰绿色或淡灰色，平滑，老则呈灰色，裂成方形或长方形厚块片固着于树干上，或脱落；五针一束，稀6～7针一束，叶粗硬，叶鞘早落，冬芽近圆柱形，褐色。

（6）雪松（*Cedrus deodara*（Roxb.）G. Don）：常绿乔木，树冠尖塔形，有长枝、短枝之分，叶针形，坚硬，灰绿色或银灰色，叶在长枝上螺旋状散生，在短枝上簇生，为主要风景树之一。

（7）落叶松（*Larix gmelinii*（Rupr.）Kuzen.）：乔木，幼树树皮深褐色，叶倒披针状条形，长枝上有螺旋状排列的叶，短枝上有一束多数簇生的叶，落叶，短枝不脱落。

5. 校园柏科植物观察

（1）侧柏（*Platycladus orientalis*（L.）Franco）：常绿乔木，树冠塔形，小枝扁平，排列一平面，叶小，鳞片状，交互对生排列。

（2）桧：即圆柏（*Sabina chinensis*（L.）Ant.），常绿乔木，具二型叶，鳞片状与刺形叶，在幼树上为刺形叶，三叶轮生。树龄增长刺形叶为鳞形叶代替，交互对生，果球形、浆果状。

（3）龙柏（*Sabina chinensis*（L.）Ant. cv. Kaizuca）：又名刺柏，为桧的栽培变种。树冠圆筒形，全为鳞形叶，小枝自然螺旋盘曲向上生长，树形美观，好像盘龙姿态，故名"龙柏"。

6. 校园杉科植物观察

（1）杉木（*Cunninghamia lanceolata*（Lamb.）Hook）：又名刺杉，常绿乔木，叶线状披针形，螺旋状排列而基部扭转成假二列，坚硬，边缘有细齿。

（2）水杉（*Metasequoia glyptostroboides* Hu et Cheng）：落叶乔木，小枝对生，下垂，具长枝与脱落性短枝，线性叶交互对生，基部扭转成二列，羽状，条形、扁平、柔软，树形美观。

六、综合作业

1. 裸子植物的主要特征有哪些？
2. 观察叙述苏铁、银杏的主要特征。
3. 观察校园松科植物，并列表表示它们的主要特征。
4. 比较松科、杉科和柏科植物的区别。
5. 裸子植物在哪些方面比蕨类植物高级？

实验五　高等植物——被子植物观察

一、实验目的

通过对木兰亚纲和金缕梅亚纲、石竹亚纲、五桠果亚纲、蔷薇亚纲、菊亚纲、泽泻亚纲、槟榔亚纲、鸭跖草亚纲、姜亚纲和百合亚纲各主要科的代表植物观察，掌握其主要特征，初步认识一些当地代表植物；了解并基本掌握常见木本树种的主要特征，为生物地理学课程野外实习教学打下一定植物分类学基础。

二、用品与材料

放大镜、刀片、镊子、枝剪、腊叶标本、新鲜材料。

三、实验内容

1. 观察豆科、蔷薇科等各科代表植物，学习植物辨认的基本方法，并掌握它们的主要特征。

2. 观察校园各亚纲主要各科的一些代表植物。

四、实验原理

被子植物是植物界最大、最高级的一个类群，分布广泛。第三纪以来，它成为地球表面的优势种类,现共有 300 多科,1 万多属,30 多万种,占植物界的一半,我国有 2 700 多属,约 3 万种。

被子植物的主要特征是具有真正的花。典型的被子植物的花由花萼、花冠、雄蕊群、雌蕊群 4 部分组成,各个部分称为花部。各花部在数量上、形态上有极其多样的变化。

雌蕊由心皮所组成。子房包围胚珠,受精后子房发育成果实。果实具有多种类型,开裂方式亦多种多样;果皮上常具有各种钩、刺、翅、毛等结构。所有这些结构,均与果皮保护种子成熟,帮助种子散布的功能相一致。

具有双受精现象,即雄配子体产生两个精细胞,进入胚囊以后,1 个与卵细胞结合形成二倍体合子,另 1 个与中央细胞的极核融合,形成三倍体染色体,发育为胚乳。双受精后由合子发育成胚,中央细胞发育成胚乳。这使新植物体具有更强的生存活力,可适应于各种环境生存。

孢子体(植物体)高度发达和分化,配子体进一步退化。营养方式多种多样,主要是自养的植物。传粉方式主要有虫媒、风媒、鸟媒、水媒等多种形式。

按克朗奎斯特分类系统,将被子植物门(Angiospermae),又称木兰门(Magnoliophyta)分为双子叶植物纲(Dicotyledoneae),又称木兰纲(Magnoliopsida)和单子叶植物纲(Monocotyledoneae),又称百合纲(Liliopsida)。木兰纲又分为木兰亚纲(Magnoliidae)、金缕梅亚纲(Hamamelidae)、石竹亚纲(Caryophyllidae)、五桠果亚纲(Dilleniidae)、蔷薇亚纲(Rosidae)和菊亚纲(Asteridae)6 个亚纲,共 64 目,318 科。百合纲又分为泽泻亚纲(Arismatidae)、鸭跖草亚纲(Commelinidae)、槟榔亚纲(Arecidae)、姜亚纲(Zingiberidae)与百合亚纲(Liliidae)5 个亚纲,共 19 目,65 科。

五、实验内容与方法

(一)木兰亚纲主要科代表植物观察

木兰亚纲是被子植物中最原始的一个亚纲,木兰目(MagnoliaIes)是现存的最原始的被子植物。木兰亚纲是有花植物的基础复合群或称为毛茛复合群,花被十分发育,雄蕊多数,初生时为向心排列,具两核花粉和单沟花粉;雌蕊由单心皮组成,胚珠具两层珠被,很少为单珠被;厚珠心,很少为薄珠心;除樟科外都具内胚乳。

木兰亚纲共含木兰目、樟目(Laurales)、胡椒目(Piperales)、马兜铃目(Aristolochiales)、八角目(Illiciales)、睡莲目(Nymphaeales)、毛茛目(Ranales)和罂粟目(Papaverales)8 个目,39 科,约 1.2 万种,其中,2/3 的种属于木兰目、樟目和毛茛目。

1. 木兰科(Magnoliaceae)

木本,落叶或常绿;树皮、叶、花有香气;单叶互生,簇生或近轮生,全缘;托叶大,脱落后留存枝上有环状托叶痕;花大,顶生或腋生,两性,萼片和花瓣很相似分化不明显(统称花被),排列成数轮,分离,花托柱状;雄蕊、雌蕊均为多数,子房上位,心皮多数,离生,螺旋状排列;果实多为聚合果,背缝开裂,稀为翅果或浆果,胚珠着生于腹缝线,胚小、胚乳丰富。虫媒传粉。

玉兰,落叶乔木;冬芽密生灰褐色或淡黄灰色绒毛;小枝灰褐色;单叶互生,倒卵形或倒卵状长圆形,顶端突尖,基部楔形或阔楔形,背面叶脉上有柔毛。花大,先叶开放,顶生,直立,钟形,白色至淡紫红色,芳香;花被片 9,长圆状倒卵形,无萼片,花冠杯状;雄蕊、雌蕊均多数。聚合果,果穗圆筒形,红色至淡红褐色;果梗有毛。种子心脏形,具鲜红色肉质外种皮。可观赏,我国特产。如图 2-2-22 所示。

图 2-2-22　玉兰花与果实　　　　　图 2-2-23　鹅掌楸花枝、果枝

鹅掌楸(*Liriodendron chinensis*(Hemsl.)Sarg.),别名马褂木、双飘树。落叶大乔木;小枝灰或灰褐色;叶马褂状,具 2 浅裂,先端截形,背面粉白色,内面近基部淡黄色;叶柄较长;花杯状;花被片 9,外轮 3 片淡绿色,萼片状,向外弯垂,内两轮 6 片、直立,花瓣状、倒卵形;雄蕊和心皮多数;花期时雌蕊群超出花被之上,心皮黄绿色;聚合果纺锤形,小坚果有翅,顶端钝或钝尖,具种子 1~2 颗。如图 2-2-23 所示。

2. 樟科(Lauraceae)

常绿或落叶,木本,仅无根藤属是无叶寄生缠绕藤本;多数植物体有挥发性腺体;单叶,互生,对生,革质,有时为膜质或纸质,通常全缘,三出脉或羽状脉,无托叶;圆锥花序、总状花序或头状花序;花两性或单性,辐射对称,花各部轮状排列,多 3 基数;花被片 6(4)枚,两轮;雄蕊 9 或 12,花药瓣裂;子房上位,3 心皮合生 1 室 1 胚珠;核果或浆果,含 1 粒种子,种子无胚乳。花粉无萌发孔。

香樟,常绿乔木;幼时树皮绿色,平滑;老时黄褐色或灰褐色,纵裂;全株具樟脑香味;冬芽卵圆形;叶互生,叶纸质或薄革质,卵形或椭圆状卵形,顶端短尖,基部圆形,离基 3 出脉,脉腋有腺点;花两性,黄绿色,圆锥花序腋出,花被片花后脱落;雄蕊 9 枚,每 3 枚排成 1 轮;第 3 轮雄蕊外向;果实小,球形,成熟后为黑紫色。如图 2-2-24 所示。

图 2-2-24　香樟花枝、果枝

本亚纲练习:取玉兰和鹅掌楸的枝条观察,辨别它们的叶子单叶还是复叶,叶子着生方式,叶形、叶缘、叶脉等;是否有托叶、托叶大小、是否早落、是否有托叶环。取香樟树枝条,观察枝条、叶片、叶脉、花被、花序、花的内部构造等。观察毛茛全形、花的对称型及花被变化,每轮数目、雄蕊、雌蕊数目、果实类型。

(二) 金缕梅亚纲(Hamamelididae)主要科的代表植物观察

本亚纲植物又称"荑荑花序类"植物。是一群花减化(无瓣、生在荑荑花上)的风媒传粉群。共 11 目,24 科,约 1.2 万种。

1. 悬铃木科(Platanaceae)

乔木,树皮片状剥落。1 属,6 种,分布于北美、东欧及亚洲西部的北温带和亚热带地区;中国引种 3 种。

悬铃木(*Platanus acerifolia* (Aiton) Willd.):高大的落叶乔木;树皮灰绿色,不规则片状剥落,剥落后呈粉绿色,光滑;大型叶,长叶柄,叶片三角状,掌状分裂,边缘有不规则尖齿和波状齿,嫩时有星状毛,后近于无毛;具柄下芽;雌雄同株,球形花序,萼片 3～8;花瓣与萼片同数;雄蕊 3～8;子房有离生心皮 3～8 个;聚合果,球形,多数小坚果集合成,小坚果基部围有长绒毛。我国引种 3 个种,以杂交种二球悬铃木(*Platanus acerifolia* Willd.)(别名英国梧桐)最常见,各地广泛栽培。另有原产东欧及西亚的三球悬铃木(*Platanus orientalis* Linn.)(别名法国梧桐)和原产北美的一球悬铃木(*Platanus occidentalis* Linn)(别名美国梧桐)。如图 2-2-25 所示。

英国梧桐　　　　　　美国梧桐　　　　　　法国梧桐

图 2-2-25　悬铃木

2. 金缕梅科(Hamamelidaceae)

木本;具星状毛。本科有 26 属,130 余种,主产亚洲的亚热带地区,少数产北美、大洋洲及马达加斯加岛。一半以上集中分布于我国南部,有 17 属,75 种。

枫香(*Liquidambar formosana* Hance):高大落叶乔木,树干挺直;老树皮深灰色,具不规则深裂,幼树皮淡灰色,浅纵裂;叶纸质,常为掌状 3 裂,萌芽枝的叶常为 5～7 裂,掌状脉 5～7 条;叶柄较长;托叶线形,红色,早落。雄蕊多数;雌花排成头状花序,有细长花序梗,萼齿 5,钻形,子房半下位,2 室,胚珠多数,花柱 2;每一个雌花序形成一圆球形果序,下垂,花柱和萼齿宿存,呈针刺状,如图 2-2-26 所示。

3. 杜仲科(Eucommiaceae)

仅杜仲(*Eucommia ulmoides* Oliv.)一种。落叶乔木;无托叶,全株含胶,雌雄异株;小枝光滑,皮灰褐色;叶椭圆形或长圆状卵形,叶片折断时可见银白色细丝,单叶互生,边缘有整齐锯齿,背面有柔毛;花先于叶或与叶同时开放,无花被;雄花有短柄,基部有1苞片,雄蕊6～10;雌花由2心皮组成,子房狭长,花柱叉状;翅果,长椭圆形,顶端2裂,有1种子。杜仲枝条如图2-2-27所示。

A—具果枝;B—具花枝;C—蒴果;D—花柱与退化雄蕊;E—种子;F—不发育的种子。

图2-2-26　枫香

图2-2-27　杜仲

4. 榆科(Ulmaceae)

木本,本科有18属150余种,主要分布在北温带,少见于热带及亚热带。我国约有8属50余种,分布几遍全国。

榆树,落叶乔木,树皮灰色,粗糙,纵裂;叶椭圆形,叶缘有单锯齿;两面无毛,或背面脉腋有毛;侧脉9～16对,叶基歪斜;先开花后发叶,聚伞花序;花被钟形,4～5裂;雄蕊4～5;翅果,近圆形或宽倒卵形,顶端凹缺,种子位于翅果中部或近中部,如图2-2-28所示。

榉树(*Zelkova serrata* (Thunb.) Makino),又名大叶榉,落叶乔木。树皮灰白色或褐灰色,呈不规则片状剥落;冬芽圆锥状卵形或椭圆状球形。叶面绿,叶背浅绿,叶纸质,卵形、椭圆形或卵状披针形,先端渐尖或尾状渐尖,基部有的稍偏斜,圆形或浅心形,稀宽楔形,边缘有圆齿状锯齿,具短尖头;叶柄粗短,被短柔毛;托叶膜质,紫褐色,披针形。雄花具极短梗;雌花近无梗,外面被细毛。核果几乎无梗,淡绿色,斜卵状圆锥形,上面偏斜,凹陷,具背腹脊,网肋明显,表面被柔毛,具宿存的花被。属国家二级重点保护植物,生长较慢,材质优良,是珍贵的硬叶阔叶树种,如图2-2-29所示。

大叶朴(*Celtis koraiensis* Nakai),落叶乔木,树皮灰色,光滑;小枝有密生毛;叶质较厚,阔卵形或圆形,中上部边缘有锯齿;三出脉,表面无毛,背面叶脉处有毛;花杂性同株;雄花簇生于当年生枝下部叶腋;雌花单生于枝上部叶腋。核果近球形,单生叶腋,成熟时橙黄色或深褐色;果柄等长或稍长于叶柄;果核有网纹或棱脊,如图2-2-30所示。

小叶朴(*Celtis bungeana* Blume),又叫黑弹朴。落叶乔木,幼枝密生红褐色或淡黄色柔毛;叶卵形或卵状椭圆形,顶端渐尖,基部楔形,中上部边缘具锯齿或近全缘三出脉,幼时两面疏生毛,老时无毛;核果单生叶腋,近球形,橙红色或紫黑色;果柄长于叶柄1倍以上；果核有明显网纹，如图 2-2-31 所示。

图 2-2-28 榆树

果枝　　　　　　　叶背面　雌花　　　雄花　　　果实

图 2-2-29 榉树

图 2-2-30 大叶朴　　　　　　　图 2-2-31 小叶朴

5. 桑科(Moraceae)

木本，植物体常有乳；雌雄同株或异株，荑葇花序，呈头状、假穗状或隐头状花序；坚果或核果，常形成聚花果。本科约 40 属 1 000 种，主要分布在热带、亚热带。我国有 16 属，160 余种，主产长江流域以南各省区。图 2-2-32 为桑科代表植物种。

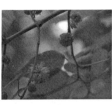

桑树　　　　　　构树　　　　　　柘树　　　　　　无花果

图 2-2-32 桑科代表植物

桑(*Morus alba* L.)，又叫家桑。具乳汁，叶卵形至广卵形，掌状脉，基部圆形或浅心脏形，叶表面无毛，背面脉上或脉腋簇生柔毛。桑椹(聚花果)红色、黑紫色或白色。

构树(*Broussonetia papyrifera* (L.) L'Hér. ex Vent.)，落叶乔木，树皮平滑，暗灰色；枝粗壮，平展，红褐色，密生白色绒毛。叶螺旋状排列，叶阔卵形，顶端锐尖，基部圆形或近心形，边缘有粗锯齿，不分裂或 3～5 裂，小树之叶常有明显分裂，两面密生柔毛，掌状脉，具乳汁，叶柄密生绒毛；托叶卵状长圆形，早落。雌雄异株；雄花序为腋生下垂的柔荑花序，粗壮，苞片披针形，花被 4 裂；雌花序球形头状，苞片棒状，顶端有毛，花被管状，花柱基部不分枝。聚花果,球形,成熟时橙红色,肉质。

柘树(*Cudrania tricuspidate*(Carr.)Bur. ex Lavallee),又名柘刺、柘桑。落叶灌木或小乔木,树皮淡灰色,幼枝有细毛,后脱落,具硬枝刺;单叶互生,卵圆形或倒卵形,顶端锐或渐尖,基部楔形或圆形,全缘或前端 3 裂,幼时两面有毛,老时仅背面沿主脉上有细毛。花单性,雌雄异株,均头状花序,单生或成对腋生。聚花果近球形,肉质,红色。

无花果,落叶灌木,多分枝;树皮暗褐色;小枝直立,粗壮无毛。叶互生,厚纸质,倒卵形或近圆形,顶端钝,基部心形,边缘波状或粗齿,3～5 深裂,表面粗糙,背面有短毛,掌状脉;托叶三角状卵形,淡红色;隐花果单生叶腋,梨形,成熟时黑紫色。

6. 胡桃科(Juglandaceae)

落叶乔木,有树脂。羽状复叶,花单性,雄花序柔荑状;坚果核果状或具翅。本科共 8 属,60 余种,分布于北半球。我国有 7 属,27 种,南北均产。

胡桃,又叫核桃,乔木,树皮灰褐色,幼枝有密毛;奇数羽状复叶,小叶 5～13,椭圆状卵形至长椭圆形,通常全缘,背面沿侧脉腋内有 1 簇短柔毛;花单性,雌雄同株;雄蕊黄花序下垂;雌花单生或 2～3 聚生于枝端,直立;花柱 2,羽毛状,绿白色;果序短,下垂,核果球形;种子肥厚。如图 2-2-33 所示。

1—雄花枝;2—雌花枝;3—果枝;4—雄花;5—雌花;6—果核;7—果横切面;8—花图式。

图 2-2-33　胡桃

枫杨果序

枫杨花序

图 2-2-34　枫杨

枫杨,俗叫柸柳。大乔木,老树皮黑灰色;小枝有灰黄色皮孔;髓部薄片状;芽裸出;叶互生,偶数或少有单数羽状复叶,复叶总柄有翅,小叶无柄,小叶 10~16,长椭圆形,表面有细小疣状凸起,脉上有星状毛,背面少有盾状腺体;花单性,雌雄同株;雄葇黄花序单生叶腋内,下垂;雌葇黄花序顶生,倒垂;果序较长,果序轴有宿存毛,果实长椭圆形,具狭翅。如图 2-2-34 所示。

7. 壳斗科(Fagaceae)

又名山毛榉科。落叶或常绿乔木,少为灌木。本科共 8 属,900 种,广布温带、热带和亚热带;我国有 6 属,近 300 种,几遍全国,西南较为集中;本科多数种类的木材都有经济价值,为我国主要造林树种。

板栗,落叶乔木,树皮深灰色;小枝有短毛或散生长绒毛;无顶芽,单叶、呈二列,叶椭圆或长椭圆状,基部圆或宽楔形,叶缘有刺毛状锯齿,背面有灰白色星状短绒毛;雌雄同株,雄柔葇花序直立,雌花单独或数朵生于总苞内;壳斗球形,苞片刺针形,分枝,刺密生细毛;坚果球形或扁球形,2~3 个,暗褐色,包藏在密生尖刺的总苞内;坚果甜美,富有营养,如图 2-2-35 所示。

图 2-2-35　板栗

麻栎(*Quercus acutissima* Carr.),落叶乔木,树皮暗灰色,浅纵裂;叶椭圆状披针形,顶端渐尖或急尖,基部圆形或阔楔形,边缘有锯齿,齿端成刺芒状;叶片两面同绿色,侧脉显著,直达齿端;壳斗杯状;苞片锥形,苞鳞线形,粗长刺状,包围坚果 1~2 个,坚果卵球形或长卵形,果脐隆起,如图 2-2-36 所示。

栓皮栎(*Quercus variabilis* Blume var. variabilis,又叫软木栎。落叶乔木,树皮黑褐色,深纵裂;木栓层发达,小枝髓心呈五角形;叶椭圆状披针形或椭圆状卵形,顶端渐尖,基部圆形或阔楔形,边缘有刺芒状细锯齿,背面密生白色厚绒毛;壳斗杯形,几无柄,苞鳞线形,包围坚果 2~3 个以上,坚果近球形或卵形;果脐隆起,如图 2-2-36 所示。

槲栎(*Quercus aliena* Blume var. aliena),别名大叶栎、菠萝树、橡树、虎朴、青冈树、大叶青冈等。落叶乔木,树皮暗灰色,深纵裂,具皮孔;叶片大,呈长椭圆状倒卵形至倒卵形,顶端微钝或短渐尖,基部楔形或圆形,叶缘具波状钝齿,叶背有灰棕色细绒毛,叶面中脉侧脉不凹陷;壳斗杯形,包围坚果 1~2 个,椭圆形至卵形;小苞片卵状披针形;果脐微突起,如图 2-2-36 所示。

8. 桦木科(Betulaceae)

落叶乔木或灌木,有鳞片幼芽,长柄叶,有托叶;花单性,柔荑花序,雌雄同株;小坚果,果序下垂,裸出或带翅。本科 6 属,200 种以上,产于北温带,少数在南美洲。我国 2 属约 22 种。

榛(*Corylus heterophylla* Fisch.),灌木或小乔木,落叶,树皮灰色;叶互生,阔卵形至倒卵形,顶端渐尖或平截,有时浅裂,基部心形或圆形,边缘有重锯齿,表面近光滑,背面有绒毛;雌雄同株,雄花排成黄色柔荑花序;雌花排成短的穗状花序,中央红色;坚果棕色,圆形或长圆形,1~6 个簇生;果苞叶状钟形,包围坚果,如图 2-2-37 所示。

白桦(*Betula platyphylla* Suk.):落叶乔木;树皮灰白色,层状剥离,皮孔黄色;小枝细,红褐色,无毛,外被白色蜡层。叶厚纸质,三角状卵形、菱状卵形,先端渐尖,基部广楔形,叶缘有重锯齿,成熟叶上面无毛无腺点,背面淡绿色,无毛,密生油腺点;花单性,雌雄同株,柔荑花序;果序单生,下垂,圆柱形;小坚果狭矩圆形、矩圆形或卵形,两侧具与果等宽或稍宽的膜质翅,如图 2-2-37 所示。

鹅耳枥(*Carpinus turczaninowii* Hance),落叶乔木,树皮暗灰褐色,粗糙,浅纵裂;小枝被短柔毛;叶卵形、卵状椭圆形、卵菱形或卵状披针形,顶端锐尖或渐尖,基部近圆形或宽楔形,边缘具重锯齿,上面无毛,下面疏被长柔毛,脉腋间具髯毛;叶柄、果序梗、果序轴、果苞均疏被短柔毛。坚果,果序下垂;小坚果宽卵形,如图 2-2-37 所示。

麻栎　　　　　　　栓皮栎　　　　　　　槲栎

图 2-2-36　壳斗科代表植物

榛　　　　　　　　白桦　　　　　　　鹅耳枥

图 2-2-37　桦木科代表植物

本亚纲练习:在校园内观察金缕梅亚纲各科代表植物,如悬铃木、榆树、榉树、桑树、构树、胡桃、枫杨、板栗等的主要外部特征,并取上述植物的花序、果实等进行观察,注意花序及果实特点。

（三）石竹亚纲主要科代表植物观察

本亚纲共有石竹目（Caryophyllales）、蓼目（Polygonales）、蓝雪目（Plumbaginales）3个目，14科，约1.1万种。其中，石竹目最大，包括石竹科（Caryophyllaceae）、藜科（Chenopodiaceae）、商陆科（Phytolaccaceae）、紫茉莉科（Nyctaginaceae）、仙人掌科（Cactaceae）、番杏科（Aizoaceae）、粟米草科（Molluginaceae）、马齿苋科（Portulacaceae）、苋科（Amaranthaceae）、刺戟草科（Didiereaceae）、落葵科（Basellaceae）、玛瑙果科（Achatocarpaceae）12科；蓼目和蓝雪目各有1科。多数为草本，常为肉质或盐生植物，叶常为单叶；花常两性，整齐；雄蕊常定数，离心发育；特立中央胎座或基底胎座，种子常具外胚乳，贮藏物质常为淀粉；胚常弯生。

1. 藜科

草本或灌木，具泡状毛；单叶对生，常肉质，无托叶，花小，单被层，无花瓣，萼片绿色，雄蕊与萼片同数而对生，子房有2～3心皮组成，1室，基底胎座，胚弯生；胞果（果皮薄，囊状，不开裂，果实内含1种子），多为盐土指示植物。常见种属有甜菜属（*Beta* L.）、菠菜属（*Spinacia* L.）、藜属（*Chenopodium* L.）、地肤属（*Kochia* Roth.）、碱蓬属（*Suaeda* Forsk ex Scop.）、梭梭属（*Haloxylon* Bunge）等；适于盐碱干旱环境的还有盐角草属（*Salicornia* L.）、猪毛菜属（*Salsola* L.）等。

藜（*Chenopodium album* L.），又名灰藜、灰菜。一年生草本；茎直立，无毛，具沟及绿色或紫红色纹，幼时被白色粉粒；叶片菱状卵形至宽披针形，边缘具不整齐锯齿，上面通常无粉，下面多少有粉；花两性，簇生于枝上部成穗状圆锥状或圆锥状花序；花被裂片5；雄蕊5，花药伸出花被，柱头2；果皮与种子贴生；种子横生，双凸镜状，边缘钝，黑色，有光泽，表面具浅沟纹；胚环形。全草入药，嫩茎叶可食用。如图2-2-38所示。

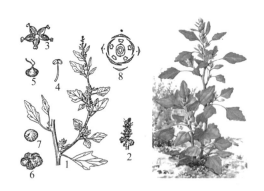

1—植株；2—花序；3—花；4—雄蕊；5—雌蕊；6—胞果；7—种子；8—花图式。

图 2-2-38　藜

菠菜（*Spinacia oleracea* L.），一年生草本，茎直立、中空，根圆锥状，带红色；叶卵形或戟形，雄花集成球形团伞序花，再在枝、茎上列成穗状圆锥花序；花被4片，雌花簇集于叶腋，子房球形，柱头4或5，外伸，胞果卵形或近圆形，两侧扁，种子直立，胚环形。

2. 石竹科

草本，单叶对生，茎节膨大，叶基连以横线，花两性，花部轮状排列，萼片结合成筒状，雄蕊常为花瓣倍数,特立中央胎座;蒴果,顶端齿裂或瓣裂。主要种类有石竹、康乃馨(*Dianthus caryophyllus* L.)、鹅肠菜(*Myosoton aquaticum* (L.) Moench)、太子参(*Pseudostellaria heterophylla*(Miq.)Pax)、王不留行等。

石竹,多年生草本;茎直立簇生,有节,多分枝;叶对生,条形或线状披针形;花萼筒圆形,花单朵或数朵簇生于茎顶,形成聚伞花序;花色有紫红、大红、粉红、紫红、纯白、红色、白或复色,单瓣5枚或重瓣,先端锯齿状,微具香气;蒴果矩圆形或长圆形,种子扁圆形,黑褐色。如图2-2-39所示。

1—花枝;2—花纵剖;3—果实;4—花图式。

图 2-2-39　石竹

3. 蓼科

多草本,茎节膨大,单叶互生,托叶膜质,鞘状包茎,称为托叶鞘;花3基数或5基数,单被,花瓣状;坚果三棱形,包于宿存的花被中;胚弯曲,位于胚乳中。如有食用植物荞麦,药用植物何首乌、虎杖(*Reynoutria japonica* Houtt.)、大黄(*Rheum palmatum* L.)等。

荞麦,一年生草本,茎直立,多分枝;下部叶有长柄,上部叶近无柄。叶片三角形或卵状三角形,全缘,叶顶部渐尖,基部心形或戟形,两面无毛,托叶鞘短筒状,早落;花淡红色或白色,密集,花序总状或圆锥状,花被5深裂,雄蕊8,花柱3,瘦果卵形,有3棱,黄褐色,光滑。如图2-2-40所示。

1—花枝;2—花;3—花纵切;4—雌蕊;5—瘦果;6—花图式。

图 2-2-40　荞麦

本亚纲练习：采集菠菜、石竹、荞麦的新鲜植株观察它们的植株外形，株高、茎、叶形、花构造、雄蕊、雌蕊及种子等特点。

（四）五桠果亚纲主要科的代表植物观察

本亚纲以木本为主、单叶、花常离瓣；雄蕊离心发育；雌蕊全为合生心皮，子房上位，中轴胎座或侧膜胎座，胚珠多数，植物体通常含单宁。本亚纲共有 13 目，78 科，约 2500 种。常见科有芍药科（Paeoniaceae）、山茶科（Theaceae）、猕猴桃科（Actinidiacea）、锦葵科（Malvaceae）、梧桐科（Sterculiaceae）、葫芦科（Cucurbitaceae）、杨柳科（Salicaceae）、十字花科（Cruciferae）、杜鹃花科（Ericaceae）、报春花科（Primulaceae）、柿树科（Ebenaceae）、椴树科（Tiliaceae）、龙脑香科（Dipterocarpaceae）、秋海棠科（Begoniaceae）等。

1. 山茶科

常绿木本或灌木，单叶互生，具锯齿，无托叶，花两性，辐射对称，雄蕊多数，子房多室，中轴胎座；果实为蒴果、核果或浆果状；种子无胚乳或具胚乳。

本科约有 40 属 700 种，我国有 15 属 480 多种，分布于秦岭以南。

本科代表植物有茶、山茶（*Camellia japonica* L.），木荷（*Schima superba* Gardner et Champ.）等。茶，属山茶属（*Camellia* L.），常绿灌木，枝条无毛；叶片薄，具革质；蒴果，木质，皮薄；种子近球形。茶如图 2-2-41 所示。

木荷，木荷属（*Schima* Reinw.）。大乔木，树干通直，树皮有极强的生物碱白色结晶，有毒植物；叶革质或薄革质，椭圆形，先端尖锐，有时略钝，基部楔形，上面干后发亮，下面无毛；边缘有钝齿；花生于枝顶叶腋，常多朵排成总状花序，白色，花柄纤细，无毛；苞片 2，贴近萼片，早落；萼片半圆形，外面无毛，内面有绢毛；花瓣最外 1 片风帽状，边缘多少有毛；子房有毛；蒴果，如图 2-2-42 所示。

图 2-2-41　茶

图 2-2-42　木荷

2. 杨柳科

灌木或乔木，单叶互生，无花被，具花盘或蜜腺；花单性，雌雄异株，柔荑花序，雄蕊 2 至多枚，单室子房，侧膜胎座，蒴果 2～4 瓣裂；种子基部有丝状毛。本科共有钻天柳属（*Chosenia* Nakai）、杨属（*Populus* L.）和柳属（*Salix* L.）3 个属，约 450 种，主要分布于北温带。

钻天柳属，仅有钻天柳（*Salix arbutifolia* Pall.）1 种。树冠圆柱形；树皮褐灰色；小枝无毛,黄色带红色或紫红色,有白粉;芽扁卵形,有光泽,有1枚鳞片;叶长圆状披针形至披针形,先端渐尖,基部楔形,两面无毛,上面灰绿色,下面苍白色,常有白粉,边缘稍有锯齿或近全缘;无托叶。花序先叶开放;雄花序开放时下垂,雌花序直立或斜展,蒴果2瓣裂;种子长椭圆形,无胚乳。如图2-2-43所示。

1—果序枝;2—雌花;3—果;4—雄花序枝;5—雄花。

图 2-2-43　钻天柳

杨属,具顶芽,冬芽具数枚鳞片,叶片宽阔;柔荑花序下垂,花具杯状花盘,雄蕊多数,苞片边缘细裂,风媒花。本属主要种类有胡杨(*Populus euphratica* Oliv.)、毛白杨(*Populus tomentosa* Carrière)以及引种的加拿大杨(*Populus X canadensis* Moench)等。

胡杨,树皮淡灰褐色,下部条裂;萌枝细,圆形,光滑或微有绒毛;芽椭圆形,光滑,褐色;叶形多变,长枝和幼苗、幼树上的叶狭长如柳,大树老枝条上的叶圆润如杨,故有"变叶杨""异叶杨"之称。雌雄异株,菱荑花序;苞片菱形,上部常具锯齿,早落;蒴果,长卵圆形。胡杨花枝及花形态,如图2-2-44所示。

加拿大杨,落叶乔木,树体高大,树皮灰褐色,粗糙,纵裂;树冠开张、叶三角状卵形,具有光泽,边缘具钝齿,两面无毛;叶柄扁而长,有时顶端具1~2腺体。加拿大杨枝及花形态,如图2-2-45所示。

图 2-2-44　胡杨

图 2-2-45　加拿大杨

毛白杨，落叶乔木，具顶芽，芽鳞多片；树冠圆锥形至卵圆形或圆形，叶无裂片，边缘有复锯齿，上面暗绿色，下面有白色毡毛；老叶白毛常脱落；蒴果，种子具毛。毛白杨花枝及花序形态，如图 2-2-46 所示。

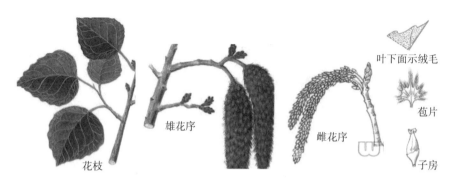

图 2-2-46　毛白杨

柳属（*Salix* L.），乔木或匍匐状、垫状、直立灌木；枝圆柱形，髓心近圆形；冬芽具 1 枚鳞片，顶芽退化，侧芽通常紧贴枝上，芽鳞单一；叶互生，狭而长，多为披针形，羽状脉，有锯齿或全缘；叶柄短；具托叶，多有锯齿，常早落。柔荑花序直立或斜展，先叶开放；苞片全缘，有毛或无毛，宿存；雄蕊 2～多数；雌蕊由 2 心皮组成；蒴果 2 瓣裂；种子小，多暗褐色。

旱柳，落叶乔木，树皮暗灰黑色，纵裂，枝条纤细直立或斜展，褐黄绿色，后变褐色，无毛，幼枝有毛，芽褐色，微有毛，无顶芽，芽鳞 1 片。单叶，互生，狭披针形，端锐尖，缘具腺齿，背面有粉。雌雄异株；雄花上有雄蕊 2 个；雌蕊 2 心皮合生。

垂柳（*Salix babylonica* L.），落叶乔木，树皮粗糙，灰黑色，不规则开裂；树冠开展而疏散，枝细长，平滑下垂，无毛；叶狭披针形或线状披针形，叶背微白；单叶互生，先端尖，基部楔形，叶缘具齿；托叶 2 枚，斜披针形或卵圆形，边缘有齿牙，早落；雌雄异株，花序先叶开放；雄花序有短梗，雄蕊 2；腺体 2；雌花序有梗，轴有毛；子房椭圆形，腺体 1；蒴果，带绿黄褐色。

3. 锦葵科（Malvaceae）

草本、灌木至乔木；单叶互生，常为掌状叶脉，托叶早落；花腋生或顶生，单生、簇生、聚伞花序至圆锥花序；花两性，辐射对称；萼片 3～5 片，分离或合生；花瓣 5 片，彼此分离；雄蕊多数，花丝基部联合，成单体雄蕊，花药一室；子房上位，中轴胎座，蒴果或分果。主要种类，如棉花、木槿、扶桑（*Hibiscus rosa-sinensis* L.）等。

木槿，落叶灌木或小乔木，单叶互生，菱形至三角状卵形，主脉三条，边缘具圆钝或锐锯齿，成为深浅不同的三裂，叶片具星状毛；花单生于枝端叶腋间，花萼钟形，密被星状短绒毛，裂片 5，三角形；花朵色彩有纯白、淡粉红、淡紫、紫红等，花形呈钟状，有单瓣、复瓣、重瓣几种；外面疏被纤毛和星状长柔毛；蒴果卵圆形，密被黄色星状绒毛；种子肾形，背部被黄白色长柔毛，如图 2-2-47 所示。

棉花，即陆地棉，灌木状草本，主根发达；单叶互生，具长柄，宽卵状，掌状 3 裂，叶背有柔毛，叶柄基部有 2 枚托叶，早落；花单生，小苞片 3，有尖齿 7～13，基部心形，有一腺体，

图 2-2-47　木槿

花冠白色或淡黄色,开花后逐渐变红色或紫色、雄蕊多数,花丝连合成筒状,心皮 4~5 个,蒴果卵形,种子具长棉毛,如图 2-2-48 所示。

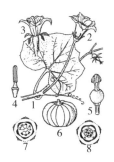

1—花果枝;2—花纵切;3—子房纵切;
4—果实;5—花图式。

图 2-2-48　棉花

1—花枝;2—雄花;3—雌花;4—雄蕊;
5—雌蕊;6—果实;7~8—雄雌花图式。

图 2-2-49　南瓜

4. 葫芦科(Cucurbitaceae)

本科约 110 属,700 种,中国有约 29 属,142 种,是重要的食用植物科之一,重要性仅次于禾本科、豆科和茄科。攀援或匍匐草本,有卷须;茎 5 棱,具双韧维管束;单叶互生,常掌状深裂;花单性,同株或异株,萼管与子房合生,5 裂;花瓣 5,或花瓣合生而 5 裂;雄蕊 5 枚,其中 2 对合生,花药弯曲成 S 形;子房下位,侧膜胎座,胎座发达;瓠果,包括葫芦、瓢瓜(*Lagenaria siceraria*(Molina)Standl.)、黄瓜、冬瓜、南瓜、丝瓜、西瓜、甜瓜等常见蔬菜和瓜果。

南瓜,一年生蔓生草本,茎长,密被白色短刚毛;叶柄粗壮,被短刚毛;叶片宽卵形或卵圆形,质稍柔软,有 5 角或 5 浅裂;雌雄同株;雄花单生,花萼筒钟形,裂片条形,花冠黄色,钟状,裂片边缘反卷,具皱褶;雄蕊 3,花丝腺体状;雌花单生,子房 1 室,花柱短,柱头 3,膨大,顶端 2 裂;果梗粗壮,有棱和槽,瓜蒂扩大成喇叭状。瓠果形状多样,外面常有数条纵沟或无;种子多数,长卵形或长圆形,灰白色,边缘薄,如图 2-2-49 所示。

黄瓜,一年生草质藤本植物,茎蔓生,有细刺毛;叶片大而薄,呈五角状心脏形;花单性,雌雄同株;萼片和花瓣都联合成筒状,5 裂,花冠黄色;雄蕊 5 枚,两两结合,1 枚分离;雌花有雌蕊一枚,子房下位;瓠果;有棱,棱上有瘤状突起,突起上长有小刺。

5. 十字花科(Cruciferae)

草本;花两性,辐射对称,萼片4,花瓣4,呈十字形排列,四强雄蕊,雌蕊由2心皮合生而成,子房2室,上位,侧膜胎座,具假隔膜;长角果或短角果;多为蔬菜。本科大约有350多个属,约3000余种,主产北温带地区,现已被引种到世界各地。中国原产85属,约360余种,另引种7属20余种,广布全国。本科植物经济价值高,其中,在食用方面,芸薹属(*Brassica* L.)最为重要,约40种;卷心菜(*Brassica oleracea var. Gapitata* L.)、芥蓝(*Brassica alboglabra* Bail.)原产地中海北岸,现为全球栽培性蔬菜。大白菜(*Brassica pekinensis* Rupr.)、小白菜(*Brassica chinensis* L.)、萝卜为我国重要蔬菜。油菜是我国南方重要油料作物。

油菜,芸薹属,为白菜的变种。茎圆柱形,多分枝;叶互生;总状花序,花黄色,蜜腺发达;长角果,种子球形,有红、黄、黑等颜色,如图2-2-50所示。

1—花枝;2—去花被的花;3—花冠正面;4—长角果;5—花图式。

图2-2-50 油菜

6. 报春花科(Primulaceae)

多为一年生或多年生草本,常有匍匐的根茎;单叶,互生、对生或基生,边缘齿裂,无托叶;茎直立或匍匐,或无地上茎而叶全部基生;总状花序腋生或伞形花序顶生,花两性或单性,整齐或两侧对称;雄蕊5,与花冠裂片同数而对生;花丝分离或下部合生,多少贴生于花冠筒上;子房上位,1室,心皮常5;胚珠少数或多数,常为半倒生,珠被2,特立中央胎座,花柱1条。蒴果。

本科约28属1000余种,广布全球。中国产11属,引种栽培1属,约500种,全国各地都有分布,四川、云南西部、西藏东部是报春花属(*Primula* Linn.)、点地梅属(*Androsace* Linn.)和独花报春属(*Omphalogramma* Franch.)的现代分布中心。单种属羽叶点地梅属(*Pomatosace* Maxim.)为中国特有属。

点地梅(*Androsace umbellata*(Lour.)Merr),小草本,叶基生,花冠白色,筒状,花萼杯状,伞形花序,早春开花,蒴果,如图2-2-51所示。

狼尾花(*Lysimachia barystachys* Bunge),草本。茎直立,叶互生或近对生;总状花序顶生,常向一侧弯曲,花密集;苞片线形;花萼钟形,萼裂片5;花冠白色,花冠筒短,裂片5;雄蕊5,与花冠裂片对生,花丝基部合生成筒;子房卵形;蒴果,近球形。如图2-2-52为狼尾花枝株。

图 2-2-51　点地梅植株全形　　　　　图 2-2-52　狼尾花

7. 杜鹃花科(Ericaceae)

木本,多数常绿,少数落叶,陆生或附生;单叶互生或轮生,不具托叶;花两性,辐射对称或略微两侧对称,单生或总状花序、圆锥花序或伞形花序;花萼通常 5,宿存;花冠通常 5 瓣,合生,花冠钟状、漏斗状、壶状;雄蕊为花冠裂片数的 2 倍,内向顶孔开裂,子房上位或下位,4~5 室,稀 6~20 室;蒴果、浆果或核果。

本科约有 75 属,约 1 300 余种,主产南非和中国西南及西部。中国 14 属,710 余种,分布于全国各地,以云南、四川、西藏最多。中国特有种多。杜鹃花属(*Rhododendron* Linn.)植物约 900 种,约 3/4 的种原产我国,使我国成为世界杜鹃花属的分布中心。该属植物为著名观赏植物。

杜鹃(*Rhododendron simsii* Planch.),又名映山红。落叶灌木,叶革质,卵形至披针形,边缘微反卷,具细齿,上面深绿色,下面淡白色,两面有糙状毛,花 2~6 朵簇生枝顶,花冠宽漏斗状,鲜红、深红或粉红色,雄蕊 10,子房 10 室,蒴果,卵球形。根有毒,全株供药用,如图 2-2-53 所示。

1—花枝;2—雄蕊;3—雌蕊;4—果实。

图 2-2-53　杜鹃

8. 梧桐科(Sterculiaceae)

乔木或灌木,树皮及茎富于纤维,是编织麻袋、绳索和造纸的原料;树皮常有黏液;单叶,互生,稀掌状复叶,全缘、具齿或深裂,通常有托叶;花序腋生;花单性、两性或杂性;萼片 5,镊合状排列;花瓣 5 或无,覆瓦状排列;雄蕊的花丝常合生成管状,花药 2 室,纵裂;雌蕊由合生心皮或单心皮所组成,子房上位;蒴果或蓇葖果;种子有胚乳或无。

梧桐(*Firmiana simplex* (Linnaeus) W. Wight),又名青桐。落叶乔木,树干挺直,光洁,分枝高;树皮绿色或灰绿色,平滑;单叶互生,叶大,阔卵形,3～5 裂至中部,裂片宽三角形;叶柄长,密被黄褐色绒毛;托叶长,基部鞘状,上部开裂;圆锥花序;花单性,有花萼,5 裂,无花瓣;蓇葖果,具柄,果皮薄革质,果实成熟之前心皮先行开裂,裂瓣呈舟形,分果 5 个;种子球形,棕黄色,具皱纹,着生于心皮边缘,如图 2-2-54 所示。

植株　　　　　　　　叶、花　　　　　　　　叶、果实

图 2-2-54　梧桐(青桐)

9. 芍药科(Paeoniaceae)

灌木或具根状茎的多年生草本;叶互生,为二回三出复叶;无托叶;花大,常单独顶生,两性,辐射对称;萼片 5 枚,宿存;花瓣 5～10 片,覆瓦状排列,白色、粉红色、紫色或黄色;雄蕊多数,离心发育,花药外向,长圆形;花盘肉质,环状或杯状;心皮 2～5 枚,离生,子房沿腹缝线有 2 列胚珠,蓇葖果;种子大,红紫色,有假种皮和丰富的胚乳。

芍药:别名将离、离草,多年生草本花卉;块根由根颈下方生出,肉质,粗壮,呈纺锤形或长柱形,须根从块根上生出;茎由根部簇生,草本,茎基部圆柱形,上端多棱角,向阳部分多呈紫红晕。下部叶为二回三出羽状复叶,末端为三回羽状复叶,小叶椭圆形、狭卵形、被针形等,全缘微波,叶缘密生白色骨质细齿,叶面黄绿色、绿色和深绿色,叶背多粉绿色,有毛或无毛。花瓣呈倒卵形,花盘为浅杯状,花生茎顶端或近顶端叶腋处,原种花白色,花瓣 5～13 枚;园艺品种花色丰富,有白、粉、红、紫、黄、绿、黑和复色等,花瓣可达上百枚;心皮无毛;蓇葖果,纺锤形,种子呈圆形、长圆形或尖圆形;芍药被人们誉为"花仙"和"花相",且被列为"六大名花"之一,又被称为"五月花神",自古就作为爱情之花,现被尊为七夕节的代表花卉,如图 2-2-55 所示。

图 2-2-55　芍药

　　牡丹(*Paeonia suffruticosa* Andr.)，特产中国，多年生落叶小灌木，二回三出复叶，叶大，小叶三浅裂，花单生茎顶端；花瓣5，或为重瓣，有黄、紫、红白等颜色，花盘杯状，把4~5个心皮完全包住，心皮有细毛；蓇葖果，长圆形，密生黄褐色硬毛；根皮称为丹皮；花美丽，为庭园珍品，河南洛阳和山东菏泽等地培育的品种最多，如图2-2-56所示。

图 2-2-56　牡丹

　　10. 椴树科(Tiliaceae)

　　乔木或灌木，茎皮富含纤维；单叶、互生，全缘或分裂；托叶小；花两性，聚伞花序或圆锥花序腋生或顶生；萼片5，分离或合生；花瓣5或更少或缺，基部常有腺体；雄蕊极多数，花丝分离或成束；子房上位，2~10室，每室有胚珠一至多颗；蒴果、核果、浆果或翅果。

　　扁担木(*Grewia biloba* G. Don)，灌木，茎基部多分枝，小枝幼时密生褐色星状毛。单叶互生，边缘锯齿不规则，叶背面密生星状毛，聚伞花序与叶对生，核果，橙黄至红色，又名孩儿拳头，如图2-2-57所示。

　　本亚纲练习：观察并比较胡杨与毛白杨、旱柳与垂柳植株外形特点，然后取它们的雄花与雌花分别进行观察，比较其差别。取棉花和木槿的植株，观察它们的外部形态，并比较两种植物的异同。取南瓜与黄瓜植株及其花进行观察，并比较两者

1~5—毛果扁担木；6~11—扁担木；12~15—无柄扁担木
(1、6、12—果枝；2、7、13—花；3、10—果；
4、11、15—星状毛；5、9—花瓣；8—雄蕊；14—雌蕊)

图 2-2-57　扁担木花枝及花、果形态

的异同。取油菜、白菜、萝卜、荠菜的新鲜植株及花、果实进行观察，观察四种植物的外形、花的构造、花序、雄蕊、雌蕊、子房及果实等，并比较它们的异同。取芍药、牡丹的新鲜植株

及花、果进行观察,观察并比较两种植物在外形、花的构造、花序、雄蕊、雌蕊、子房及果等方面的异同。

（五）蔷薇亚纲主要科的代表植物观察

蔷薇亚纲(Rosidae),木本或草本;单叶或常羽状复叶;花5基数;花被明显分化,异被;雄蕊多数或少数,向心发育;多中轴胎座,少侧膜胎座,若为侧膜胎座,则每子房仅具1～2胚珠;植物体常含单宁。

本亚纲共有18目,114科,近6万多种,其中,绝大多数种分布于豆目(Fabales)、桃金娘目(Myrtales)、大戟目(Euphorbiales)、蔷薇目(Rosales)及无患子目(Sapindales)5个目中。其它13目分别为山龙眼目(Proteales)、川苔草目(Podostemales)、小二仙草目(Haloragales)、红树目(Rhizophorales)、山茱萸目(Cornales)、檀香目(Santalales)、大花草目(Rafflesiales)、卫矛目(Celastrales)、鼠李目(Rhamnales)、亚麻目(Linales)、远志目(Polygalales)、牻牛儿苗目(Geraniales)及伞形目(Apiales)。蔷薇目被认为是本亚纲中最古老的目,也是本亚纲其他各目的祖先。

1. 蔷薇科(Rosaceae)

木本或草本,茎常有刺及明显的皮孔;单叶或复叶,常互生,稀对生,常具托叶;花两性,稀单性,辐射对称,花托突起或凹陷;花部5基数,覆瓦状排列;花被与雄蕊常愈合成碟状、钟状、杯状、坛状或圆筒状;雄蕊多数,花丝分离;子房上位或下位,心皮多数离生到合生或仅1心皮,每心皮有多数至少数倒生胚珠;果实有核果、梨果、瘦果、菁葖果;种子无胚乳。

本科有124属,3 300余种,主产北温带,中国有55属,1 000余种,全国各地均产。根据花及果实的构造,本科共分绣线菊亚科(Spiraeoideae Agardh)、苹果亚科(Maloideae)、蔷薇亚科(Rosoideae Focke)和李亚科((Prunoideae)4个亚科。四个亚科花及果实的比较如表2-2-1所示。

表2-2-1　蔷薇科四个亚科花、果实比较

	花的纵切面图	花图式	果实纵切面图
绣线菊亚科 （绣线菊属）			
蔷薇亚科			
苹果亚科			
梅亚科（梅属）			

(1)绣线菊亚科:蔷薇科最原始的亚科,共有22属260余种,有常绿和落叶两类群。我国有8属100种,全为落叶类。灌木,稀草本,单叶,稀复叶,叶片全缘或有锯齿,常不具托叶,或稀具托叶,心皮通常5个(稀1~12),离生或基部合生,子房上位,具2至多数悬垂的胚珠;蓇葖果,稀蒴果。代表属为绣线菊属(*Spiraea* L.)。

三裂叶绣线菊(*Spiraea trilobata* L.):灌木,叶近圆形,边缘具波状锯齿,叶通常三裂,具掌状脉,伞形花序,花小型白色,如图2-2-58所示。

麻叶绣线菊(*Spiraea cantoniensis* Lour):灌木;小枝细弱,呈拱形弯曲,暗红褐色,无毛;叶柄无毛;叶片菱状披针形、菱状长圆形或菱状倒披针形,边缘自中部以上有缺刻状锯齿,表面深绿色,背面灰蓝色,具明显网状小脉,两面无毛;伞形花序;花密集,花色洁白;花梗无毛;苞片线形;萼筒钟状,萼裂片三角形或卵状三角形;花瓣近圆形或倒卵形;蓇葖果,如图2-2-59所示。

图2-2-58　三裂叶绣线菊　　　　　　　　　图2-2-59　麻叶绣线菊

(2)蔷薇亚科:草本或灌木,复叶稀单叶,叶互生,有托叶;心皮常多数,离生,有1~2悬垂或直立的胚珠;子房上位,稀下位;果实成熟时为瘦果,稀小核果,着生在花托上或在膨大肉质的花托内。该亚科共有35属,中国产21属。该属模式属是蔷薇属(Rosa L.),灌木,常有皮刺,奇数羽状复叶,萼筒与花托结合成壶形肉质花筒;萼裂片5,花瓣5,雄蕊多数,生于花筒口部;心皮多数,离生;多数瘦果集生于花筒内。

月季,灌木,茎直立,圆柱形,具短粗的钩状皮刺,奇数羽状复叶,小叶3~5片,小叶片宽卵形至卵状长圆形,边缘有锐锯齿,叶柄两侧、托叶边缘、花柄及苞片的边缘具腺毛,花大型,单生,单瓣和重瓣,还有高心卷边,果卵球形或梨形,如图2-2-60所示。

月季　　　　　　　　　蔷薇　　　　　　　　　玫瑰

图2-2-60　蔷薇属代表植物

蔷薇，又称野蔷薇。多为直立、蔓延或攀援灌木，多数被有皮刺、针刺或刺毛，稀无刺，有毛、无毛或有腺毛；叶互生，奇数羽状复叶，小叶 5～9 片，托叶节齿状，贴生或着生于叶柄；花小朵丛生，如图 2-2-60 所示。

玫瑰(*Rosa rugosa* Thunb.)，灌木，茎丛生，多分枝，小枝和皮刺上均有绒毛，刺坚硬，奇数羽状复叶，小叶 5～9 片，小叶皱褶，椭圆形，有边刺；花单生于叶腋，或数朵簇生，花瓣倒卵形，重瓣至半重瓣，花有红色、紫红色、白色。果扁球形。玫瑰如图 2-2-60 所示。

棣棠(*Kerria japonica* (L.) DC)，落叶丛生小灌木；小枝绿色，无毛，髓白色，质软；单叶，互生，叶卵形或卵状椭圆形，先端渐尖，基部截形或近圆形，叶缘有锐尖重锯齿，叶背微生短柔毛；叶柄无毛；托叶钻形，膜质；花单生侧枝顶端，花梗无毛；萼筒扁平，裂片 5；花瓣椭圆形或长圆形；雄蕊多数，离生；心皮 5～8；瘦果，褐黑色。

火棘，常绿灌木，侧枝短，先端成刺状，嫩枝外被锈色短柔毛，老枝暗褐色，无毛；叶片倒卵形或倒卵状长圆形，边缘有钝锯齿，齿尖向内弯，近基部全缘，两面皆无毛；叶柄短；复伞房花序，萼筒钟状，无毛；萼片三角卵形，先端钝；花瓣白色，近圆形；雄蕊 20；花柱 5，离生，与雄蕊等长，子房上部密生白色柔毛；核果，近球形，橘红色或深红色。

(3) 苹果亚科：乔木或灌木，单叶或复叶，有托叶；心皮 5～2(1)，多数与杯状花托内壁连合；子房下位，稀半下位，5～2(1)室，每室有 2 稀 1 至多数直立的胚珠；梨果、稀浆果或小核果。本亚科有 28 个属，约 1 100 个种，如苹果属(*Malus* Mill.)、梨属(*Pyrus* L.)、山楂属(*Crataegus* L.)、枇杷属(*Eriobotrya* Lindl.)等，广布于我国。

苹果，落叶乔木，幼枝及冬芽有绒毛，叶片椭圆形，边缘有钝锯齿，幼时两面均有短绒毛，后则表面光滑，伞房花序，花药黄色。

石楠，又名红树叶、水红树、千年红、扇骨木等。常绿灌木或小乔木，枝灰褐色，全体无毛；叶片革质，长椭圆形、长倒卵形或倒卵状椭圆形，边缘有细锯齿，近基部全缘，上面光亮，幼时中脉有绒毛，成熟后两面皆无毛，中脉显著，叶柄粗壮；复伞房花序顶生；总花梗和花梗无毛，花密生；萼筒杯状，无毛；萼片阔三角形，无毛；花瓣白色，近圆形，内外两面皆无毛；果实球形，红色，熟后褐紫色，种子 1 粒，卵形，棕色，平滑。主要变种有：石楠毛瓣变种(*Photinia serratifolia* var. *lasiopetala* (Hayata) H. Ohashi)、石楠宽叶变种(*Photinia serratifolia* var. *daphniphylloides* (Hayata) L. T. Lu)、石楠窄叶变种(*Photinia serratifolia* var. *ardisiifolia* (Hayata) H. Ohashi)。

(4) 梅亚科：亦称李亚科或桃亚科(Amygdaloideae)。乔木或灌木，有时具刺；单叶，有托叶，叶基常有腺体；花单生，伞形成总状花序；花瓣常白色或粉红色；雄蕊 10 至多数；心皮 1，子房上位，1 室，内含 2 悬垂胚珠；核果，含 1 粒种子。本亚科共有 10 属，我国产 9 属。如：扁核木属(*Prinsepia* Royle)、臀果木属(*Pygeum* Gaertn.)、臭樱属(假稠李属)(*Maddenia* Hook. f. et Thoms.)、稠李属(*Padus* Mill.)、桂樱属(*Laurocerasus* Tourn. ex Duhamel)。

李，李属(*Prunus* L.)，叶倒卵状披针形，花 3 朵同生，白色；果皮有光泽，有蜡粉，核有皱纹。

桃，桃属(*Amygdalus* L.)，叶披针形，花单性，红色；果皮有密绒毛，核有凹纹。

杏(*Prunus armeniaca* L.)，杏属(*Armeniaca* Mill.)，叶卵形或近圆形，花单性，微

红,果实黄色,微生短毛或无毛;核平滑。

紫叶李(*Prunus cerasifera* Ehrhar f.):别名红叶李,李属落叶小乔木,叶常年紫红色,著名观叶树种。多分枝,枝条细长,暗灰色;小枝暗红色,无毛;叶片椭圆形、卵形或倒卵形,边缘有圆钝锯齿;花 1 朵,稀 2 朵;萼筒钟状,萼片长卵形,花瓣白色,长圆形或匙形;雄蕊 25～30,花丝长短不等,紧密地排成不规则 2 轮,比花瓣稍短;雌蕊 1,心皮被长柔毛,柱头盘状,花柱比雄蕊稍长,基部被稀长柔毛;核果近球形或椭圆形,黄色、红色或黑色。

樱桃(*Cerasus pseudocerasus* (Lindl.) Loudon),李属,乔木,树皮灰白色;小枝灰褐色,嫩枝绿色。冬芽卵形;叶片卵形或长圆状卵形,基部圆形,边有尖锐重锯齿,齿端有小腺体;叶柄先端有 1 或 2 个大腺体;先叶开花,花序伞房状或近伞形,花 3～6 朵;总苞倒卵状椭圆形,褐色;萼筒钟状;花瓣白色,卵圆形;雄蕊 30～35 枚;核果,近球形。

樱花(*Cerasus yedoensis* (Matsum.) Yu et Li),樱属(*Cerasus* Mill.),落叶乔木,树皮灰色;小枝淡紫褐色,无毛,嫩枝绿色,被疏柔毛;叶片椭圆卵形或倒卵形,叶柄密被柔毛,顶端有 1～2 个腺体;托叶披针形,有羽裂腺齿,早落。先叶开花,伞形总状花序,总花柄短,花 3～4 朵,花瓣先端缺刻,花色多为白色、粉红色。雄蕊约 32 枚,短于花瓣;樱花可分单瓣和复瓣两类,单瓣类能开花结果,复瓣类多半不结果。

榆叶梅(*Amygdalus triloba* (Lindl.) Ricker),桃属,又叫小桃红,因其叶片像榆树叶,花朵酷似梅花而得名。灌木,稀小乔木,枝紫褐色;短枝上的叶常簇生,一年生枝上的叶互生;叶宽椭圆形至倒卵形,先端 3 裂状,缘有不等的粗重锯齿;先叶开花,花 1～2 朵,单瓣至重瓣,紫红色;核果红色,近球形,有毛;核近球形。榆叶梅如图 2-2-61 所示。

图 2-2-61　榆叶梅

2. 豆科(Fabaceae)

乔木、灌木、草本和藤本,直立或攀援,根有能固氮的根瘤;常绿或落叶,叶互生,羽状或掌状复叶,少单叶;叶具叶柄或无;托叶有或无;花两性,两侧对称,少为辐射对称,花序常为总状花序、聚伞花序、穗状花序、头状花序或圆锥花序;萼片 5,花瓣 5,常分离;雄蕊常为 10,雌蕊 1 心皮;荚果,胚大,种子无胚乳。

豆科是 3 个最大科之一,仅次于菊科及兰科,分布极为广泛,生长环境多样。本科分含羞草亚科(Mimosaceae)、云实(苏木)亚科(Caesalpiniaceae)和蝶形花亚科(Paplionoideae)3 个亚科,共约 650 属,1.8 万种,广布于全世界。我国有 136 属,1 130 余种。

(1)含羞草亚科(Mimosaceae):木本,稀为草本,羽状复叶;花辐射对称,穗状或头状花序,花萼和花瓣在芽中呈镊合状排列,中、下部常合生;雄蕊多数;荚果。

合欢(*Albizzia julibrissin* Durazz.),落叶小乔木,二回偶数羽状复叶,小叶镰刀状,夜晚闭合;花淡红色,生于枝的顶端,集成头状花序;花萼筒状,5齿裂;花冠4,花瓣下部结合;雄蕊多数,基部稍连合,花丝很长,伸出花冠外,淡红色;荚果条形,扁平。合欢如图2-2-62所示。

含羞草(*Mimosa balansae* Micheli),亚灌木状草本,茎圆柱状,具分枝,有散生、下弯的钩刺及倒生刺毛;偶数羽状复叶,头状花序,雄蕊多数。荚果长圆形,扁平,稍弯曲,荚缘波状,具刺毛;种子卵形。含羞草如图2-2-63所示。

图 2-2-62　合欢　　　　　　　　　图 2-2-63　含羞草

(2) 云实(苏木)亚科(Caesalpiniaceae):木本,羽状复叶或退化为单叶;花两侧对称,假蝶形花冠,花瓣在芽中呈上升覆瓦状排列,即全内瓣在上方;总状、穗状或聚伞状花序;雄蕊10或较少;荚果。

紫荆(*Cercis chinensis* Bunge),又叫红花羊蹄甲。灌木,叶心脏形,单生,全缘,叶缘透明,先叶开花,花朵簇生老枝或主干上,紫红色,4~10朵成束;荚果扁狭长形,绿色;种子阔长圆形,黑褐色,光亮。紫荆如图2-2-64所示。

图 2-2-64　紫荆

皂荚(*Gleditsia sinensis* Lam.)，又名皂荚树、皂角等，落叶乔木或小乔木，有粗硬圆筒状分枝的刺，叶多为偶数羽状复叶，小叶 6～14 片，小叶缘有疏齿，总状花序，腋生，荚果直长，约 12～20 cm。皂荚如图 2-2-65 所示。

1—花枝；2—花；3—花冠纵剖；4—雄蕊；5—雌蕊；
6—棘刺；7—皂荚；8—猪牙皂；9—种子。

图 2-2-65 皂荚　　　　　　　图 2-2-66 苏木

苏木(*Caesalpinia sappan* L.)，小乔木，具疏刺，二回羽状复叶；羽片对生，小叶紧靠，无柄；圆锥花序顶生或腋生；花瓣黄色，阔倒卵形；荚果木质，近长圆形至长圆状倒卵形，不开裂，红棕色，有光泽；种子 3～4 颗，长圆形，稍扁，浅褐色；心材红色，可提取红色染料，即制石蜡切片所用的苏木精。苏木如图 2-2-66 所示。

（3）蝶形花亚科(Paplionoideae)：草本、木本或藤本；叶为单叶、三出复叶或羽状复叶；常有托叶和小托叶；花两侧对称，蝶形花冠，花瓣在芽中呈下降的覆瓦状排列，即在上方的旗瓣位于最外方；雄蕊 9 枚连合，1 枚分离，组成二体雄蕊，或 10 枚连合成单体雄蕊；荚果，有时为节荚果。

本亚科大约有 600 属，1 万余种，广泛分布在全世界。中国原产 103 属，1 000 余种。大豆（黄豆）、落花生为著名油料作物。药用植物很多，达 200 种以上，如黄芪(*Astragalus membranaceus* (Fisch.) Bunge)、甘草(*Glycyrrhiza uralensis* Fisch. ex DC.)、补骨脂(*Psoralea corylifolia* Linn. Fisch. ex DC.)、苦参(*Sophora flavescens* Alt.)、槐、鸡血藤(*Cuscuta chinensis* Lam.)等。

紫穗槐(*Amorpha fruticosa* Linn.)，也叫绵槐。灌木，枝无刺，奇数羽状复叶互生，小叶 11～25 片，叶片先端圆形或钝类，有短刺突出，穗状花序顶生，花小形，紫红色，每花仅有旗瓣一个。

槐，也叫中国槐。落叶乔木，老树皮呈灰黑色，小枝绿色，奇数羽状复叶互生，叶轴基部膨大，小叶 9～15 片，卵圆形，先端渐尖，全缘，基部圆形，圆锥花序顶生，花白色，疏生，荚果肉质，不开裂，呈念珠状。

胡枝子(*Lespedeza bicolor* Turcz.),灌木,小枝有刺,三出复叶互生,小叶宽卵形至倒卵形;总状花序,腋生。花紫红色,常两花同生于一苞腋;荚果斜倒卵形,稍扁,表面具网纹,密被短柔毛。胡枝子如图 2-2-67 所示。

刺槐(*Robinia pseudoacacia* L.),也叫洋槐,落叶乔木,树皮褐色,深纵裂,小枝灰褐色,平滑无毛,奇数羽状复叶互生,小叶 7～25 片,小叶先端微凹,具小刺尖,托叶成刺,总状花序腋生,荚果扁平,矩圆形,平滑。原生于北美洲,现被广泛引种到亚洲、欧洲等地。

图 2-2-67　胡枝子

3. 芸香科(Rutaceae)

多为木本,稀草本,常具刺;单叶、单生复叶(如柑橘属)或羽状复叶;无托叶;叶互生,具透明油腺点,含挥发油,具香味;花两性或单性,辐射对称,极少两侧对称;聚伞花序,少数成总状、穗状花序或单花;蓇葖果、蒴果、浆果、核果或柑果;种子通常有胚乳。该科约 150 属,1 600 余种,全世界分布,主要产于热带和亚热带,少数生温带。中国 29 属约 151 种 28 变种,南北各地均有,主产西南和华南。山麻黄属和枳属为中国特有属。

柑橘属(*Citrus* L.),约 20 种,我国有 10 种,常见的有柑橘、柚(*Citrus maxima* (Burm.) Merr.)、橙(*Citrus sinensis*)、酸橙等,这几种果树均为具刺的常绿乔木,叶互生,单小叶,叶柄有翅。柠檬,常绿灌木,具硬刺,叶小,柄短。柑橘,小枝较细弱,无毛,有刺;单生复叶,卵状披针形,具油腺点;花黄白色,单生或簇生叶腋;果扁球形,果心空,外果皮薄,易剥离。柚,单生复叶,革质,叶柄具宽翅,叶阔卵形或椭圆形,具油腺点;果大,圆球形,扁圆形,梨形,外果皮光滑淡黄色,不易剥落。橙,枝条具刺;单生复叶,叶长椭圆形,叶柄有狭翅;果实近圆形至长圆形,果心不空,外果皮不易剥离。橙图 2-2-68 所示。

1—花枝;2—花纵切;3—果实纵切;4—种子;5—花图式。

图 2-2-68　橙

花椒,花椒属(*Zanthoxylum* L.)落叶小乔木;茎枝上有刺;奇数羽状复叶,小叶对生,无柄,卵形,椭圆形,叶缘有细裂齿,齿缝有油腺点;花单性;蓇葖球形,开裂成蓇葖状,散生微凸起的油点,成熟时呈红色或紫红色。花椒如图 2-2-69 所示。

图 2-2-69　花椒

4. 伞形科(Apiaceae)

多年生草木,稀一年生或二年生,常为茎具小沟,髓软或中空的芳香植物。根通常直生,根大,多肉质,呈圆锥形,少数呈块状、球状或为成束的须根;叶互生,叶柄长且基部具叶鞘,叶片通常分裂,为 1 回掌状分裂或 1～4 回羽状分裂的复叶,有时为 1～2 回三出羽状分裂的复叶;花两性,伞形花序或复伞形花序,基部有总苞片或有小总苞数片;子房下位;2 室;双悬果。本科约 270 属 2 800 余种。广布于北温带至热带和亚热带高山地区。中国约 95 属 580 余种,产全国各地,以西部为最多,东南部较少,西北部产 56 属,其中,有 24 属在国内仅产于新疆。

本科植物有不少种类可做药材、蔬菜、香料、农药等用。著名中药材,如当归(*Angelica sinensis*（Oliv.）Diels)、川芎(*Ligusticum chuanxiong* Hort)、川白芷(*Angelica anomala* Lallem)、防风(*Saposhnikovia divaricata*（Trucz.）Schischk.)、柴胡、藁本(*Ligusticum sinense* Oliv.)、羌活(*Notopterygium incisum* Ting ex H. T. Chang)、北沙参(*Glehnia littoralis* F. Schmidtex Miq.)等,常见栽培蔬菜,如芫荽(*Coriandrum sativum* L.)、旱芹(*Apium graveolens* L.)、水芹(*Oenanthe javanica*（Blume）DC)、胡萝卜等;做香料调料用的有茴香(*Foeniculum vulgare* Mill.)、莳萝(*Anethum graveolens* L.)等;供农药用的有毒芹(*Cicuta virosa* L.)、刺果芹(*Turgenia latifolia*（L.）Hoffm.)、毒参(*Conium maculatum* L.)等。

5. 千屈菜科(Lythraceae)

植物形态多样,有乔木、灌木至小草本;枝常四棱形,有时具棘状短枝。叶对生,全缘,托叶细小或无托叶。花两性,常辐射对称,单生或簇生,或组成呈顶生或腋生的穗状花序、总状花序或圆锥花序;花萼筒状或钟状,宿存,3～6 裂,镊合状排列;花瓣与萼裂片同数或无花瓣,雄蕊通常为花瓣的倍数,花药 2 室;子房上位,2～6 室,纵裂,蒴果,革质或膜质,横裂、瓣裂或不规则开裂;种子多数,有翅或无翅,无胚乳。本科约 25 属,550 种,主要分布于热带和亚热带地区。我国有 9 属,48 种,广布于各地。

紫薇(*Lagerstroemia indica* L.),紫薇属(*Lagerstroemia* L.)。落叶灌木或小乔木;树皮平滑,灰色或灰褐色;枝干多扭曲,小枝纤细,具 4 棱,略成翅状;叶互生或有时对生,椭圆形、阔矩圆形或倒卵形;花色玫红、大红、深粉红、淡红色或紫色、白色;顶生圆锥花序;蒴果,椭圆状球形或阔椭圆形,幼时绿色至黄色,成熟时或干燥时呈紫黑色,室背开裂;种子有翅。紫薇树姿优美,花色艳丽;花期长,有"百日红"之称。紫薇如图 2-2-70 所示。

千屈菜(*Lythrum salicaria* L.),多年生挺水宿根草本植物,根茎横卧地下,粗壮;地上茎细长直立,光滑,具 4 棱,多分枝;叶对生或三叶轮生,披针形或阔披针形,全缘,无柄;花组成小聚伞花序,簇生,因花梗及总梗极短,因此,花枝全形似一大型穗状花序,花玫瑰红或蓝紫色;苞片阔披针形至三角状卵形;蒴果,扁圆形。千屈菜如图 2-2-71 所示。

图 2-2-70　紫薇

图 2-2-71　千屈菜

6. 海桐花科(Pittosporaceae)

常绿灌木或小乔木,树冠球形;主干灰褐色,枝条近轮生,嫩枝绿色;单叶互生,有时在枝顶簇生,倒卵形或椭圆形,先端圆钝,基部楔形,全缘,边缘反卷,厚革质,表面浓绿有光泽。花小,白色或淡黄色,有芳香,伞形花序顶生;蒴果,卵球形,木质,有毛,有棱角,三瓣裂,种子鲜红色。该科 3 属约 360 种,分布于旧大陆热带和亚热带。中国有 1 属 44 种,主要分布长江流域地区。

海桐,海桐花属(*Pittosporum* Banks ex Soland)常绿灌木或小乔木,嫩枝被褐色柔毛,有皮孔;叶革质,倒卵形,先端圆,簇生于枝顶呈假轮生状;伞形花序或伞房状伞形花序顶生或近顶生,花白色,有芳香,后变黄色;蒴果,圆球形,有棱或呈三角形,种子红色。

7. 楝科(Meliaceae)

常为乔木,小枝具皮孔;叶互生,1～3 回羽状复叶,少单叶,无托叶;花辐射对称,花两性或杂性,常排成圆锥花序,间为总状花序或穗状花序;萼片 4～5,花萼浅杯状或短管状;花瓣与萼片同数,分离或下部与雄蕊管合生;雄蕊 8～10,花丝合生成不同形状的雄蕊管;

上位子房,与花盘离生或多少合生,通常 4～5 室,稀多室,每室胚珠 1～2 或多颗;蒴果、浆果或核果;种子常有假种皮。本科有约 50 属,1 400 种,广泛分布于热带,亚热带少数,温带极少。中国 15 属,约 60 种。

香椿(*Toona sinensi*(A. Juss.)Roem.),落叶乔木,树干挺直,树皮深褐色,粗糙,片状脱落;叶具长柄,偶数羽状复叶,对生或互生,小叶 16～20 片,卵状披针形或卵状长椭圆形;有特殊香味。圆锥花序,两性花白色,蒴果,椭圆形,深褐色;种子上端具膜质长翅,下端无。

苦楝(*Melia azedarach* L.),落叶乔木,树皮暗褐色,纵裂,老枝紫色,有多数细小皮孔;叶具长柄,2～3 回奇数羽状复叶;小叶对生,卵形、椭圆形至披针形,顶生一片通常略大,边缘有钝锯齿;圆锥花序;花萼 5 深裂,裂片卵形或长圆状卵形,外被微柔毛;花瓣 5,平展或反曲,倒披针形,淡紫色,具微柔毛;雄蕊管紫色,有纵细脉,花药 10 枚,子房近球形,5～6 室,每室具 1 粒种子;核果,球形至椭圆形;种子椭圆形。苦楝如图 2-2-72 所示。

图 2-2-72　苦楝

8. 槭树科(Aceraceae)

落叶乔木或灌木,稀常绿。叶对生,单叶或羽状复叶,具叶柄,无托叶,掌状分裂。冬芽具鳞片;花小,单性,雌雄异株,或雄花与两性花同株或异株,排成总状花序、圆锥花序或伞房状花,顶生或侧生;萼片 5 或 4,覆瓦状排列;花瓣与萼片同数;雄蕊 4～12,通常 8;子房上位,2 室,花柱 2,基部联合;子房每室 2 胚珠,直立或倒生;翅果;种子无胚乳,外种皮很薄,膜质。本科 2 属 150 余种,主分布于北温带。我国 2 属 100 余种。

元宝槭(*Acer truncatum* Bunge):落叶乔木,树皮深纵裂,灰褐色或深褐色;老枝灰褐色,具圆形皮孔;单叶,对生,叶纸质,掌状 5 裂,主脉 5 条,裂片三角卵形或披针形,先端锐尖或尾状锐尖,边缘全缘,有时中央裂片又 3 裂;裂片间的凹缺锐尖或钝尖;小花,排成顶生的伞房花序;萼片 5,黄绿色,长圆形;花瓣 5,淡黄色或淡白色,长圆倒卵形;雄蕊 8;翅果,翅长圆形,常与小坚果等长,两翅开成约直角(锐角或钝角),形似元宝;伞房果序下垂;小坚果,压扁状。元宝槭如图 2-2-73 所示。

鸡爪槭(*Acer palmatum* Thunb.),落叶小乔木;树皮平滑,深灰色;老枝淡灰紫色;叶掌状,常 7 深裂,裂片长圆卵形或披针形,先端锐尖或长锐尖,边缘具尖锐锯齿;花紫色,杂性,雄花与两性花同株;伞房花序;萼片卵状披针形;花瓣椭圆形或倒卵形;翅果,翅长,两翅成钝角,小坚果,略扁球形,脉纹显著。鸡爪槭如图 2-2-74 所示。

图 2-2-73 元宝槭

图 2-2-74 鸡爪槭

图 2-2-75 五角枫

　　五角枫(*Acer mono* Maxim.)，落叶乔木，树皮粗糙，常纵裂，灰色或灰褐色；单叶，纸质，常 5 裂，有时 3 裂及 7 裂的叶生于同一树上；裂片卵形，先端锐尖，全缘，裂片间的凹缺常锐尖，深达叶片的中段，上面深绿色，无毛，下面淡绿色，叶柄较细；花小，伞房花序顶生；萼片淡黄绿色，花瓣黄白色；翅果，翅长圆形，两翅成钝角或近水平，翅长为小坚果的 1～2 倍，小坚果压扁状。五角枫如图 2-2-75 所示。

三角枫(*Acer buergerianum* Miq.),落叶乔木,树皮粗糙,棕黑色,长片状剥落;叶对生;先端通常三裂,裂片三角形,呈三叉状,全缘;基部有三条主脉。翅果,翅长,两翅呈镰刀状,中部最宽,基部狭窄,张开成锐角或近于平直;小坚果特别凸起。三角枫如图 2-2-76 所示。

栾叶槭(*Acer negundo* L.),又名复叶槭。落叶乔木,树冠分枝略下垂;树皮暗灰色,浅纵裂;小枝平滑,被白粉,具圆点状皮孔;老枝灰色;羽状复叶,小叶 3~7 片,小叶顶部三裂,边缘具不整齐疏锯齿。花单性,雌雄异株,先叶开放;雄花序下垂,伞房状;花萼狭钟形,5 裂,被柔毛,雄蕊 5,雌花序下垂,疏总状花序;翅果扁平,黄褐色,两翅夹角约 70 度;小坚果中部凹入,细长圆形,具细脉纹,果柄细长,黄褐色。栾叶槭如图 2-2-77 所示。

图 2-2-76　三角枫

图 2-2-77　栾叶槭

9. 漆树科(Anacardiaceae)

木本;树皮含树脂或乳状液汁;叶互生,稀对生,多为羽状复叶,稀单叶,通常无托叶;花小而多,单性异株、杂性同株或两性,整齐,总状花序或圆锥花序;萼 3~5 深裂,花瓣常与萼片同数,稀无花瓣,分离;雄蕊常为花瓣的倍数,花丝分离;子房上位,通常 1 室,稀 2~6 室,每室 1 胚珠,倒生;多核果,或坚果,种子无胚乳。本科约 66 属,600 余种,主要分布于热带、亚热带,少数在温带;中国约 16 属 34 种,另引种栽培 2 属 4 种。

漆树(*Toxicodendron vernicifluum* (Stokes) F. A. Barkl.),落叶乔木,树皮含有丰富单宁,树脂为良好造漆原料;树皮粗糙,有圆形或心形的大叶痕和突起的皮孔;奇数羽状复叶,互生,常螺旋状排列,小叶 4～6 对,卵形或卵状椭圆形或长圆形,全缘;花单性异株,圆锥花序,稀疏下垂,花小,黄绿色,雄花梗纤细,雌花梗短粗;花萼无毛,裂片卵形;花瓣5,长圆形;雄蕊5,花丝线形;子房球形;果序多少下垂,核果,扁平肾形或椭圆形。漆树如图 2-2-78 所示。

1—果枝;2—花;3—花瓣。

图 2-2-78　漆树

黄连木(*Pistacia chinensis* Bunge),落叶乔木,树皮具小方块状裂;偶数羽状复叶,互生,小叶 5～7 对,披针形或卵状披针形,全缘,基歪斜;花小,单性异株,无花瓣;圆锥花序腋生,雌花排列疏,雄花排列密集成总花序状;核果,倒卵状球形,略扁。黄连木枝叶繁密,秋季叶变为橙黄或鲜红色;果熟时紫红色或紫蓝色,为良好山地风景树种。黄连木如图 2-2-79 所示。

图 2-2-79　黄连木

黄栌(*Cotinus coggygria* Scop.),别名红叶、红叶黄栌等。落叶小乔木或灌木,树冠圆形;单叶互生,叶片倒卵形或卵圆形,全缘或具齿,叶柄细,无托叶;花小、杂性,圆锥花序顶生,仅少数发育;不育花的花梗花后伸长,被羽状长柔毛,宿存;苞片披针形,早落;萼裂片 5,披针形,宿存;花瓣 5,长卵圆形或卵状披针形;雄蕊 5;子房近球型 1 室 1 胚珠;花柱 3 枚,分离;核果,扁平,肾形,绿色;种子肾形,无胚乳。黄栌叶片秋季变红,鲜艳夺目,为著名观赏红叶树种。黄栌如图 2-2-80 所示。

图 2-2-80　黄栌

　　盐肤木(*Rhus chinensis* Mill.)，落叶小乔木或灌木；小枝被锈色柔毛，具圆形小皮孔；奇数羽状复叶，小叶多形，纸质，边缘具粗钝锯齿，背面有灰褐色毛，叶轴叶柄均具狭翅，密被锈色柔毛；顶生小叶无柄；圆锥花序，雄花序长，雌花序较短，密被锈色柔毛；核果，球形，微扁，有具节柔毛和腺毛，核果成熟时红色。盐肤木如图 2-2-81 所示。

图 2-2-81　盐肤木

　　10. 无患子科(Sapindaceae)

　　乔木或灌木；多为偶数羽状复叶或 2～3 回羽状复叶，少掌状复叶或单叶，通常互生，无托叶；花通常小，单性，很少杂性或两性，常两侧对称，总状、圆锥状或聚伞状花序顶生或腋生；萼片和花瓣数相同，各 4～5 片；雄蕊 8～10，2 轮；雌蕊由 2～4 心皮组成，子房上位；果实多种，种子无胚乳，常具假种皮。本科约 150 属，2 000 余种，多分布于热带，以大洋洲最多。中国有 24 属，40 余种，多分布于江南各省，以华南、西南为多。

　　栾树(*Koelreuteria paniculata* Laxm.)，落叶乔木或灌木；树皮厚，灰褐色；奇数羽状复叶，小叶无柄或具极短的柄，对生或互生，卵形、阔卵形至卵状披针形，边缘有钝锯齿；聚伞圆锥花序；花淡黄色，花瓣 4，线状长圆形；雄蕊 8，子房三棱形；果实为膨胀纸质蒴果，具3 棱，圆锥形，顶端渐尖，果瓣卵形；种子近球形。栾树如图 2-2-82 所示。

图 2-2-82　栾树

图 2-2-83　五患子

　　五患子(*Sapindus mukorossi* Gaertn.)，落叶乔木，树皮深褐色；偶数羽状复叶，叶轴稍扁，小叶片 5～8 对，近对生，小叶柄极短，叶片长椭圆状披针形或稍呈镰形，全缘；无托叶；圆锥花序，顶生及侧生；花小，辐射对称，无柄；萼 5 片，外 2 片短，内 3 片较长；花冠瓣 5，卵形至卵状披针形，有短爪；雄蕊 8，着生于杯状花盘内侧；雌花，子房上位，子房 3 裂 3 室，仅 1 室发育；果有 3 个分果瓣，仅 1 个发育，另两个分果瓣不发育，以侧面附着于发育分果瓣的基部，成熟后脱落，留下大疤痕；核果，球形，熟时黄色或棕黄色；种子黑色，球形。五患子如图 2-2-83 所示。

　　龙眼(*Dimocarpus longan* Lour.)，即桂圆。常绿大乔木，具板根，小枝粗壮，散生苍白色皮孔；偶数羽状复叶，小叶 4～5 对，长圆状椭圆形至长圆状披针形，小叶背面粉绿色；叶脉显著，侧脉 12～15 对；花序大，顶生；花梗短；萼片近革质，三角状卵形；花瓣乳白色，披针形；核果，球形，黄褐色，外面粗糙；种子茶褐色光滑，被白色肉质多汁而甜的假种皮包裹。

　　文冠果(*Xanthoceras sorbifolium* Bunge)，落叶灌木或小乔木。奇数羽状复叶，小叶 4～8 对，膜质或纸质，披针形或近卵形，有锯齿，顶生小叶 3 深裂；萼片 5，长圆形，覆瓦状排列；花瓣 5，白色，基部紫红色或黄色，脉纹清晰，阔倒卵形；蒴果，近球形或阔椭圆形，有 3 棱角，室背开裂为 3 果瓣，3 室，果皮厚而硬，种子黑色而有光泽。

　　荔枝(*Litchi chinensis* Sonn.)，常绿乔木，树皮灰黑色；小枝圆柱状，褐红色，密生白色皮孔;偶数羽状复叶,互生,无托叶,小叶 2～3 对,披针形或卵状披针形,全缘。大型聚伞圆锥花序顶生;果实,核果状,卵圆形至近球形,果皮革质,外面有龟甲状裂纹,散生圆锥状小凸体;成熟时暗红色至鲜红色;被白色肉质假种皮包裹种子。

11. 苦木科(Simaroubaceae)

乔木或灌木;叶互生,羽状复叶;花单性或杂性,整齐,花小,排成圆锥或穗状花序;萼片与花瓣相同,各 3～5;雄蕊与花瓣同数或其 2 倍;子房上位;核果、蒴果或翅果。

臭椿(*Ailanthus altissima* (Mill.) Swingle),落叶乔木,树皮平滑而有直纹,嫩枝有髓,幼时被黄色或黄褐色柔毛,后脱落;奇数羽状复叶互生,小叶 6～12 对,有短柄,卵状披针形,全缘,近基部两侧有粗锯齿 1～2 对,齿顶端下面有一腺体;花小,杂性,圆锥花序顶生,子房 5 心皮;翅果,长圆状椭圆形,翅果近中部有种子 1 枚。臭椿如图 2-2-84 所示。

苦木(*Picrasma quassioides* (D. Don) Benn.),灌木或小乔木,小枝有黄色皮孔;茎、皮有毒;奇数羽状复叶,互生,小叶 9～15 对,卵形,先端锐尖,边缘具不整齐钝锯齿;聚伞花序腋生,花杂性异株,黄绿色,核果,倒卵形,3～4 个并生,蓝至红色,萼宿存。

图 2-2-84　臭椿

12. 冬青科(Aquifoliaceae)

乔木或灌木;叶互生,稀对生,单叶;聚伞花序、伞形花序或簇生叶腋;花小,辐射对称,单性,单生或成束生于叶腋内;萼 3～6 裂;花瓣 4～5,分离或于基部合生;雄蕊与花瓣同数;子房上位,3 至多室,每室有胚珠 1～2 颗;核果。

冬青(*Ilex chinensis* Sims),常绿乔木或灌木,树皮灰色或淡灰色,有纵沟,小枝淡绿色,无毛;单叶互生,狭长椭圆形或披针形,顶端渐尖,基部楔形,边缘有浅锯齿,叶面绿色,有光泽,干后呈红褐色;聚伞花序或伞形花序,单生或簇生叶腋;花小,辐射对称;花瓣紫红色或淡紫色,向外反卷。核果浆果状,球形,成熟时深红色。

构骨(*Ilex cornuta* Lindl. et Paxton),别名:鸟不宿、猫儿刺、构骨冬青。常绿灌木或小乔木;枝叶稠密,叶硬革质,矩圆形,顶端有 3 枚大尖硬刺齿,中央一枚向背面弯,基部两侧各有 1～2 枚大刺齿,表面深绿而有光泽,背面淡绿色;叶有时全缘,基部圆形;花小,黄绿色,簇生于 2 年生枝叶腋;核果,球形,鲜红色,具 4 核。

13. 鼠李科(Rhamnaceae)

多落叶乔木或灌木,稀草本;单叶互生,稀对生,3～5 脉,有托叶或变态托叶刺;花部结构相同,花小,两性,稀杂性或单性异株,多为聚伞花序腋生;花萼筒状,4～5 浅裂,镊合状排列,花瓣 4～5;雄蕊与花瓣同数对生,常为花瓣所包藏;花盘明显发育;子房上位或一部分埋藏于花盘内,2～4 室,每室有 1 胚珠,核果、翅果或蒴果等。本科共 58 属约 900 种,广布全球,主要分布北温带;中国有 14 属 130 余种,主要分布于西南和华南。

枣属(*Ziziphus* Mill.),灌木或乔木,枝红褐色,光滑;叶全缘或有锯齿,具短柄,离基三出脉,托叶常刺状;花各部 5 基数,花盘不规则,子房常陷入花盘内,多 2 室;核果近球形或椭圆形。

枣(*Ziziphus jujuba* Mill.),落叶小乔木,长枝生于树冠顶,短枝生于叶腋,托叶刺钩状;单叶互生,具三出脉,叶基偏斜;黄绿色小花,两性,无毛,密集成聚伞花序腋生,花盘大,分泌蜜汁,核果,矩圆形或长卵圆形,深红色,核两端尖,种子扁椭圆形。

酸枣(*Ziziphus jujuba* Mill. var. *spinosa* (Bunge) Hu ex H. F. Chow),落叶灌木,枝上有针形刺和反钩形刺 2 种刺;叶互生,椭圆形至卵状披针形,边缘有细锯齿,叶表面极光滑,三出脉;叶小而密生;核果小,近球形或短矩圆形,熟时红褐色。如图 2-2-85 所示。

本亚纲练习:在校园内观察蔷薇科四个亚科的代表植物,比较它们的花、果实的特点;观察月季、玫瑰、蔷薇,比较它们异同,学会辨认本亚科主要植物;观察苹果、梨、山楂等的花、果实,掌握苹果亚科主要植物特征;观察李子、桃、杏、樱桃等植物的花与果实,掌握其主要的识别特点。观察豆科、芸香科、槭树科及伞形科等科的植物,掌握各科主要植物种类及特征;认识本亚纲常见植物种类。

1—花枝;2—果枝;3—花;4—雄花花瓣;5—果实横切面;6—花图式。

图 2-2-85 酸枣

(六)菊亚纲(Asteridae)主要科代表植物观察

本亚纲为被子植物门中最大的亚纲,共 11 目,49 科,约 6 万种。木本或草本;常单叶,花 4 轮,花冠常结合,雄蕊与花冠裂片同数或更少,常着生在花冠筒上,绝不与花冠片对生,心皮 2～5,通常 2。

1. 菊科(Asteraceae)

通常为草本,少为木本,有乳汁管和树脂道;常单叶互生,稀对生或轮生;无托叶;花两性,稀单性,极少雌雄异株;具舌状或管状花冠,组成头状花序;头状花序单生或多个花序排列成总状、聚伞状、伞房状或圆锥状;花序中有全为管状的小花或全为舌状的小花构成同形花序,也有外围为舌状花,中间为管状花构成的异形花序,花序外有一层或多层苞片构成的萼状总苞包围,萼片常变态为冠毛状、刺毛状或鳞片状;花冠合瓣,辐射对称或两侧对称;雄蕊 4～5,着生于花冠筒上;花药合生成筒状,花丝分离;子房下位,1 室,具 1 胚珠;花柱顶端 2 裂;连萼瘦果(或称菊果)常有冠毛;种子无胚乳。

本科共 900 余属,2.3 万余种,除南极外,全球分布,以温带最多。中国约有 180 属 2 000 多种。

本科植物花冠的形态有:管状花——辐射对称,两性花;二唇状——两侧对称,两性花,上唇 2 裂,下唇 3 裂;舌状花——两侧对称,两性花,5 个裂瓣结合成 1 个舌状瓣片;假舌状花——两侧对称,雌花或中性花,3 裂瓣结合成 1 个舌状片;漏斗状花——无性花。如图 2-2-86 所示。

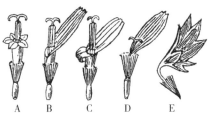

A—筒(管状花);B—舌状花;C—二唇状花;D—假舌状花;E—漏斗状花。

图 2-2-86 菊科花冠类型

根据组成头状花序小花的花冠和植物体是否有乳汁,菊科植物可划分为管状花亚科和舌状花亚科 2 个亚科。

(1) 管状花亚科(Tubuliflorae)

头状花序的小花全为管状花,或边缘为舌状花,盘花为管状花,植物体不含乳汁。本亚科包括菊科绝大多数种类,如向日葵属(*Helianthus* L.)、苍术属(*Atractylodes* DC.)、红花属(*Carthamus* L.)、矢车菊属(*Centaurea* L.)、紫菀属(*Aster* L.)、菊属(*Dendranthema* L.)、蒿属(*Astemisia* L.)等。各属代表植物如图 2-2-87 所示。

向日葵

1—花枝;2—花序纵切;3—管状花;4—筒状花纵切;5—花图式;6—聚药雄蕊;7—舌状花;8—瘦果。

白术	茵陈蒿	矢车菊
(*Atractylodes macrocephala* Koidz.)	(*Artemisia capillaries* Thunb.)	(*Centaurea cyanus* L.)

紫菀（*Aster tataricus* L. f.）

红花（*Carthamus tinctorius* L.）　　　野菊花（*Dendranthema indicum* Linnaeus）

图 2-2-87　菊科管状花亚科几个属代表植物

（2）舌状花亚科（Liguliflorae）

整个头状花序全为同形的舌状花，花柱细长条形，植物体含乳汁，如莴苣属（*Lactuca* L.）、苦荬菜属（*Ixeris* Cass.）、蒲公英属（*Taraxacum* Weber.）等。图 2-2-88 菊科舌状花亚科几个属代表植物。

蒲公英　　　　　　　　　　　　　　莴苣（*Lactuca sativa* L.）

1—植株；2—舌状花；3—冠毛；4—总苞片。

苦菜（*Sonchus oleraceus* L.）

图 2-2-88　菊科舌状花亚科几个属代表植物

本科练习：取向日葵、白术、红花、矢车菊、紫菀、野菊花、茵陈蒿等新鲜植物或标本，观察植物体、叶、花序及小花、苞片、果实及种子等部分，掌握管状花亚科植物特征；观察莴苣、苦菜、蒲公英植物体外部形态、叶、花序及小花形状，掌握舌状花亚科植物特征。

2. 茄科（Solanaceae）

草本、灌木，稀小乔木，直立或攀援；叶互生，单叶或羽状复叶，全缘，具齿、浅裂或深裂；无托叶。花序顶生或腋生，总状、圆锥状或伞形，或单花腋生或簇生。花两性，整齐，5基数。花萼宿存，稀基部宿存；花冠筒辐射状、漏斗状、高脚碟状、钟状或坛状；雄蕊与花冠裂片同数互生，伸出或内藏，生于花冠筒上部或基部，花药2，药室纵裂或孔裂；子房2室，中轴胎座，胚珠多数，倒生、弯生或横生。浆果或蒴果。种子盘状或肾形；种子具胚乳。

本科约80属3 000余种，广布于世界温带及热带地区，美洲热带种类最为丰富。中国产22属115余种，35变种。如番茄属（*Lycopersicon* Mill.）、辣椒属（*Capsicum* L.）、曼陀罗属（*Datura* L.）、枸杞属（*Lycium* L.）、烟草属（*Nicotiana* L.）、茄属（*Solanum* L.）等。

曼陀罗，草本或半灌木状，茎粗，圆柱状，淡绿色或带紫色，下部木质化。叶互生，上部呈对生状，叶片卵形或宽卵形，有不规则波状浅裂，裂片顶端急尖。花单生于枝杈间或叶腋，直立，有短梗；花萼筒状，具5棱，花冠漏斗状，雄蕊不伸出花冠，子房密生柔针毛。蒴果直立，卵状，表面有坚硬针刺或有时无刺而近平滑，成熟后淡黄色，规则4瓣裂。种子卵圆形，稍扁，黑色。曼陀罗如图2-2-89示。

图2-2-89　曼陀罗

龙葵（*Solanum nigrum* L.），直立草本，茎无棱或棱不明显，绿色或紫色；叶卵形，先端短尖，基部楔形至阔楔形，全缘或每边具不规则的波状粗齿，光滑叶脉5～6条；蝎尾状花序腋外生；萼小，浅杯状；花冠白色，筒部隐于萼内，5深裂，裂片卵圆形；花丝短，顶孔向内；子房卵形，中部以下被白色绒毛，柱头小，头状。浆果球形，熟时黑色。种子多数，近卵形两侧压扁。龙葵如图2-2-90所示。

本科练习：观察番茄（*Lycopersicon esculentum* Mill.）、辣椒（*Capsicum annuum* L.）、曼陀罗、枸杞（*Lycium chinense* Mill.）、烟草（*Nicotiana tabacum* L.）、龙葵等植物活体或

图 2-2-90　龙葵

标本,识别各类植物的形态特征以及叶、花、果实各部分的特征。

3. 旋花科(Convolvulaceae)

草本,缠绕或直立,少数为木质藤本;茎含乳汁,少数有块茎;多为须根,少数为块根;叶互生,单叶或复叶,没有托叶;花瓣相连,成漏斗状花冠,萼片 5 片,雄蕊 5 枚,子房上位;果实为蒴果、浆果或坚果,有 1～4 粒种子。

本科约 57 属,1 600 余种,广布全球,主产美洲和亚洲的热带与亚热带。中国有 22 属,约 125 种,南北均有分布。其中,多种为蔬菜和经济作物,有药用和观赏植物,一些为常见杂草。常见属有番薯属(*Ipomoea* L.)、旋花属(*Convolvulus* L.)、牵牛属(*Pharbitis* Choisy)等。

番薯(*Ipomoea batatas* (Linn.) Lamarck),别名甜薯、地瓜、甘薯、白薯、红薯。番薯属。具块根,茎斜升或匍匐,叶全缘或 3～5 裂,萼片顶端芒尖状;原产热带美洲,各地广栽;块根作杂粮,嫩茎叶作蔬菜食用,可酿酒、提制淀粉,茎叶为优质饲料。

蕹菜(*Ipomoea aquatica* Forsskal),又叫空心菜。番薯属;茎中空,无毛,叶全缘或波状,偶基部有粗齿,萼片顶端钝,具小尖头;原产中国,各地栽培,嫩茎及叶作蔬菜。

田旋花(*Convolvulus arvensis* L.),旋花属,多年生草本,具根状茎,叶戟形,花冠粉红或白色;为农区常见杂草,也为饲草,全草入药,滋阴补虚。田旋花如图 2-2-91 所示。

1—花枝;2—花剖面;3～4—叶;5—花图式。

图 2-2-91　田旋花

牵牛花(*Pharbitis nil*(L.)Ching),又名裂叶牵牛、常春藤叶牵牛,别名:喇叭花、筋角拉子、大牵牛花、勤娘子。牵牛属一年生蔓性缠绕草本花卉。叶常 3 裂稀 5 裂;原产热带美洲,各地广栽作观赏,其种子称牵牛子(黑白二丑),药用。

圆叶牵牛(*Pharbitis purpurea*(Linn.)Voigt),又名紫牵牛,毛牵牛。牵牛属多年生攀援草本,叶心形;原产美洲,中国南北各地均有种植。

本科练习:取甘薯、蕹菜、田旋花、牵牛花、圆叶牵牛的新鲜材料进行观察,掌握各种植物的形态特征,茎、叶、花及果实等部分的特征。

4. 唇形科(Lamiaceae)

多为草本,稀灌木,植株常含芳香,四棱茎;单叶,对生或轮生,无托叶;花两性,两侧对称,花序聚伞式,再集为穗状或圆锥状;花萼合生,唇形,宿存,花冠合瓣,二唇形,二强雄蕊(二长二短);子房上位,4 裂瓣;果实为 4 个小坚果;种子含少量胚乳。

本科为较大的世界性分布科。全世界有 10 个亚科,约 220 余属,3 500 余种,主要分布中心在地中海沿岸和小亚细亚半岛,是干旱地区的主要植被。中国有 99 属 808 余种,遍布全国。

本科植物以富含多种芳香油而著称,如黄芩属(*Scutillaria* Linn.)、筋骨草属(*Ajuga* L.)、益母草属(*Leonurus* L.)、青兰属(*Dracocihalum* L.)、薄荷属(*Mentha* L.)、藿香属(*Agastache* Clayton ex Gronov.)、夏枯草属(*Prunella* L.)等均为重要的属。

黄芩属,一年生或多年生草本,穗状或总状花序。黄芩(*Scutellaria baicalensis* Georgi)为高大草本,茎叶披针形,总状花序,根入药。

益母草,2 年生草本,茎直立,四棱形,叶对生,基部叶卵形,掌状三裂,裂片再分裂,中部叶小,菱形,3 裂或数个裂片,花于叶腋轮生,多数密集排列成穗状花序,花萼具 5 齿,花冠淡紫红色,二唇形,上唇全缘,直伸,下唇 3 裂,雄蕊 4,二强雄蕊,小坚果具锐三棱。益母草植株可制药。

此外,百里香(*Thymus mongolicus* Ronn.)、薰衣草(*Lavandula angustifolia* Mill.)、罗勒(*Ocimum basilicum* L.)、迷迭香(*Rosmarinus officinalis* L.)等的芳香油成分可供药用。荆芥(*Nepeta cataria* L.)、藿香(*Agastache rugosa*(Fisch. et Mey.)O. Ktze.)、丹参(*Salvia miltiorrhiza* Bunge)、薄荷、紫苏(*Perilla frutescens*(L.)Britt.)、夏枯草(*Prunella vulgaris* L)等都是常见药用植物。供观赏的植物有一串红(*Salvia splendens* Ker Gawl.)、五彩苏(*Coleus scutellarioides*(L.)Benth.)、美国薄荷(*Monarda didyma* L.)等。唇形科花冠类型如图 2-2-92 所示。

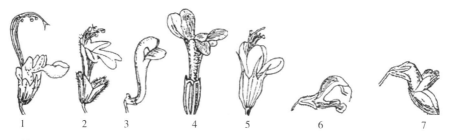

1—单唇形花冠(香料属);2—假单唇形花冠(夏枯草属);3—二唇形花冠(黄芩属);4—1/4 式花冠(薰衣草属);5—近整齐的花冠(薄荷属);6—二唇形花冠(鼠尾草属);7—1/4 式二唇形花冠(香茶菜属)。

图 2-2-92 唇形科花冠类型

本科练习:取薄荷、黄芩、丹参、益母草、一串红的新鲜材料进行观察,区分各种植物的植株特点;茎、叶、花、果实、种子等各部分的结构特点。

5. 马鞭草科(Verbenaceae)

灌木或乔木,稀为草本;单叶或复叶;对生,稀轮生或互生;无托叶;花两性,两侧对称;花序多样,穗状花序或聚伞花序,由聚伞花序再排成圆锥状、头状或伞房状;花萼 4~5 裂,筒状连合,宿存;花瓣 4~5 裂,覆瓦状排列;雄蕊 4,二强雄蕊,生于花冠筒上;子房上位,常 2 心皮组成,2~4 室,每室胚珠 1~2。多为核果,少为蒴果;种子无胚乳。

本科 80 余属 3 000 余种,主要分布在热带和亚热带地区,中国有 21 属约 200 种,主产于长江以南各省区,如马鞭草属(Verbena L.)、黄荆属(Vitex L.)、马缨丹属(Lantana L.)、柚木属(Tectona L. f.)。

马鞭草(Verbena officinalis L.),马鞭草属,多年生草本;茎方形;叶卵圆或长圆状披针形,具不规则分裂;花小,淡紫色至紫蓝色,穗状花序,呈马鞭状;果成熟时 4 瓣裂。可供药用。马鞭草如图 2-2-93 所示。

黄荆(Vitex negundo Linn.),即荆条,黄荆属。落叶灌木或小乔木,幼枝四棱形;叶为掌状二出复叶,对生,小叶 3~5,长圆状披针形至披针形,全缘或每边缘有少数粗锯齿,表面绿色,背面具灰白色绒毛;聚伞花序,再排成圆锥花序,顶生,花萼钟状,花冠淡紫色,外有微柔毛,顶端 5 裂,二唇,雄蕊伸出花冠管外;核果,近球形,黑色。黄荆如图 2-2-94 所示。

图 2-2-93　马鞭草　　　　　　　　　　　图 2-2-94　黄荆

本科练习:取马鞭草和黄荆的标本或新鲜材料进行观察,观察其植株形态、茎、叶、花及果实特点,对比其异同。

6. 木樨科(Oleaceae)

常绿或落叶乔木或灌木,有时为藤本;叶对生,单叶或复叶,无托叶;花两性或有时为单性,辐射对称,花萼通常 4 裂,花冠合瓣,4~9 裂,有时缺;圆锥花序、聚伞花序或花簇生、顶生或腋生;雄蕊通常 2 枚;子房上位,2 室,每室具胚珠 1~3 枚;翅果、蒴果、核果、浆果或浆果状核果;种子具胚乳或无胚乳。

本科共 26 属 600 余种,广布于热带和温带,中国有 12 属约 200 种,分布于南北各省。如丁香(Syringa oblata Lindl.)、迎春花、桂花(Osmanthus fragrans (Thunb.) Lour.)、茉莉(Jasminum sambac (L.) Ait.)、女贞、连翘为著名观赏植物。白蜡树(Fraxinus *chinensis* Roxb.)可放养白蜡虫;水曲柳(*Fraxinus mandschurica* Rupr.)、花曲柳(*Fraxinus rhynchophylla* Hance)等为优良木材,可制家具;连翘的翅果、女贞的核果可供药用。油橄榄(*Olea europea* L.,齐敦果),果含油 28%,可供食用或药用。

紫丁香,为丁香属(*Syringa* L.)植物。落叶灌木,观赏植物,树皮灰褐色,小枝黄褐色,初被短柔毛,后渐脱落;单叶,对生,广卵圆形,基部心脏形,叶背无毛,圆锥花序直立,花淡紫色、紫红色或蓝色;花冠管圆柱形;蒴果,种子扁平,有翅。紫丁香如图 2-2-95 所示。

图 2-2-95 紫丁香

梣(*Fraxinus chincnsis* Roxb.),又称为白蜡树,梣属(*Fraxinus* L.)落叶乔木,树皮淡灰褐色;奇数羽状复叶,对生,小叶 5~9 片,椭圆形或椭圆状卵形,先端尖,边缘有锯齿或钝锯齿;背面主脉基部生有少数褐色短毛,翅果,倒披针形。梣如图 2-2-96 所示。

图 2-2-96 梣

流苏树(*Chionanthus retusus* Lindl. et Paxton),流苏树属(*Chionanthus* L.)落叶灌木或乔木,树形高大,枝叶茂盛,枝密被柔毛;单叶对生,长椭圆形,全缘,先端钝,有时微凹,近革质;花单性,白色,雌雄异株,圆锥花序生于侧枝顶端;花冠白色,4 深裂,裂片线状披针形;雄蕊 2,雌花柱头 2 裂;花冠管短,雄蕊藏于管内或稍伸出;子房卵形;核果,椭圆形,被白粉,蓝黑色。流苏树如图 1-2-97 所示。

雪柳(*Fontanesia fortune Carr.*),雪柳属(*Fontanesia* Labill.)落叶灌木或小乔木,树皮灰褐色,枝圆柱形,灰白色,小枝四棱形,淡绿色,无毛;叶披针形,表面光泽,绿色;花小,白色,雄蕊花丝伸出或不伸出花冠外;翅果,卵形,扁平,周围有翅,种子具三棱。雪柳如图 2-2-98 所示。

连翘(*Forsythia suspensa*(Thunb.)Vahl),连翘属(*Forsythia* Vahl)。落叶灌木。

枝干丛生,小枝土黄色或灰褐色,拱形下垂,茎中空,花黄色,早春先叶开花,花生于老茎;单叶对生,卵形或卵状椭圆形;花单生或2-数朵簇生叶腋,花冠钟形,金黄色,裂片倒卵状长圆形或长圆形,蒴果,卵球形,具喙状长尖头,表面有皮孔。连翘如图2-2-99所示。

图 2-2-97 流苏树

图 2-2-98 雪柳

花剖开　　　果实　　　雌蕊

图 2-2-99 连翘

迎春花,素馨属(*Jasminum* Linn.)落叶灌木,丛生,直立或匍匐,花卉植物,枝条细长并拱形下垂,小枝有四棱,3出复叶交互对生,小叶卵形至矩圆形,表面光滑,全缘;先叶开花,花单生小枝叶腋,花冠高脚杯状,金黄色,顶端6裂,或成复瓣。

桂花,木樨属(*Osmanthus* Lour.)常绿灌木或小乔木;叶长椭圆形,对生;花生叶腋间,花冠合瓣4裂,其品种繁多,如金桂(*Osmanthus fragrans*(Thunb.)Loureiro)、丹桂(*Osmanthus fragrans*(Thunb.)Lour. Cv. Aurantiacus)、银桂(*Osmanthus asiaticus* Nakai)、小叶月桂(*Osmanthus minor* P. S. Green)等。

女贞(*Ligustrum lucidum* Ait.),女贞属(*Ligustrum* L.)常绿灌木或乔木,树皮灰褐色;枝圆柱形,疏生圆形或长圆形皮孔;单叶,全缘,对生,革质,卵形、长卵形,两面无毛,圆锥花序,顶生;浆果状核果,肾形或近肾形,深蓝黑色,成熟时呈红黑色,被白粉;果实为中药"女贞子"。

油橄榄,也叫齐敦果。木犀榄属(*Olea* L.)常绿小乔木,树皮灰色,叶片革质,披针形,圆锥花序腋生或顶生,核果,椭圆形,蓝黑色。世界著名木本油料植物,含丰富优质食用植物油——油橄榄油,同时也是著名亚热带果树和重要经济林木,主要分布于地中海国家。

本科练习:在校园内观察紫丁香、梣(白蜡树)、连翘、迎春花、桂花、女贞等植物,观察这些植物的外部形态,观察其枝、叶、花、花序及果实等特点。

7. 玄参科(Scrophulariaceae)

草本、灌木或少有乔木;单叶,通常下部对生而上部互生或全对生或轮生,无托叶;花两性,两侧对称,花序总状、穗状或聚伞状,常合成圆锥花序;花萼4~5数,常宿存;花冠4~5裂,裂片多少不等或作2唇形;雄蕊常4枚,2强;子房上位,2室;中轴胎座,胚珠多数,少有各室2枚,倒生或横生;蒴果;种子细小,有时具翅或有网状种皮,脐点侧生或在腹面,胚乳肉质或缺少。

本科约200属3 000余种,广布于全球各地,多数在温带地区。中国产56属约650余种,主要分布于西南部山地。

绒毛泡桐(*Paulownia tomentosa*(Thunb.)Steud.),泡桐属(*Paulownia* Sieb. et Zucc.)落叶乔木,又名紫花泡桐;树皮灰褐色,平滑,有白色斑点,小枝粗壮,褐色,密被柔毛;单叶对生,叶片大,阔卵形,全缘,基部心形,表面密生灰色绒毛;圆锥花序顶生;花冠淡紫色,内有紫色斑点;蒴果,卵形或椭圆状,背裂,2片裂或不完全4片裂,果皮木质化;种子椭圆状,小而数量多,有膜质翅。绒毛泡桐如图2-2-100所示。

泡桐(*Paulownia fortune*(seem.)Hemsl),落叶乔木,假二杈分枝,树皮灰褐色,幼时平滑,老时纵裂;单叶,对生,叶大,卵形,表面光滑,全缘,叶柄长;多数聚伞花序复合成圆锥花序,顶生。花萼钟状,肥厚,5深裂。花冠钟形或漏斗形,上唇2裂、下唇3裂;花大,白色,具紫斑;蒴果,卵形或椭圆形,背缝开裂。种子长圆形,小而轻,两侧具有条纹的翅。

图2-2-100　绒毛泡桐

地黄(*Rehmannia glutinosa*(Gaert.)Libosch. ex Fisch. et Mey.),地黄属(*Rehmannia* Libosch. ex Fisch. et Mey.)草本,全株被灰白色腺毛;根肉质;茎紫红色,基生叶长椭圆形或倒卵形,先端钝,边缘有钝锯齿,基生叶较根生叶为小;花集生于茎端,排列成短而较密的总状花序。花萼筒状,萼齿5枚,花冠紫红色,2唇形,裂片5枚,两面具毛;蒴果,卵形至长卵形,种子细小。地黄如图2-2-101所示。

图2-2-101　地黄

本科练习：取绒毛泡桐和地黄的新鲜材料或标本进行观察,认识这两种植物。

8. 紫葳科(Bignoniaceae)

乔木、灌木和藤本植物,少数草本;叶对生或轮生,单叶或羽状复叶,无托叶。花两性,单生或总状花序或圆锥花序,花萼钟形,上部平截或 5 齿裂,花冠合瓣,5 裂,裂片覆瓦状排列,2 唇形,上唇 2 裂,下唇 3 裂,雄蕊与花冠裂片互生,着生于花冠筒上,子房上位,2 心皮,2 室或 1 室,胚珠多数,具花盘,花柱细长,2 裂。蒴果,狭长,细长圆柱形或阔扁平椭圆形,种子多数,具半透明膜质翅或娟状毛,无胚乳。

本科共有 110 属大约 650 种,多分布于世界各地热带和亚热带地区,在北美和东亚温带地区也有分布。我国约有 13 属 60 余种,多分布于热带雨林地区。

黄金树(Catalpa speciosa(Warder ex Barney)Engelmann),也称白花梓树。梓属(Catalpa Scop.)落叶乔木,树冠伞状;单叶互生,叶大,卵心形至卵状长圆形,全缘,表面亮绿无毛,背面有白色短柔毛;圆锥花序顶生;苞片 2,线形;花萼 2 裂片,舟状;花冠白色,冠筒内有 2 条黄色条纹及紫褐色斑纹,花冠五裂片,舌形外卷,舌瓣上有 2 道金黄色斑腺从蕊心伸出。蒴果圆柱形,长 30～55 cm,宽 10～20 mm,黑色,2 瓣裂;种子椭圆形,长 25～35 mm,宽 6～10 mm,两端具白色细丝状毛。黄金树如图 2-2-102 所示。

图 2-2-102　黄金树

楸树(Catalpa bungei C. A. Mey.),梓属落叶乔木,叶三角状广卵形至广卵状椭圆形,先端长渐尖,基部截形、阔楔形或心形,全缘,有时近基部有侧裂或尖齿,叶面深绿色,叶背面无毛,脉腋有二紫斑;伞房状总状花序顶生,有花 5～20 朵;花冠唇形,淡红色,筒部内有 2 黄色条纹及暗紫色斑纹;蒴果线形,长 25～45 cm,宽约 6 mm;种子狭长椭圆形,两端具长柔毛。楸树如图 2-2-103 所示。

梓树(Catalpa ovata G. Don.),梓属落叶乔木,树冠伞形开展,树干直而平滑,暗灰色或灰褐色,嫩枝具稀疏柔毛。单叶对生或近对生,有时轮生,叶大,广卵形或近圆形,叶端突尖或长尖,基部心形,全缘或 3～5 浅裂,叶两面粗糙,微具柔毛或无毛,叶背脉腋有多个紫斑;圆锥花序顶生,花冠钟状,淡黄色,2 唇形,上唇 2 裂,下唇 3 裂,边缘波状,筒部内有 2 黄色条带及暗紫色斑纹,蒴果线形,长 20～30 cm,宽 5～7 mm,深褐色。种子长椭圆形,两端密生长柔毛,背部略隆起。梓树如图 2-2-104 所示。

图 2-2-103 楸树

图 2-2-104 梓树

凌霄,凌霄属(*Campsis* Lour.)落叶攀援藤本,以气生根攀援它物之上;叶对生,奇数羽状复叶,小叶 7～9 片,卵形至卵状披针形,两面无毛,边缘具粗锯齿;短圆锥花序顶生;花萼钟状,裂片披针形,花冠裂片半圆形,内面鲜红色,外面橙黄色;蒴果。

本科练习:观察上述四种植物标本或活体材料,观察它们的外形、枝叶、花、果实等,正确辨认这几种植物。

9. 忍冬科(Caprifoliaceae)

灌木,稀乔木和草本。叶对生,单叶或羽状复叶,无托叶或具叶柄间托叶;花两性,两侧对称或整齐,花冠合瓣,辐状、筒状、高脚碟状、漏斗状或钟状;聚伞花序或轮伞花序,常具发达的小苞片;萼筒与子房合生,萼裂片与花冠裂片均为 4～5 裂,雄蕊 4～5,子房下位;浆果、核果,少有蒴果,种子具胚乳。

本科有 13 属,约 500 种,主要分布于北温带,少数分布于热带高海拔山地。中国有 12 属 200 余种,多分布于华中和西南各省、区。

金银花(*Lonicera japonica* Thunb.),忍冬属(*Lonicera* Linn.)多年生半常绿缠绕及

匍匐灌木,多分枝,茎枝褐色至赤褐色,中空,单叶对生,有柄具短柔毛,叶卵形,先端短尖,边缘具纤毛,花成对生于叶腋。苞片2,中苞片4,花萼5裂,花冠5裂,2唇形,黄白或淡红色,后变黄;雄蕊5,着生于花冠筒壁上;雌蕊1,子房下位;浆果球形,熟时黑色;种子卵圆形或椭圆形,褐色。

锦带花(*Weigela florida* (Bunge) A. DC.),锦带花属(*Weigela* Thunb.)落叶灌木,枝条开展,小枝细弱;叶倒卵形至广椭圆形,先端锐尖,基部圆形至楔形,边缘有锯齿,表面暗绿色,背面淡绿色,具柔毛或绒毛,主脉上特密;花单生或成聚伞花序生于侧生短枝的叶腋或枝顶;花冠管漏斗状或钟形,裂片5,紫红色或玫瑰红色;蒴果柱形,顶有短柄状喙,疏生柔毛;种子无翅。锦带花如图2-2-105所示。

1—花枝;2—花萼纵切;3—雄蕊;4—雌蕊;5—果枝及蒴果。

图 2-2-105 锦带花

本科练习:观察金银花和锦带花两种植物标本或新鲜材料,比较它们的外形、枝叶、花、果实的异同,掌握它们的主要特征。

(七)泽泻亚纲主要科的代表植物观察

泽泻亚纲(Alismatidae)共有4个目,16个科,约500种。其中,泽泻目(Alismatales),含4科18属,为水生或半水生草本植物;水鳖目(Hydrocharitaceae),仅水鳖科1科16属,多年或一年生浮水或沉水草本,生于淡水或咸水中;茨藻目(Najadales),含10科19属,水生和池沼草本植物;霉草目(Triuridales),仅霉草科(Triuridacea)1科7属,腐生草木。

1. 泽泻科(Alismataceae)

多年生草本。水生或沼生,具乳汁或无;有根状茎、匍匐茎、球茎;单叶,大多数基生,叶柄基部具鞘,直立或浮水或沉水;叶片全缘,条形、披针形、卵形、椭圆形、箭形等;平行脉;花两性、单性或杂性,辐射对称;花3基数,有苞片,花在花葶上轮状排列,花被片6枚,排成2轮,覆瓦状,外轮花被萼状;花序总状、圆锥状或呈圆锥状聚伞花序;雌雄同株或异株;雄蕊6枚或多数,花药2室,纵裂,花丝分离;雌蕊心皮多数离生,轮状或螺旋状排列,胚珠常1枚;聚合瘦果或小坚果,种子无胚乳。

本科共11属,约100种,多分布于北半球温带至热带地区。我国有4属,约20种,

1亚种,1变种,1变型,南北半球均有分布。

慈姑(*Sagittaria sagittifolia* L.),慈姑属(*Sagittaria* L.)宿根性水生草本,根茎丛生,有膨大的肉质球茎,黄白色或青白色,富含淀粉,可食用。叶片箭形,全缘,叶柄长而肥大;花白色,花萼3,宿存,花瓣3,与花萼互生;圆锥花序,每节3～5花轮生;花单性,雌雄同株,下部雌花,花柄短,上部雄花,花梗细长,苞片披针形;雄蕊、心皮均多数,螺旋排列;聚合瘦果,球形,淡绿色。慈姑如图2-2-106所示。

1—全株;2—花枝;3—果。　　花序及花　　根状茎（球茎）

图 2-2-106　慈姑

泽泻(*Alisma plantago-aquatica* Linn.),泽泻属(*Alisma* L.)多年生水生或沼生草本,具球茎,全株有毒。沉水叶条形或披针形;挺水叶宽披针形、椭圆形至卵形,叶脉通常5条;花茎从叶中抽出,花序具3～8轮分枝,每轮分枝3～9枚,集成大型圆锥花序(复轮生总状花序),总苞片披针形;花两性,花萼3,广卵形,边缘膜质,花瓣3,近圆形,大于花萼片,边缘具不规则粗齿,花白色,粉红色或浅紫色;花托扁平,心皮多数离生、轮生;聚合瘦果,椭圆形或近矩圆形;种子紫褐色,具凸起。泽泻如图2-2-107所示。

植株、花序及花　　1—植株;2—花;3—花图式;4—果实。

图 2-2-107　泽泻

2. 水鳖科(Hydrocharitaceae)

一年生或多年生沉水或浮水草本,生于淡水和咸水中;单叶,基生叶簇生,茎生叶互生、对生或轮生,叶线形或阔叶;花序(或花)下托一两裂的佛焰状苞片,或对生两枚苞片。花常单性,雌雄同株或异株,排列于一佛焰苞或 2 苞片内,雌花单生,雄花多数呈伞形花序,花被片常 6,分离,2 轮,每轮 3 片,外轮常萼片状,绿色,内轮花瓣状;雄花雄蕊 1 至多数,常具退化雌蕊;雌花雌蕊 1,常具退化雄蕊;子房下位,1 室,果似浆果,球形至线形,种子多数,无胚乳。

本科 17 属,约 80 种,主要分布于热带、亚热带。我国有 9 属,20 种,4 变种。

水鳖(*Hydrocharis dubia*(Bl.)Backer),又名马尿花,多年生浮水草本,生于淡水或咸水中;匍匐茎发达,具长须根;叶簇生,叶片圆状心形或肾形,全缘,叶面深绿色,叶背略带紫色,具蜂窝状贮气组织,并具气孔;叶脉 5 条,中脉明显;雄花序腋生,佛焰苞 2 枚,具红紫色条纹,苞内雄花 5~6 朵;雌佛焰苞小,苞内雌花 1 朵;萼片 3,离生,常具红色斑点;花瓣 3,白色,基部黄色,广倒卵形至圆形,与萼片互生;雄蕊 12 枚,排成 4 轮,最内轮 3 枚退化,最外轮 3 枚与花瓣互生;子房下位;果实浆果状,球形至倒卵形;种子多数,椭圆形,种皮上有许多毛状凸起。水鳖如图 2-2-108 所示。

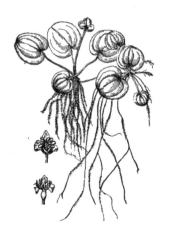

图 2-2-108　水鳖

3. 眼子菜科(Potamogetonaceae)

一年生或多年生草本,生于淡水、咸水或海水中,具匍匐茎或根茎,以不定根着生于泥土中,分枝直立上升水中;叶沉水、浮水或挺水,互生或基生,叶形多样,基部具鞘,鞘内有小鳞片;顶生或腋生的穗状花序或聚伞花序;具花轴,花两性,整齐,花被片 4,分离,圆形,具短爪,雄蕊 4,心皮 4,子房上位,各有一弯生胚珠。果实小,核果或瘦果,1~4 个,种子无胚乳。本科 10 属,约 170 种。我国产 8 属,45 种。

眼子菜(*Potamogeton distinctus* Benn.),眼子菜属(*Potamogeton* L.)多年生水生草本。根茎细长,横走,节处轮生密须根;茎圆柱形,常不分枝。浮水叶革质,披针形、宽披针形至卵状披针形,柄较长,具托叶,全缘;沉水叶披针形至狭披针形,草质,具柄,常早落;托叶膜质,呈鞘状抱茎;穗状花序顶生,具花多轮,开花时伸出水面,花后沉没水中;花序梗稍膨大,粗于茎,开花时直立,花后自基部弯曲;花小,花被片 4,绿色;雌蕊 2 枚;小坚果宽倒卵形,背部明显 3 脊棱,中脊锐具翅状突起,侧脊稍钝,果顶有短喙。眼子菜如图 2-2-109 所示。

图 2-2-109　眼子菜

菹草（*Potamogeton crispus* L.），眼子菜属多年生沉水草本；茎扁圆形，具分枝；叶披针形或条形，叶缘波状并具锯齿；具叶托，无叶柄；花序穗状；花小，被片 4，淡绿色，雌蕊 4 枚，基部合生；果实卵形。

本亚纲练习：取慈姑、泽泻、水鳖、眼子菜、菹草的新鲜材料观察，掌握这些植物的植株外形特征及其茎、根、叶、花、果实等的基本特征。

（八）槟榔亚纲主要科的代表植物观察

槟榔亚纲（Arecidae），又称棕榈亚纲，属单子植物纲，包括棕榈目（槟榔目）（Arecales）、环花草目（Cyclanthales）、露兜树目（Pandanales）、天南星目（Arales）4 目，共 5 科约 5 600 种。

1. 棕榈科（Palmae）

常绿乔木或灌木，稀藤本，是单子叶植物中唯一具有乔木习性、宽阔叶片和发达维管束的植物类群；单干直立，多不分枝，单生或丛生；单叶，叶片大，掌状分裂或羽状复叶，集生于树干顶部，叶柄具纤维鞘；花小，常辐射对称，两性或单性，花 3 基数，雌雄同株或雌雄异株；肉穗花序，具佛焰苞；子房上位，浆果或核果。

棕榈（*Trachycarpus fortunei*（Hook.）H. Wendl.），乔木状，单干直立，圆柱形，叶簇生于顶，单叶，近圆形，掌状裂成具皱折的线状剑形；叶柄两侧细齿明显；雌雄异株，圆锥状佛焰花序腋生，花小而黄色；花萼及花冠 3 裂，雄蕊 6，雌蕊心皮 3，核果，肾状球形，蓝褐色，被白粉。棕榈如图 2-2-110 所示。

椰子（*Cocos nucifera* L.），植株高大，乔木状，茎粗壮，有环状叶痕，基部增粗，常有簇生小根；叶一回羽状全裂；裂片多数，外向折叠，线状披针形，顶端渐尖；叶柄粗壮；肉穗花序腋生，多分枝；佛焰苞纺锤形；雄花具 3 片萼片，鳞片状，花瓣 3 枚，雄蕊 6 枚；雌花基部有数枚小苞片；萼片阔圆形，花瓣与萼片相似；核果，卵球状或近球形，顶端微具三棱，外果皮薄，革质，中果皮厚纤维质，内果皮木质坚硬，基部 3 孔，其中，与胚相对的 1 孔，为胚萌发时的出口，其余 2 孔坚实，果腔含有胚乳、胚和汁液（椰子水），种子 1。椰子如图 2-2-111 所示。

图 2-2-110　棕榈

图 2-2-111　椰子

2．天南星科（Araceae）

草本或藤本，具块茎或伸长的根茎，植物体常有乳状液汁；单叶或复叶，常基生，茎生叶为互生，呈 2 列或螺旋状排列，剑形平行脉或箭形网脉，全缘或分裂；花小，常具臭味；肉穗花序，外有佛焰苞；花两性或单性，辐射对称，雌雄同株或异株；雄花位居肉穗花序上部，雌花位于下部；单性花常无花被，两性花花被 4～6 片或合生成杯状；雄蕊 1～6，分离或合生成雄蕊柱，退化雄蕊常存在；子房上位，1 室至多室；浆果，密集于肉穗花序上。

本科共 115 属，2 000 余种，多数产于热带地区。中国有 35 属，206 种，南北均有分布。

绿萝（*Epipremnum aureum* (Linden & André) G. S. Bunting），草质藤本，茎攀援，节间具纵槽；多分枝，枝悬垂，气根发达。幼枝鞭状，细长；单叶，卵心形，叶片薄革质，翠绿色，全缘。

菖蒲（*Acorus calamus* L. ），多年生草木，根状茎粗壮，横生；叶基生，2 列，剑状线形，中脉明显突出，基部具膜质叶鞘；肉穗花序狭锥状圆柱形，斜向上或近直立；佛焰苞与叶等长，花两性；花黄绿色，浆果长圆形，红色。菖蒲如图 2-2-112 所示。

马蹄莲(*Zantedeschia aethiopica*(L.)Spreng.),多年生草本,茎粗壮;具块茎;叶基生,下部具鞘;叶片较厚,心状箭形或箭形,绿色,全缘;肉穗花序,圆柱形,黄色;佛焰苞管部短,黄色,檐部锐尖或渐尖,具锥状尖头,亮白色,有时带绿色;浆果,短卵圆形,淡黄色,有宿存花柱;种子倒卵状球形。马蹄莲如图 2-2-113 所示。

图 2-2-112　菖蒲　　　　　　　　　　　　　图 2-2-113　马蹄莲

3. 浮萍科(Lemnaceae)

飘浮或沉水小草本,生于淡水中;植物体退化为叶状体,扁平,绿色,有根或无根;花单性同株,无花被;雄花雄蕊 1;雌花 1 心皮;子房 1 室,胚珠 1~7 颗;胞果。

本科有 6 属,约 30 种,广布全球温暖地区,我国有浮萍属(*Lemna* L.)、芜萍属(*Wolffia* Hork. ex Schleid.)、紫萍属(*Spirodela* Schleid.)3 属,共 6 种,分布于南北各地。

浮萍(*Lemna minor* L.),水面浮生植物。叶状体对称,全缘,表面绿色,具不明显 3 脉,背面常为紫色,具 1 条丝状根,白色;新叶状体从背面囊内形成浮出,以极短细柄与母体相连,随后脱落。雌花胚珠 1 枚,果实无翅。

本亚纲练习:取棕榈、绿萝、菖蒲、马蹄莲、浮萍等植物标本或新鲜植物体观察,掌握这几种植物的基本特点,学会认识这几种植物。

(九)鸭跖草亚纲主要科的代表植物观察

鸭跖草亚纲(Commelinidae):常草本;叶互生或基生,单叶,全缘,基部常具叶鞘;花两性或单性,常无蜜腺;花被显著,异被,分离,或退化成膜状、鳞片状或无;雄蕊常 3 或 6,花粉常单萌发孔;子房上位。胚乳多为淀粉;干果。本亚纲共有 7 目,16 科,970 多属,1.5 万多种。

1. 鸭跖草科(Commelinaceae)

一年或多年生常绿草本,茎枝粗厚肉质,蔓生、匍匐或簇生直立,有节;叶全缘,互生,具明显叶鞘,叶脉弧状平行或直出平行;花两性,常辐射对称;聚伞花序单生或集成圆锥花序;萼片 3,通常分离;花瓣 3,主要为蓝色或白色,通常分离;雄蕊 6 枚,子房上位,3 室;蒴果;种子有棱。

鸭跖草(*Commelina communis* L.),一年生杂草,茎圆柱形,上部直立或斜伸,下部匍匐生根;叶互生,无柄,披针形至卵状披针形,有弧形脉,叶基部下延成鞘,具紫红色条纹,鞘口有缘毛;小花 3~4 朵 1 簇,由 1 绿色心形折叠苞片包被,着生在小枝顶端或叶腋处;花被 6,外轮 3,较小,内轮 3,1 片白色,2 片蓝色,鲜艳;蒴果,椭圆形,2 室,种子 4 粒,土褐色至深褐色。鸭跖草如图 2-2-114 所示。

图 2-2-114　鸭跖草

吊竹梅(*Tradescantia zebrina* Bosse),多年生常绿草木;茎稍柔弱,半肉质,匍匐地面蔓生;叶互生,具叶鞘,全缘,无柄;叶片椭圆形、椭圆状卵形至长圆形,腹面紫红色,无毛;表面紫绿色或杂以两列银色条纹,中部和边缘有紫色条纹;花簇生于 2 枚不等大的顶生叶状苞内;花萼连合成 1 管,3 裂,白色;花瓣 3,紫红色;雄蕊 6;子房 3 室;蒴果。吊竹梅如图 2-2-115 所示。

图 2-2-115　吊竹梅

2. 灯心草科(Juncaceae)

多年生或一年生湿生或沼生草本,具匍匐状根茎;茎直立,多簇生;叶基生,扁平或圆柱状、披针形、线形、条形,叶基部具鞘或退化为膜质鞘;花小,辐射对称,花两性或单性,雌雄异株;花单生或聚成伞房状、穗状或头状花序;花被 6,2 轮;雄蕊 6;子房上位,3 心皮合成,胚珠 3-多数,或 1 室而有胚珠 3 颗;蒴果,裂为 3 果瓣。本科共 9 属,约有 300 种,大部产于南半球温带和寒带的湿地上,我国有 2 属,约 80 种。

灯心草(*Juncus effusus* L.),生于温带和寒带湿地、沼泽或水边,全草入药,叶线形,无毛,叶鞘开放;茎细圆柱形,有细纵纹,可作纺织原料。蒴果,3 室,种子多数。灯心草如图 2-2-116 所示。

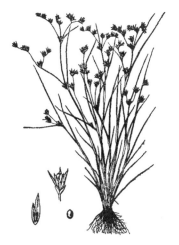

图 2-2-116　灯心草

3. 莎草科(Cyperaceae)

多年生草本,簇生;茎实心,常 3 棱形,无节;叶片狭长,基部具叶鞘;花小,两性或单性,生于小穗鳞片腋内,小穗复聚成穗状、圆锥状、头状或聚伞状花序;花被缺或变为毛状或鳞片状;雄蕊 1～3;子房上位,1 室;瘦果或小坚果。

本科共 80 属,约 4 000 种,广布于全世界,中国有 31 属,670 种。本科主要有薹草属(*Carex* L.),约 2 000 种;莎草属(*Cyperus* L.),近 650 种;刺子莞属(*Rhynchospora* Vahl),约 250 种以及飘拂草属(*Fimbristylis* Vahl)、荸荠属(*Eleocharis* R. Br.)和珍珠茅属(*Scleria* Berg.)各约 200 种。

莎草(*Cyperus rotundus* L.):多年生草本,有匍匐根状茎和黑色、坚硬、卵形的块茎;茎秆三棱形,平滑,实心;叶基生或秆生,叶 3 裂互生,叶片长线形,叶鞘棕色,边缘闭合成包茎、秆顶有叶状总苞 2～3 片;花序多样,小穗线形,单生,紫红色,花两性或单性,雌雄同株,花丝线形,花药底着;子房 1 室,具胚珠 1 个,花柱单一,柱头 2～3 个。坚果,小坚果,三棱形,双凸状,平凸状,或球形。莎草的干燥根茎为香附,可入药。莎草如图 2-2-117 所示。

莎草植株

香附（莎草干燥根茎）

图 2-2-117　莎草

4. 禾本科（Poaceae）

植物体木本（竹类和某些高大禾草亦可呈木本状）或草本，大多数植物为须根；茎多为直立，通常在其基部易生出分蘖条，具有节与节间，节间常中空，秆圆筒形；叶为单叶 2 裂互生，叶鞘开口；以小穗为基本单位组成各种花序；颖果。

本科常分为禾亚科（Bambusoideae）和竹亚科（Bambusoideae），620 多属，1 万多种。中国有 190 余属约 1 200 种。本科是种子植物中最有经济价值的大科，种数在单子叶植物中仅次于兰科，是人类粮食和牲畜饲料的重要来源，也是加工淀粉、制糖、酿酒、造纸、编织和建筑材料的重要原料。

禾亚科：多年生或一年生，秆草质，具节，节间中空；叶互生；叶鞘抱茎；叶舌膜质，叶片线形，无叶柄，叶片与叶鞘之间无明显的关节；圆锥花序，颖果。本亚科有许多重要的粮食作物，如燕麦（Avena sativa L.）、大麦、小麦、黑麦（Secale cereale L.）、水稻、高粱（Sorghum bicolor（L.）Moench）、玉米、小米（Setaria italica（L.）Beauv. var. germanica（Mill.）Schrad.）等。

竹亚科：秆木质化，多为灌木、乔木或藤本状，秆圆柱形，节间常中空；秆生叶特化为秆箨（即笋壳），由箨鞘和箨叶两部分构成。箨鞘抱秆，厚革质，内侧光滑，外侧具刺毛。鞘口具繸毛，与箨叶相连处常具箨舌和箨耳；秆箨叶片（箨片）通常缩小而无明显的中脉，直立或反折；枝生叶具短柄，中脉和小横脉明显，与叶鞘相连，且具关节，叶易自叶鞘处脱落。

5. 香蒲科（Typhaceae）

多年生沼生草本，有伸长的根状茎；叶直立，长线形，基出，花单性，肉穗花序，雄花集生上方，雌花集生下方，花被成刚毛，雄花有 2～5 雄蕊，花丝分离或结合，雌花具 1 雌蕊，1 心皮，1 室，胚珠 1，下垂。小坚果，被丝状毛或鳞片；种子有粉状胚乳。本科仅有香蒲属 1 属，包括香蒲、东方香蒲（Typha orientalis Presl）、水烛（Typha angustifolia L.）等 15 个种。

（1）香蒲：多年生水生或沼生草本植物；根状茎乳白色，地上茎粗壮，向上渐细；叶片条形，叶鞘抱茎；雌雄花序紧密连接，雄花序在上，雌花序在下；果皮具长形褐色斑点；种子褐色，微弯。香蒲如图 2-2-118 所示。

（2）水烛：多年水生或沼生草本；植株高大，地上茎直立，粗壮；根状茎乳黄色，先端白色；叶片较长，雌雄花序间有间距，雌花序粗大，基部具 1 枚叶状苞片，比叶片宽，花后脱落；雄花序轴具褐色扁柔毛，单出，或分叉，具 1～3 枚叶状苞片，花后脱落；雄花由 3 枚雄蕊合生，雌花具小苞片；小坚果长椭圆形，种子深褐色。水烛如图 2-2-119 所示。

图 2-2-118　香蒲

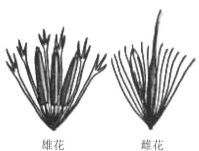

雄花　　　　雌花

图 2-2-119　水烛

本亚纲练习:取鸭跖草、吊竹梅、灯心草;莎草、荸荠;小麦、水稻、高粱、玉米;香蒲、水烛等植物的新鲜材料或标本进行观察,观察每种植物的外部形态及根、茎、叶、果实等的特征,比较各科所列植物种的异同。

（十）姜亚纲主要科的代表植物观察

姜亚纲(Zingiberidae)是百合纲下的一个亚纲,多是具有根状茎及纤维状或块状根的陆生或附生草本植物,共有 2 目 9 科约 3 800 种,多数分布于热带地区。

1. 凤梨科(Bromeliaceae)

为凤梨目仅有的 1 科,约有 44～46 属 2 000 余种。本科植物多为短茎附生草本;单叶,互生,狭长,常基生,莲座式排列,平行脉,全缘或有刺状锯齿;花两性或有时单性,形成顶生的穗状、圆锥状或头状花序,常具鲜艳色苞片或稀为单花;萼与花瓣各 3,花瓣分离或微联合,常在基部边缘具一对鳞片状密腺;雄蕊 6,2 轮,3 心皮联合成 3 室,子房上位或全部下位;浆果、蒴果、稀为肉质聚花果(凤梨),种子有时具翅或羽状冠毛。

凤梨,通称菠萝,多年生草本植物,茎短;叶剑形,丛生,呈莲座状,页面微凹,灰绿色,边缘具细刺;花序顶生,穗状,肉质;花两性,小苞叶卵形,淡红色;萼片 3,短卵形;花瓣 3,倒披针形;雄蕊 6;子房下位;肉质聚花果,球果状。凤梨如图 2-2-120 所示。

图 2-2-120　凤梨

2. 芭蕉科（Musaceae）

多年生粗壮草本，具根茎；叶螺旋状排列，叶鞘苞叠形成树干状假茎；叶片大，长圆形至椭圆形，叶中脉粗壮具多数横出平行脉；花单性或两性，两侧对称，簇生于大型苞片内，聚成穗状花序；花被片连合呈管状，顶端具齿裂，而内轮中央的一枚花被片离生，发育雄蕊5枚；下位子房，3室；肉质浆果，不开裂。

（1）芭蕉（*Musa basjoo* Sieb. et Zucc.）：常绿大型多年生草木，茎高达3～4 m，不分枝，丛生；叶很大，呈长椭圆形，有粗大的主脉，两侧具平行脉，叶表面浅绿色，叶背粉白色，叶柄粗壮；花从叶丛中抽出，淡黄色，大型；花序顶生，下垂；苞片红褐色或紫色；雄花生于花序上部；雌花生于花序下部；雌花在每一苞片内约10～16朵，排成2列；合生花被片具5齿裂，离生花被片顶端具小尖头；浆果，长圆形，具3～5棱，近无柄，肉质，内具多数种子；种子黑色，具疣突及不规则棱角。芭蕉如图2-2-121所示。

图 2-2-121　芭蕉

（2）香蕉：大型草本，丛生，具匍匐茎；由叶鞘下部形成高的假杆，浓绿色而带黑斑，被白粉；叶长圆形至椭圆形，10～20枚簇生茎顶，叶面深绿色，无白粉，叶背浅绿色，被白粉；叶柄短粗，叶翼显著，张开，边缘褐红色或鲜红色；穗状花序大，由假杆顶端抽出，花多数，淡黄色；果序弯垂，果身弯曲，略为浅弓形，幼果向上，直立，成熟后逐渐趋于平伸，果柄短，果棱明显；果肉松软，黄白色，味甜，无种子，香味特浓。香蕉如图2-2-122所示。

图 2-2-122　香蕉

芭蕉与香蕉果形相似，但香蕉果形长，横断面近似梯形，口感香甜，而芭蕉果形短，横断面近似三角形，香甜度略逊。

3. 姜科(Zingiberaceae)

多年生草本,通常具芳香,茎短,单生,根茎匍匐状或块状;单叶,根生或茎生,常具2裂,平行脉由中脉斜出,具叶鞘;花两性,两侧对称,具苞片,穗状花序、头状花序或圆锥状花序,花瓣3,下部合生成管;雄蕊1枚,退化雄蕊1枚,为花瓣状;子房下位,1～3室,有胚珠多粒;蒴果,种子常具有假种皮。

本科约有47属,约700种,多分布于热带地区。中国有17属约120种,多分布在南方各地。

姜(*Zingiber officinale* Rosc.):草本植物,根状茎,多分枝,肉质肥厚,具芳香及辛辣味;叶线状披针形,无柄,无毛;叶舌膜质;花茎直立,由根茎抽出,被鳞片;穗状花序;花冠黄绿色,裂片披针形;唇瓣中央裂片长圆状倒卵形,短于冠片,略带紫色,具黄白色斑点。姜如图2-2-123所示。

图 2-2-123　姜

4. 美人蕉科(Cannaceae)

多年生草本茎粗壮直立,有块状地下茎;叶互生,具叶鞘,中脉突出,侧脉羽状平行;花两性,不对称,顶生的穗状花序、总状花序或狭圆锥花序,有苞片;萼片3,绿色,宿存;花瓣3,萼状,长于萼片,下部合生成一管状并常和退化雄蕊群连合;退化雄蕊花瓣状,基部连合,红色或黄色,5枚,外轮3或2枚较大,内轮1枚较狭,外反,称唇瓣;1枚发育雄蕊的花丝增大呈花瓣状,多少旋卷,边缘有1枚1室的花药室;子房下位,3室,每室有多粒胚珠;蒴果,3瓣裂,具3棱,有小瘤体或柔刺;种子球形。

美人蕉(*Canna indica* L.):多年生草本植物,全株绿色无毛,被蜡质白粉;具块状根茎,地上枝丛生;单叶互生,具鞘状的叶柄;叶片卵状长圆形;总状花序,花单生或对生;萼片3,披针形,绿白色,先端带红色;苞片卵形,绿色;花冠管短,花冠裂片披针形,大多为红色;外轮退化雄蕊2～3枚,鲜红色;唇瓣披针形,弯曲;蒴果,长卵形,绿色,有软刺。美人蕉如图2-2-124所示。

本亚纲练习:取菠萝、香蕉、姜、美人蕉等植物的新鲜材料或标本进行观察,掌握它们的主要特征,区分彼此之间的异同。

图 2-2-124　美人蕉

（十一）百合亚纲主要科的代表植物观察

百合亚纲（Liliidae）：多为草本，稀木本，常具鳞茎、块茎或根状茎；单叶互生，常全缘，线形或宽大；花常两性，花序非肉穗花序状，花被常 3 数 2 轮，全为花冠状；雄蕊常 1、3 和 6；雌蕊常 3 心皮结合，子房上位或半下位，3 室，中轴胎座或侧膜胎座；蒴果或浆果，具蜜腺；常无胚乳。本亚纲共有百合目（Liliales）和兰目（Hydrocharitaceae）2 个目，19 科，约 25 000 种。

1. 百合科（LiLiaceae）

多年生草本，具鳞茎、球茎、根状茎；单叶，整齐花，花被 6 枚，排列成 2 轮，典型 3 数花；雄蕊 6 枚，与花被片对生；子房上位或半下位，3 室；蒴果或浆果。

本科约有 230 属 3 500 种，中国约有 60 属 560 种。常见的品种有百合、郁金香（Tulipa gesneriana L.）、黄精（Polygonatum sibiricum Redouté）、贝母、葱、蒜、洋葱、黄花菜、韭菜（Allium tuberosum Rottler ex Sprengle）、芦荟（Aloe vera（L.）Burm. f.）等。

（1）百合：多年生草本，鳞茎球形，鳞片肉质肥厚，淡白色，含丰富淀粉，可作食用或药用；茎直立，圆柱形，常有紫色斑点，无毛，绿色；叶片互生，无柄，披针形至椭圆状披针形，全缘，叶脉弧形；花大、白色，漏斗形，单生于茎顶，两性；蒴果，长卵圆形，具钝棱；种子多数，卵形，扁平。百合如图 2-2-125 所示。

图 2-2-125　百合的花、果实及鳞茎

（2）洋葱：二年生或多年生草本；叶由叶身和叶鞘组成。叶身浓绿色，圆筒形，直立中空，表面具蜡粉；叶鞘鳞片状，密集于短缩茎周围，形成假茎和鳞茎（俗称葱头）；伞状花序球形，小花白色；花被 6,2 轮，雄蕊 6,2 轮；蒴果。洋葱如图 2-2-126 所示。

图 2-2-126　洋葱

（3）芦荟：常绿，多年生肉质草本，茎较短，叶近簇生或稍二列、肥厚多汁，叶条状披针形或叶短宽，边缘有尖齿状刺。花葶不分枝或稍分枝，花序总状、穗状、圆锥形、伞形等，花点垂，排列稀疏，淡黄色或具红色斑点，花瓣 6，先端稍外弯，雌蕊 6 枚。花被基部多连合成筒状，雄蕊与花被等长或略长，花柱明显伸出花被外。芦荟如图 2-2-127。

图 2-2-127　芦荟

2. 雨久花科（Pontederiaceae）

多年生草本植物，水生或沼生；叶出水、浮水或沉水，基部成鞘；花两性，辐射对称或两侧对称，花序穗状、总状或圆锥状，着生于佛焰苞状叶鞘腋部；花被 6 片，花瓣状，分离或下部联合;雄蕊 6 或 3,着生于花被筒上;花丝分离;雌蕊多 3 心皮,子房上位,3 室;蒴果或小坚果;种子具纵肋,胚乳丰富。

本科约有 9 属 39 种,分布于热带、亚热带和温带淡水中。中国有雨久花属(*Monochoria* Presl)和凤眼蓝属(*Eichhornia* Kunth),约 6 种,分布于长江以南各省。

凤眼莲(*Eichhornia crassipes* (Mart.) Solms):又名水葫芦,水生草本,须根发达;茎极短,具长匍匐枝,淡绿色;叶基部丛生,莲座状排列,叶片圆形、宽卵形或宽菱形,全缘,深绿色,具弧形脉;叶柄长短不等,中部膨大成囊状或纺锤形,内有气室;花葶从叶柄基部鞘状苞片腋内伸出,多棱;穗状花序,具 9～12 朵花,花色美观;花被裂片 6,花瓣状,紫蓝色,花冠略两侧对称,上方 1 枚裂片较大,有 3 色,四周淡紫色,中间蓝色,在蓝色中央有 1 黄色圆斑;雄蕊 6,贴生于花被筒上,3 长 3 短;花丝上有腺毛,顶端膨大;花药箭形,基着,蓝灰色,2 室,纵裂;子房上位,3 室,中轴胎座,胚珠多数;蒴果,卵形。凤眼莲如图 2-2-128 所示。

图 2-2-128　凤眼莲

3. 鸢尾科(Iridaceae)

多年生草本;具根状茎、球茎或鳞茎;叶多基生,条形、剑形或丝状,基部鞘状,互相套迭,具平行脉;多数种类只有花茎,少数种类有分枝或不分枝的地上茎;花两性,辐射对称,单生、数朵簇生或多花排列成总状、穗状、聚伞及圆锥花序;花或花序下有苞片,簇生、对生、互生;花被裂片 6,2 轮,花被管通常为丝状或喇叭形;雄蕊 3,花药多外向开裂;花柱 1,上部多有 3 个分枝,分枝圆柱形或扁平呈花瓣状,柱头 3～6,子房下位,3 室,中轴胎座,胚珠多数;蒴果,室背开裂;种子多数,常有附属物或小翅。

鸢尾(*Iris tectorum* Maxim.):又名蓝蝴蝶,多年生草本,根状茎粗壮;叶基生,宽剑形,黄绿色。花蓝紫色,花被片 6,两轮,内轮 3,椭圆形,外轮 3,宽卵形,中脉上有鸡冠状附属物;雄蕊 3,花药外向开裂;花柱 1,3 分支,扁平,花瓣状,下位子房;蒴果,长椭圆形或倒卵形;栽培供观赏。鸢尾如图 2-2-129 所示。

马蔺(*Iris lactea* Pall. var. chinensis (Fisch.) Koidz.):别称马莲、旱蒲等。多年生草本宿根植物,是白花马蔺的变种;植株基部有枯萎叶鞘,红褐色、纤维状;根茎叶粗壮,须

图 2-2-129 鸢尾

根多而发达,伞状分布;叶基生,宽线形、条形,灰绿色;花蓝紫色,花被片中部有深色条纹;苞片 3~5 枚,包含有 2~4 朵花;花被管短,外花被裂片倒披针形,顶端钝或急尖,爪部楔形;内花被裂片狭倒披针形,爪部狭楔形;蒴果,长椭圆状柱形,有肋 6 条,顶端有短喙;种子棕褐色,可入药。马蔺如图 2-2-130 所示。

图 2-2-130 马蔺植株及花、果实、种子

黄菖蒲(*Iris pseudacorus* L.):多年生湿生或挺水宿根草本,植株高大,根茎短粗;叶基生,绿色,长剑形,中肋明显,并具横向网状脉;花茎稍高出于叶,粗壮,有明显的纵棱;苞片 3~4 枚,膜质,绿色,披针形,顶端渐尖;花黄色,外花被裂片卵圆形或倒卵形,有黑褐色的条纹;内花被裂片较小,倒披针形,直立;花丝黄白色,花药黑紫色;花柱分枝淡黄色,顶端裂片半圆形,边缘有疏牙齿;蒴果,长形;内有种子多数,褐色,有棱角。黄菖蒲如图 2-2-131 所示。

图 2-2-131 黄菖蒲植株、花及果实

4. 薯蓣科（Dioscoreaceae）

缠绕草质或木质藤本，少数为矮小草本；根状茎或块茎，茎左旋或右旋，有毛或无毛，有刺或无刺；叶互生，有时中部以上对生，单叶或掌状复叶，单叶常为心形或卵形、椭圆形，掌状复叶的小叶常为披针形或卵圆形，基出脉 3～9，侧脉网状；叶柄扭转，有时基部有关节；花单性或两性，雌雄异株；花单生、簇生或排列成穗状、总状或圆锥状花序；雄花被片（或花被裂片）6，2 轮，基部合生或离生；雄蕊 6 枚，有时其中 3 枚退化，花丝着生于花被的基部或花托上；退化子房有或无；雌花花被片和雄花相似；退化雄蕊 3～6 枚或无；子房下位，3 室，每室 2 胚珠；花柱 3，分离。蒴果、浆果或翅果，蒴果，具 3 翅状棱；种子有翅或无翅，胚小，有胚乳。

本科约有 9 属 650 种，主要分布于全球的热带和温带地区，我国仅薯蓣属（Dioscorea L.）约 49 种。

薯蓣（Dioscorea opposita Thunb.）：别名麻山药、怀山药。缠绕草质藤本；茎块状，肉质肥厚，长圆柱形，直立生长，外皮灰褐色，生有须根；茎通常带紫红色，右旋，无毛；单叶，在茎下部互生，中部以上对生；叶片变异大，卵状三角形至宽卵形或戟形，幼时叶为宽卵形或卵圆形，基部深心形；叶腋内常有珠芽；花单性，雌雄异株，穗状花序；雄花序轴呈明显"之"字形曲折；苞片和花被片有紫褐色斑点；雄花的外轮花被片为宽卵形，内轮卵形，较小；雄蕊 6；雌花序为穗状花序，1～3 个生于叶腋；蒴果，3 棱状扁圆形或 3 棱状圆形，外面有白粉；种子着生每室中轴中部，四周有膜质翅。薯蓣如图 2-2-132 所示。

花枝　块根

果枝

花　　　　　　　　　　　　　　　　　　　　　　　　珠芽

图 2-2-132　薯蓣

5. 兰科（Orchidaceae）

多年生陆生、附生或腐生草本；稀攀援藤本；陆生及腐生者常具根状茎或块茎，附生者常具假鳞茎（变态的茎，膨大成种种形状，肉质）以及肥厚而有根被的气生根。花两性，不整齐，雄蕊与雌蕊结合成合蕊柱，雄蕊 1 或 2，花粉结合成花粉块，子房下位，侧膜胎座；蒴果，多观赏植物。

本科共 750 多属 2 万多种，遍布全球，主要集中在热带地区。中国 166 属约 1 019 种，南北均产，而以云南、台湾与海南为最盛。

白芨（Bletilla striata（Thunb. ex Murray）Rchb. F.）：茎粗壮，假鳞茎呈不规则扁

圆形,多有2~3个爪状分枝,表面灰白色或黄白色,有数圈同心环节和棕色点状须根痕,上面有突起的茎痕,下面有连接另一块茎的痕迹;叶薄纸质,叶脉折扁状;总状花序顶生,具花4~10朵;花苞片长椭圆状披针形,花大,紫红色或玫瑰红;花被片6,2轮,唇瓣倒卵形,白带红色,具紫脉纹;雄蕊与雌蕊结合成合蕊柱,具翅,能育雄蕊1枚;子房下位,3心皮,侧膜胎座,胚珠多数,蒴果。白芨如图2-2-133所示。

建兰(*Cymbidium ensifolium*(Linn.)Sw.):具假鳞茎,卵球形,包藏于叶基之内;叶2~6枚丛生,带状,有光泽,弯曲下垂;花葶从假鳞茎基部发出,直立,一般短于叶;总状花序,具3~9朵花;花常具香气,浅黄绿色而具紫斑;萼片近狭长圆形或狭椭圆形;花瓣狭椭圆形或狭卵状椭圆形;唇瓣近卵形,不明显3裂;蒴果,狭椭圆形。建兰如图2-2-134所示。

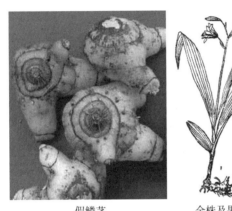

假鳞茎　　　　　　全株及果实　　　　　　花

图2-2-133　白芨

花　　　　　　1—植株;2—花;3—唇瓣;4—叶尖。

图2-2-134　建兰

6. 石蒜科(Amaryllidaceae)

多年生草本,具鳞茎、根状茎或块茎;叶多数基生狭长,全缘或有刺状锯齿;花单生或排列成伞形花序、总状花序、穗状花序、圆锥花序;花被片6,2轮;雄蕊6;子房下位,3室,花柱细长;蒴果,多数背裂或不整齐开裂;种子含有胚乳。本科约有90属1 300多种。

石蒜:多年生草本,叶丛生,带形,全缘,初冬出叶;花茎先叶抽出,中空;伞形花序,顶生4~6朵花;苞片披针形,膜质;花被6裂,2轮,花鲜红色或有白色边缘;花被筒极短,上部6裂,裂片狭披针形,边缘皱缩,向外反卷;雄蕊和雌蕊远伸出花被裂片之外;雄蕊6枚;子房下位,3室;花柱细长,柱头头状;蒴果背裂,种子多数;鳞茎肥大,宽椭圆形,鳞皮膜质,黑褐色,内为乳白色,基部生多数白色须根;表面由2~3层黑棕色干枯膜质鳞片包被,内部有10多层白色富黏性的肉质鳞片,生于短缩的鳞茎盘上,中心有黄白色的芽。石蒜如图2-2-135所示。

1—花茎;2—植株;3—果实;
4—鳞茎;5—子房横切。

花

图 2-2-135　石蒜

本亚纲练习:取百合、洋葱、凤眼莲、鸢尾、黄菖蒲、薯蓣、白芨、建兰及石蒜的新鲜材料或标本进行观察,认识它们的基本形态,掌握其基本特征。

六、综合作业

1. 被子植物的主要特征有哪些?
2. 观察校园内被子植物各科的代表植物,说明它们的主要特征。
3. 将校园观察到的被子植物列表表示其名称、植株基本特征、花、果实及种子。
4. 被子植物在哪些方面比裸子植物更高级?

实验六　植物检索表的使用练习

一、实验目的

了解植物检索表的构成类型,学会使用检索表。

二、用品与材料

使用中国高等植物科属检索表或地区性植物检索表;选择裸子植物和被子植物代表

性植物标本作为检索对象。

三、实验内容与方法

（一）植物检索表类型

　　植物检索表依不同格式,分为定距检索表、平行检索表和连续检索表 3 种类型。各种不同植物检索表的编制是根据法国人拉马克的二岐分类原理(即用成对的相对性状进行比较),将各种植物的对立特征分成相对应的二个分支形成对比。具体来说,就是对有关植物进行解剖、观察,对植物的关键特征进行分析比较,找出其相同点和对立特征,然后以两两对比排列的方式,把有相同特征的植物的性状列在一项,把有与之相对特征的一类植物的有关性状列在另一项;在同一项下的植物再根据对应的其他不同特征作同样的划分,如此反复归类,逐步排列,直到最后得到所求的某一科、属或种为止。最常用和最重要的检索表是分科检索表、分属检索表和分种检索表,利用它们可分别检索出植物的科、属、种。

　　最常见的检索表是定距式检索表。其特点是将不同类群的植物的每一对相对应的特征,前面加上一定的顺序数字或符号,相对应的两个分支前的数字或符号应是相同的,每两个相对应的分支都编写在距左边有相等距离的地方;每一个分支下边,相对应的两个分支,较先出现的又向右低一个字格,这样继续下去,直到编制到终点为止。下面是裸子植物分科检索表、松科分属检索表及松属分种检索表的定距式检索表。

裸子植物分科检索表

1. 叶羽状复叶,聚生树干上部或块茎上 ······················· 苏铁科
1. 叶为单叶
　2. 叶扇形,有长柄,有多数叉状并列细脉 ················· 银杏科
　2. 叶非扇形
　　3. 乔木或灌木,无花被,珠被不延伸成珠被管,木质部无导管,具管胞
　　　4. 雌雄同株,稀异株,雌球花发育成球果,种子无肉质假种皮
　　　　5. 叶与种鳞均螺旋状互生
　　　　　6. 每种鳞具 1 种子 ························· 南洋杉科
　　　　　6. 每种鳞具 2 至数种子
　　　　　　7. 种鳞与苞鳞分离,每种鳞具 2 种子,种子上端具翅,稀无翅 ··· 松科
　　　　　　7. 种鳞与苞鳞合生或苞鳞不发育,种子两侧有窄翅(稀无翅有锐棱脊)杉科
　　　　5. 叶与种鳞均对生或 3~4 轮生
　　　　　6. 叶线形柔软,落叶性 ··················· 杉科(水杉属)
　　　　　6. 叶鳞形或针形,常绿 ····················· 柏科
　　　4. 雌雄异株,稀同株,雌球花发育为单粒种子,不形成球果,种子具肉质假种皮
　　　　5. 胚球直生

　　　6. 雌球花仅具 1 胚珠,假种子杯状、瓶状或全包种子 ·········· 红豆杉科
　　　6. 雌球花具多数交叉对生的苞片,每苞片具 2 胚球,假种皮全包种子
　　　　　·· 粗榧科
　　　5. 雌球花顶部的珠鳞具 1 倒生胚珠,种子生于膨大的种托上 ··· 罗汉松科
　　3. 木质藤本或丛生小灌木,有花被,珠被顶端延伸成细长的珠被管,木质部具
　　　导管
　　　4. 木质藤本叶对生 ··· 买麻藤科
　　　4. 丛生小灌木,叶退化成鞘状 ································· 麻黄科

松科分属检索表

1. 叶互生或簇生短枝顶端,均不成束
　2. 营养枝仅一类,无短枝,叶螺旋状互生,球果当年成熟
　　3. 叶扁平或四方形,菱形,上面中脉隆起,球果生枝顶
　　　4. 球果直立,小枝无叶枕 ······································ 油杉属
　　　4. 球果下垂(稀直立),小枝有显著隆起的叶枕,叶无柄 ······· 云杉属
　　3. 叶上面中脉通常凹下
　　　4. 球果腋生
　　　　5. 叶列成两列状或蓖形两列,或同上辐射状成半圆形,球果直立 ······ 冷杉属
　　　　5. 叶辐射状伸展,球果下垂 ································ 银杉属
　　　4. 球果顶生
　　　　5. 小枝不具或微具粗糙的叶枕,苞鳞伸出种鳞外,先端三裂 ······· 黄杉属
　　　　5. 小枝粗糙有隆起的叶枕,苞鳞不露出或微露出 ······ 铁杉属
　2. 枝分长短枝,叶在长枝上螺旋状着生,在短枝上簇生,球果 1～2 年成熟
　　3. 叶扁平线状,柔软,落叶性,球果一年成熟
　　　4. 叶形窄,宽达 1.8 mm,种鳞革质不脱落,芽鳞先端钩状 ········· 落叶松属
　　　4. 叶形较宽,通常 2～4 mm,种鳞木质,成熟时自中轴脱落,芽鳞先端尖
　　　　　·· 金钱松属
　　3. 叶常绿 ·· 雪松属
1. 叶针形,2～5 针为一束,生于鳞状包片(退化为原生叶的)腋部,种鳞背部上方具鳞
　盾和鳞脐,球果当年成熟 ··· 松属

松属各种检索表(简化)

1. 叶鞘早落,叶内具一个维管束(单维管束松亚属)
　2. 针叶五针一束,种鳞鳞脐顶生
　　3. 种子无翅或翅极短
　　　4. 小枝有密生毛,球果成熟时种子不脱落

　　5. 针叶粗硬,长 8～12 cm,树脂管 3,中生,种鳞先端向外反曲 ┈┈┈ 红松

　　5. 针叶细短,长 4～6 cm,树脂管 2,边生,种鳞上边微向外反曲 ┈┈ 偃松

　　4. 小枝无毛,球果成熟时种子脱落,鳞脐小不显著,针叶粗短,长 8～15 cm,宽
　　　　1 mm 以上 ┈┈┈┈┈┈┈┈┈┈┈┈┈┈┈┈┈┈┈┈┈┈┈┈┈┈ 华山松

　　3. 种子具长翅,针叶细长下垂,长 10～18 cm,球果大,长 15～25 cm ┈┈ 乔松

　2. 针叶三针一束,种鳞鳞脐背生,有刺,小枝深灰绿色,老树皮白色 ┈┈┈ 白皮松

1. 叶鞘宿存稀脱落,叶具 2 维管束(双维管束松亚属)

　2. 针中 2 针一束,间或 3 针一束,或同树上 2～3 针一束

　　3. 冬芽褐色或淡褐色

　　　4. 针叶较细软

　　　　5. 针叶细长,12～20 cm,树脂管边生,鳞盾有横脊,具短刺 ┈┈┈ 马尾松

　　　　5. 针叶较短,5～13 cm

　　　　　6. 树脂管边生,种翅色淡 ┈┈┈┈┈┈┈┈┈┈┈┈┈┈┈┈┈ 赤松

　　　　　6. 树脂管中生 ┈┈┈┈┈┈┈┈┈┈┈┈┈┈┈┈┈┈┈┈┈ 台湾松

　　　4. 针叶粗硬

　　　　5. 针叶长 7～15 cm

　　　　　6. 树脂管中生,鳞盾稍肥厚 ┈┈┈┈┈┈┈┈┈┈┈┈┈┈┈ 台湾松

　　　　　6. 树脂管边生

　　　　　　7. 树脂管通常 4 个 ┈┈┈┈┈┈┈┈┈┈┈┈┈┈┈┈┈ 高山松

　　　　　　7. 树脂管 7～10 个 ┈┈┈┈┈┈┈┈┈┈┈┈┈┈┈┈┈ 油松

　　　　5. 针叶长 3～7 cm,鳞盾肥厚隆起 ┈┈┈┈┈┈┈┈┈┈┈┈┈ 樟子松

　　3. 冬芽白色,针叶粗硬,长 6～12 cm,树脂管中生 ┈┈┈┈┈┈┈┈┈ 黑松

　2. 针叶 3 针一束,间或 2 针一束

　　3. 一年生小枝褐色,针叶较粗 ┈┈┈┈┈┈┈┈┈┈┈┈┈┈┈┈┈┈ 云南松

　　3. 一年生小枝黄色,针叶细柔 ┈┈┈┈┈┈┈┈┈┈┈┈┈┈┈┈┈┈ 思矛松

　　这种检索表方便查找,但如果对应特征较多时,会出现文字向右偏移过多,增加篇幅,同时还会出现两对应特征的项目可能相距较远。

(二) 植物检索表的使用

　　1. 利用检索表鉴定植物时,要逐条查对所要鉴定植物的各部分特征,解剖观察花的各部分构造,用相关术语描述特征,写出花程式作为查找的依据。对不了解的植物,要按分纲、分目、分科及分种各类检索表,依次查找,直到最后确定植物名称。

　　2. 鉴定被子植物,花与果实是不可缺少的。要掌握植物各器官的形态术语描述。

　　3. 检索时要按植物特征从头依次往下查,不能落项,以免出错。

　　4. 仔细核对两项相对性状,以找到最适合手头标本的性状特征。

　　5. 对一株不认识的植物,要详细观察、描述、记载其外部形态,如常绿还是落叶,乔木、灌木还是草本,高多少,树皮什么颜色等,再局部描述其根、茎、叶、花、果实等情况;然后解剖其花、果实等了解其内部特征。最好描述产地与环境,以加深对这一植物的认识。

6. 对该株植物特征有了完整了解后,就在检索表上进行耐心、细致的查对,特别查到"种"时,一定要与图鉴或植物志对应上。查对文献上的描述与观察的植物特征完全一致时,才能将植物种名肯定下来。

四、综合作业

利用定距式植物检索表下给出的裸子植物分科、分属及分种检索表,查出一种松树的科、属、种名,并将其特征依次写出。

实验七　植物标本的采集、制作和保存

一、实验目的

学会并掌握植物标本的采集、压制和保存方法,并认识一定数量的植物种类。

二、用品与材料

1. 用品:植物标本夹(45 cm×30 cm)、采集箱或塑料袋、枝剪、小镐、掘根器、镊子、放大镜、小钢锯、便携式 GPS、罗盘、卷尺、照相机、望远镜、标本瓶。

2. 材料:标本纸、标本野外记录签、标本号签、定名签、小纸袋、地图、酒精、福尔马林(甲醛)等。

三、实习内容

在实习基地,以小组为单位,采集不同植物标本 50 份,每组负责将采集的标本从采集、记录、到压制、保存完成全过程。

四、实习原理与方法

(一) 标本的采集

在进行植物分类或植物地理调查时,需要认识植物,在野外将重要植物采回来,制成标本,以便于日后仔细观察鉴定,或把标本带回来保存以备教学之用,因此,必须学习标本采集与制作。

1. 种子植物的标本采集

(1) 采集完整标本

为使采回来的植物便于制作标本和鉴定用,在采集时要加以选择,尽可能剪取带叶、花和果实的枝条(木本植物)或挖掘全株(含根)(草本植物)。草本植物的地下部分在鉴定上很重要,所以对有地下茎(鳞茎、块茎、根状茎)的植物,须将地下部分一起掘起;大型草本植物可将其茎拆成"V"字形或"N"形压制,或分别剪其上、中、下三部分分别压制并编上同一采集号;对于基生叶与茎生叶不同的草本植物,要采集基生叶;对小型草本植物,可多采几株排列在一张标本纸上压制;对小型水生草本植物,可用硬纸板平托出水面一同压入标本夹或用标本瓶采集制成浸制标本;对大型水生草本植物,可分段采集其完整叶片和一段茎,并编上相同采集号。对木本植物,选取其具有枝、叶、花、果的枝端采集;对较大型的植物只采其中一部分或器官的重要鉴定部分,其余部分作详细记录或拍下植物的全形;叶过大者可剪去一半,保留带叶尖的部分;对于老叶与新叶叶形不同者或有不同特点(如有无毛、有无白粉等)者,应分别采集;对先叶开花植物,先采集花枝,后采集带叶和果实的枝

条;对雌、雄异株植物分别采集雌株与雄株,以便鉴定;对无花无果的植物也要采集标本,以供检验审核;有些植物的树皮也是鉴定植物种类的依据,也需采集一块树皮,附于标本上。采集寄生植物时,应将寄主植物一起采下,详细记录寄主的形态,并分别注明寄生或附生植物及寄主植物。

（2）标本采集份数

每种植物至少采 3 份,并给以同一编号,每个标本上都要系上号签。遇特殊稀少的种类还要多采几份以备用。

2. 蕨类植物的标本采集

蕨类植物的孢子囊构造、排列方式、叶形及根状茎特点是蕨类植物分类的重要依据,所以采集时要尽量采全株;对大型植株可分段采集,包括叶片（采带叶尖、中脉及一侧的一段）、叶柄、部分根状茎及茎上附属物等,并分别编上相同的号码;对孢子叶与营养叶分开的植物,要分别采集并编上相同的号码。

3. 苔藓植物的标本采集

苔藓植物用孢子繁殖,在采集苔藓植物时要尽量采到有孢子囊的植株,并详细记录所采植物的生境、生活型、孢子体及配子体形态、生长方式及叶序、叶形、叶质及叶色等;对于生长在不同生境基质（如水面、树干及枝、石缝或阴湿地面等）上的苔藓植物要采取不同的方法采集,分别装入采集袋或标本瓶,并分别记录生境情况。另外,对配子体是雌雄同株或异株者,均要分别采集,并标记好标本性别。

4. 标本的编号登记

采集的标本每份均需挂标签,标签要按一定顺序作编码。每采一个标本时,应当挂上一个采集号,并记上采集地点、日期、采集人等。每种植物如重复多采时应挂相同的号牌;对大型植株分段采集的标本也要挂相同号牌,但要对各分段标本标记顺序,并须将植株整体情况详细记录下来。另外,采集标本时,野外记录很重要,因为它可以补充标本上所不能表明的特点,如生长地点、海拔高度、土壤状况、花朵颜色及植物乡土名称等,这些都是了解植物生态条件及鉴定植物种类很重要的条件。所以,野外采集标本时,要及时记录和编号,以免遗忘或弄错。野外记录的编号要与标本上号签的编号一致,且标本编号要连续。标本采集完成回到室内整理,要把野外记录整理在电脑或固定记录本上,以长期保存和备用。

（二）腊叶标本的制作

（1）标本压制

野外采集的标本压制前先整理好标本的各部分,并加以修剪,把折叠叶子展开,大叶可剪取带叶尖的部分,还要把几片叶子翻过来,以便清楚地看到叶子背面;根部洗净;花序、花、果实完全暴露出来（如易脱落的果实等应用小纸袋装起来）,花序、果序要保持野外自然生长状态,对大型果实可切开后再压;对肉质植物,为防止落叶,压制前先用沸水煮3～4 分钟,然后再压。将标本夹放平,其上放置 4～5 层吸水纸,把整理好需要压制的标本平放在吸水纸上。放置标本时,植物根部或粗大的部分要不断调换位置,以保持标本夹平整,标本要摊放均匀,避免集中于中央,边空过大,导致标本压不平整。标本放好后,在其上再盖上 3～4 层吸水纸。然后再在上面放一份标本,整理压好,这样一层层压制,当标本达到一定高度后,压上另一块标本夹,用绳捆扎紧（松紧要适宜,一般初压较松些,逐渐夹紧)。采回来的标本要当天压完,以免萎蔫、变形或丢失。压好标本的标本夹置于微风向阳处,使标本尽快地干燥,以免褪色。新压的标本每天至少换纸一次,同时加以必要整理,直到标本完全干燥为止。换下来的湿纸,及时晒干和烘干,以备替换。

(2)标本消毒

消毒时可用喷雾器直接将消毒液喷洒在标本上,或将标本浸放在消毒液里,或将标本放入消毒室或消毒箱内进行消毒。消毒后的标本再放入标本夹中压干。

(3)上台纸

把经过压制干燥的标本放在台纸(一种便纸,大小有八开纸左右)的中间,用针线将枝、叶、花、果实等地方缝牢,或用白明胶将其贴在台纸上,再在台纸的左下方贴上标本的定名签,就制成了腊叶标本。

(4)腊本标本的保存

制好的腊叶标本要入柜保存。入柜标本要按科、属分类存放,然后按一定顺序编成标本检索表,以方便查阅和取用。腊叶标本质地干脆,取用时注意保护,不能随意从标本柜中抽拉或硬塞,也不能随意翻动标本叶片和花等。存放的标本要防虫蛀。

标本号签(4 cm×2 cm)　　　　　　植物标本定名标签(10 cm×7 cm)

标本编号:_____
采集人:_____
采集时间:_____
地点:_____

学校_____	标本室_____
中文名_____	学名_____
科名_____	编号_____
采集人_____	采集地_____
鉴定人_____	采集日期_____

野外记录签(10 cm×7 cm)

采集人:	标本号:	产地:	海拔:
生境:	性状:	分布:	
植株高:	胸高直径:	树皮:	
叶:			
花:			
果实:	种子:		
用途:			
学名:	科名:	俗(土)名:	
附记:			
采集日期:			

五、综合作业

熟悉标本的采集与制作方法,以组为单位,每组采集10~20种熟悉的植物制成合格标本送标本室收藏。

实验八　种子植物的形态描述及标本鉴定

一、实验目的

了解观察植物的基本步骤,掌握植物形态描述方法;了解植物标本鉴定的步骤和方法。

二、用品与材料

1. 用品:显微镜、解剖针、镊子、刀片、铅笔、教材及有关工具书、植物检索表。

2. 材料:种子植物腊叶标本或新鲜植物材料。

三、实验内容与方法

1. 种子植物的形态观察内容

(1)观察植物茎,确定植物属于草本植物、木本植物或其它类型。

(2)观察根系(直根系或须根系)以及根的变态。

(3)观察茎(直立茎、平卧茎、缠绕茎、攀缘茎、匍匐茎)以及茎变态。

(4)观察叶(单叶、复叶及其类型)、叶的各部分形态(叶序、托叶、叶形、叶尖、叶基、叶缘、叶裂形状、脉序)以及叶的变态。

(5)观察花序(有限花序及其类型、无限花序及其类型)。

(6)观察花各部分构造。由外向内逐层进行解剖观察一朵花的构造。顺序是花萼-花冠-雄蕊-雌蕊-子房-心皮-子室-胎座-胚珠依次观察。观察花萼及花冠形态、颜色、数目及其结合方式、排列方式、雄蕊数目及其类型、花药着生方式及开裂方式、雌蕊数目及其类型、子房形态及结构、心皮与子室数目、胎座类型及胚珠类型等。

(7)观察果实及其形态特点(类型、形状、大小、颜色、毛被以及表面附属物等)。

(8)观察种子及其特点(类型、结构、颜色等)。

2. 种子植物的形态描述

用科学的形态术语对所观察的植物体进行完整描述,通常是从植物习性、根、茎、叶、花序、花、雄蕊、雌蕊、果实、种子、花期、产地、生境、分布、用途等方面进行描述。每部分之间用";"或"。"分开。

(二)种子植物标本鉴定

对野外采集的陌生标本,首先要借助已有的系统分类学知识(或经验),特别是某些关键识别特征,判断出要鉴定标本是什么科;也可利用《中国高等植物科属检索表》来鉴定出植物属哪个科。其次,确定植物所属科后,再利用《中国植物志》对应的科的卷册上查询属的检索表(或利用标本产地的《地方植物志》或地方植物名录等),通过植物志对该科的特征描述及分属检索表,判断出植物属于哪一属。确定属后,再根据该属的描述和分种检索表查出标本所属的种名。

确定标本种名后,利用植物志、图鉴等工具中对该种的描述,仔细对照标本逐一进行查对核实。如果标本与植物志书、图鉴等的描述吻合,且产地一致,则表明鉴定结果正确,否则要进行重新鉴定。

四、综合作业

1. 在校园内采集一种裸子植物或被子植物的完整标本,仔细观察,对标本进行完整的形态描述,绘出所观察标本的花、果实各组成部分的形态图。

2. 每组同学在校园内采集 5~10 种植物标本,然后按照标本鉴定的一般方法和步骤,鉴定所采集的植物标本所属的科、属及种名。最后,写出鉴定的步骤和鉴定结果,并描述它们的主要特征。

第三节　植物与环境

实验一　水分条件和植物

一、实验目的

了解各种生态类型植物对水分条件的适应方式。

二、用品与材料

显微镜、植物叶切片:湿生植物(眼子菜等),浮水植物(浮萍等),挺水植物(睡莲等);湿生植物(酢浆草等),中生植物(蚕豆等),肉质旱生植物(芦荟等),硬叶旱生植物(夹竹桃等)等各类型植物的腊叶标本或新鲜材料。

三、实验内容与步骤

1. 观察旱生植物(包括硬叶旱生植物和肉质旱生植物)、中生植物、湿生植物和水生植物(包括浮水型、沉水型、挺水型)等各类植物的植株形态(尤其是叶片形态)特征。

2. 在显微镜下依次观察上述各类型植物的叶片结构。

(1)叶片厚度、角质层和表皮的发达程度;(2)栅栏组织的层数与排列特点;(3)海绵组织所占空间比例;(4)机械组织和输导组织的发达程度;(5)气孔的形态及位置;(6)有无储水组织和通气组织等。

四、实验原理与方法

大气降水以雨水、雾、露、雪、冰雹等不同形态对陆生植物产生影响,其中,雨水是植物生长发育的主要水分来源,其生态作用随降水强度、降水持续时间、土壤水分条件及地面植被覆盖情况而变化。地下水对植物供水也有重要意义,特别是在荒漠、热带稀树草原等生物群中很多深根系植物主要通过地下水获得水分供应。以水分为主导因子,可将陆生植物划分为湿生植物、中生植物和旱生植物 3 种生态类型。湿生植物生长在过度潮湿的环境中,抗旱能力很低,植物的叶片大而薄、光滑、角质层很薄,根系不发达、渗透压低。旱生植物生长在干旱环境中,长期适应干旱环境而产生了相应的适应特征。硬叶旱生植物是典型的旱生植物,这类植物没有贮水组织,但有一系列耐旱结构,如叶面积缩小或退化成针刺状、鳞片状,或变成狭叶、线形并卷成筒状;叶表面有角质层、蜡层、被绒毛等;气孔深陷;根系发达,主根深且分枝多;细胞内渗透压高。肉质旱生植物有发达的贮水组织,遇雨时贮存大量水分,以便在干旱时缓慢消耗。中生植物是生长在中等湿度环境中的植物,种类多、数量大、分布广,绝大多数陆生植物属于中生性植物。这类植物的形态特征介于湿生植物与旱生植物之间,植物有扁平、宽阔的叶片,表皮薄,角质层发育弱,气孔在叶下表面,机械组织、栅栏组织发育中等,细胞内渗透压中等。

水生植物是指植物体或多或少沉没在水中的植物。根据植物沉没水中的程度,将水生植物分为沉水植物、浮水植物和挺水植物 3 种生态类型。由于水生植物长期生活在水域环境中,因而产生一系列适应特征,如叶面积大,通气组织发达,无表皮或有弱表皮,无气孔(沉水植物)或表面有很多气孔(浮水植物),植物无机械组织(静水或缓流环境),叶子无栅栏组织和海绵组织的分化(沉水植物),根系弱或无根系等。

取眼子菜(沉水植物),浮萍(浮水植物),睡莲(挺水植物)和酢浆草(湿生植物),蚕豆(中生植物),芦荟(肉质旱生植物),夹竹桃(硬叶旱生植物)等各生态类型植物的腊叶标本或新鲜材料,分别观察水生植物和陆生植物对不同水分条件的适应特征。

五、综合作业

比较和分析所观察的各种生态类型植物的形态特征、它们对水分条件的生态适应结构的异同等。

实验二　植物对环境因子的各种生态适应类型观察

一、实习目的

通过植物对各种生态环境条件的适应观察,了解植物与环境条件的相互关系,理解植物的各种生态适应类型及其生长特性。

二、实习用品

便携式光合仪、罗盘、手持气象站、GPS、放大镜、枝剪、皮尺、测绳、绘图铅笔、标本夹、标本签等。

三、实习内容

在实习区域内选择各种环境因子逐渐变化的地段或实习路线,观察植物生长环境的变化,特别是对区域内光、热、水及土壤等生态因子的梯度变化以及植物对其变化而产生的各种生态适应类型的观察,进一步理解植物的各种生态类型及生长特性。

四、实验方法与步骤

1. 植物生境条件观察

在实习区域选择一个生境条件具有水平梯度与垂直梯度变化的地段,采用生态序列法对选择的地段进行观察。通过观察生境条件的变化及其植物对光、热、水、土等生态因子的适应类型的变化,了解植物与环境的关系。

(1)从水生植物到陆生植物的观察

在所要实习的河流地段,沿水平方向观察植物由岸边到陆上高地的逐渐变化,观察植物由水生植物(沉水植物、浮水植物、挺水植物)、湿生植物、中生植物等生态类型的变化。

（2）山地植物垂直变化观察

在山地实习区域,从山下沟谷开始,自下而上观察植物随水热条件及土壤条件的变化,植物种类及其生态特征的变化。

（3）山地不同坡向的植物观察

选择一处小山丘实习区,观察四个坡向植物种类及生长状态的变化。特别是观察阳坡与阴坡水热条件、植物生长类型及其特性的明显差异变化。

（4）山丘及山间洼地地带的植物观察

选择一处山地丘陵实习区,在实习区域,山地丘陵众多,随着正、负地形的变化,水热条件及土壤状况都会发生相应的再分配,植被也会发生相应的变化,观察比较正、负微地形区的植物生态类型变化及其生态习性的差异。

（5）森林群落内外植物生态类型及其特征观察

在山地实习区域,选择一片植物生长茂密区域,对林区内外各种生态因子作定量测定,并观察林内外植物种类及其生长习性的变化。

五、综合作业

1. 比较植物对光照、水分、土壤等环境因子的生态适应类型及其生态习性的异同。

2. 分析植物随高度变化而产生的生态类型及其形态特征变化,分析形成原因。

3. 分析不同坡向植物生态类型的差异及其形成原因。

实验三　植物分布与环境

一、实习目的

通过野外实习,让学生认识地球上植被的分布规律及其成因,了解不同植被类型的环境特点、群落特征以及地理分布,进而了解植被分布与环境变化的相互关系。

二、实习内容

选择生境条件逐渐变化的地区,如从河流或湖泊沿岸带到陆上高地,或海拔较高的山地地带,观察随着生境条件的水平变化或垂直变化,植物群落的更替规律。

三、实习原理与方法

植被是覆盖在地球表面的植物群。植被的分布与自然环境条件有着密切的关系。地理环境条件的差异是导致不同植物群落类型及其分布的主要原因。任何地区所分布的不同植物群落,都是对该区环境条件的综合反映,都是植物群落对该地区环境条件长期适应的历史产物。

陆地地带性植被类型的分布主要取决于气候条件。热量和水分以及两者的配合状况反映了气候的根本特征。

选择自然环境条件逐渐变化的地区,如河流或湖泊沿岸带到陆上高地,相应地观察植物由沉水植物群落、浮叶植物群落、挺水植物群落到湿生植物群落、中生植物群落等逐渐过渡的类型。在干旱大陆性气候地区还可观察到旱生植物群落。

选择一座海拔较高的山,观察植被群落随海拔高度的变化而发生的明显更替,同时观察不同坡向地段植被群落的差异。分析不同坡向植被变化的原因。

根据实地观察资料,总结各种植被类型的分布与生态因子之间的相互关系。

四、综合作业

1. 思考有哪些环境因素影响植被在地球表面的分布。

2. 比较热带雨林、常绿阔叶林和落叶阔叶林群落的基本特征。

3. 分析影响山地植被垂直带性分布的主要因素。

第四节　植物群落

实验一　植物群落调查

一、实习目的

通过实习掌握植物群落野外调查的基本方法,学会对植物群落调查资料的综合分析,从而认识实习地区植被特征及分布规律与生态环境的关系,以及实习区域各种植物群落之间的相互关系;学会植物群落命名;学会实习区域常见植物种类的鉴别及其主要植物种类。

二、用品与材料

罗盘、GPS、测高仪、测绳、测树尺、计步器;皮尺、剪刀、枝剪、样方架、样圆、铁钎、铁锹、土盒(袋)、标本夹、标本纸、标签、放大镜、记录本、记录笔、铅笔、橡皮、资料袋、植物群落调查记录表、文献资料等。

三、实习内容

1. 样地设置(包括选择样方地点、确定样方大小、形状、数目及布局)。

2. 样地环境描述,样方布设、样方内植物种类统计与登记、群落属性确定及命名。

3. 整理野外调查数据,综合分析调查资料,认识群落特征,比较不同群落的异同及其与环境的关系。

四、实习原理与方法

植被是生态系统的一个组成部分,自然界各种各样的植被是植物群落学的研究对象。群落的野外调查,是认识植物群落数量特征的重要方法。野外工作的好坏,所得资料、数据是否充分可靠,都是进一步分析、综合、应用的基础。

植被调查是从不同类型的植物群落调查入手,分析各个群落本身的特征及其与生境的关系,比较各类群落间的异同,然后加以综合分析。抽样调查是植被调查的基本方法,其实质就是通过对有代表性的小面积植物地段(称样地或样方)进行详细调查、统计与分析,以此来估计、推断此类群落的整体特征。

(一)样地设置

1. 样方形状

样方法是群落数量研究中最普遍的取样技术。样方的形状多采用方形,故称样方;也可使用圆形的,称为样圆;矩形的样地,称为样带或样条。长方形样地的长轴一般应平行于等高线,以避免样地内高差过大而出现生境差异,进而影响群落特征的观察。

2. 取样技术

取样技术指从所要研究的群落中选取有代表性地段的方法。目前植物群落研究中常用的取样技术包括有样地取样法和无样地取样法两种。有样地取样法指有规定面积的取样法,如样方法、样线法。无样地取样法指不规定面积的取样法,这种方法不设样方,而是建立中心轴线,标定距离,进行定点随机抽样。无样地取样有近邻法、最近个体法、随机成对法及中心点四分法。其中,最常用的方法是中心点四分法。无样地取样法随机取样,简单方便,特别对于不易拉样方的山坡地段更为实用,在森林和灌丛的植物调查中也被广泛应用。

(1) 样方法

在一块样地上选定样点,经纬仪安放在样点中心,确定出正北方向、东北方向和正东方向,从样点中心沿正北、正东方向量取相应等长的距离,然后从两个等距点处分别作垂线,交于东北方向上的一点,连接四点可构成所需大小的样方。

样方面积的大小要根据群落的性质确定。样方面积一般应不小于群落的最小面积。所谓最小面积是指对一个特定的群落类型能提供足够的环境空间,或能够保证展现出该群落类型的种类组成和结构特征的一定面积。最小面积通常是根据种-面积曲线来确定的,基本的确定方法有以下几种。

①成倍扩大面积法:基本做法是先从很小的面积开始(对草本群落最小为 $10 \times 10 \ cm^2$,对森林群落至少为 $5 \times 5 m^2$),统计这一小面积中所有植物的种类,然后逐步改变样方边长,使后一个样方面积为前一个样方面积的 2 倍,同时登记新增加的植物种类,直到新种基本不再增加为止,如图 2-4-1(A)。

②从中心逐步向外扩大法:从中心点 O 处作垂线,然后在垂线上作出距中心点的等距点,连接各等距点,即得不同面积的小样方,并依次统计不同小样方中的植物种数,依次扩大面积,直到新种不再增加为止,如图 2-4-1(B)。

③从一点向一侧逐步扩大法:从原点 O 处作垂线构成直角坐标轴,在两坐标轴上依次作出不同等距点,然后连接各等距点,可得到不同面积的小样方,并依次统计各小样方的物种数,依次扩大面积,直到新种不再增加为止,如图 2-4-1(C)。

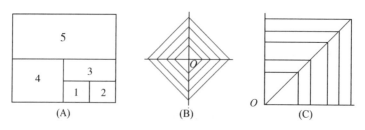

图 2-4-1　样地面积扩大法示意图

最后以样方面积为横轴,物种累积数为纵轴,填入每次扩大面积后所调查的数值,并连成平滑曲线,从而获得种-面积曲线。在曲线由陡变缓处所对应的面积,就是群落调查时所需要设置的最小样方面积,如图 2-4-2。

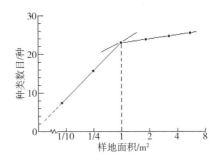

图 2-4-2　植物种-面积曲线图

不同群落类型的最小面积不同,我国各类植被的最小面积常用标准,如表 2-4-1。

表 2-4-1　中国各类植被研究时的最小面积常用标准(宋永昌,2001)

植被类型	最小面积/m²	植被类型	最小面积/m²
热带雨林	2 500~4 000	东北针叶林	200~400
南亚热带森林	900~1 200	灌丛幼年林	100~200
常绿阔叶林	400~800	高草群落	25~100
温带落叶阔叶林	200~400	中草群落	25~400
针阔混交林	200~400	低草群落	1~2

(2) 样线法

在某个植物群落内或者穿过几个群落取一直线(用测绳、卷尺等)作为基线,再沿基线随机或系统选取出待测点作为起点,从起点分别布设等间距的垂线(与基线垂直),然后记录垂线两侧一定范围内的植物,并分析群落结构的方法。此法与样带法相同,适于分析逐渐过渡的群落结构,如分析海岸沙丘或水边植被的带状结构、从林缘至林内的群落结构变化、群落内结构的变异等或确定群落边界等,都可采用样线法或样带法。

垂线样线的长度与数目设置,因群落的类型而异,一般乔本群落可设置 10 条 40~50 m 样线;灌木群落可设置 10 条 20~30 m 样线;草本群落可设置 6 条 10 m 样线。

(3) 中心点四分法

在选定的调查地段内,随机选取多个样点(至少 20~30 个),以每个样点为中心点作垂直交线构成四个象限分区,然后分别测定各象限区内距中心点最近的胸径较大级(≥11.5 cm)的植物个体,记录其植物名、胸围、距中心点的距离,然后依次记录胸径较小 2.5 cm≤d<11.5 cm 的植物个体。在每个象限内设一个 2 m×2 m 的样方,调查其中的草本、灌木和乔木的幼苗(胸径<2.5 cm)种类、株数、高度等。

3. 样方数目

植被调查的准确度取决于样方的数目和质量,而取样数目的多少取决于群落本身的复杂性。如群落结构简单,则取少数样方调查就能反映群落的特征,如群落结构复杂多变,则需要较多的样方调查才能较好地反映群落特征。根据一些研究的统计试验,样方的数目最小应在 30 个左右。学生野外实习时,让学生分组平行进行,一般一个实习小组对一种植物群落布设 3~5 个样方为宜,样方设置太多,实习工作量太大,样方太少,会影响统计准确性。样方地点要随机选取,以便于对统计数据作统计分析。

4. 样地选择

样地指能够反映植物群落基本特征（如群落的组成特征、群落所属分类系统等）的一定地段。选择样地首先要了解典型地段的植物群落情况，然后根据群落调查要求，确定相应的调查范围。选择的样地应该是种类成分分布均匀、群落结构完整、层次分明、生境条件一致（尤其是地形和土壤）、能反映一个群落生境特点的地段；所以，样地要选在群落中心的典型部分，能反映群落的代表特征，避免选择两个群落类型的过渡地带；样地要用显著的实物加以标记，以便明确观察范围。

（二）样地的环境因子调查

在选择好样地以后，要记录样地的环境特征，包括地理位置（所属行政区、经度、纬度、海拔高度）、地形条件（坡向、坡度、地形起伏、地表侵蚀状况）、土壤条件（地质基础、母岩、土壤类型、质地、土层厚度）、群落内外生境（光照强度、温度、空气湿度、风速）以及人为干扰情况（砍伐、栽培、开垦、放牧、火灾等的强度、频度），将这些数据记录到样地调查表中，如表 2-4-2。

（三）不同植物群落的种类调查

1. 样方法调查　在所要调查的地段中，根据具体情况选取不同方法进行取样，然后观测记录所取样地的各种植物。

（1）乔木层植物调查

在每个 $5 \times 5 \ m^2$ 小样方内，调查树高 $H \geqslant 3 \ m$，胸径 $dbh \geqslant 2.5 \ cm$ 的乔木树种，并将其植物名称、胸径、高度、冠幅以及每个树种的郁闭度、枝下高、生活型、物候期等，记录到乔木层样方调查表中，如表 2-4-3。

（2）灌木层植物调查

在每个 $5 \times 5 \ m^2$ 的小样方内，识别灌木层植物，并将其植物名称、株数、盖度、平均高度、多度、生活型、物候期等，记录到灌木层样方调查表中，如表 2-4-4。

（3）草本层植物调查

在 $1 \times 1 \ m^2$ 的草本植物样方内，调查草本层植物，并将其植物名称、垂直层次、株数、盖度、平均高度、生活型、物候期，记录到草本层样方调查表中，如表 2-4-5。

（4）层间植物调查

将层间植物的调查内容，记录到层间植物调查表中，如表 2-4-6。

2. 无样地调查法　采用中心点四分法对选择的样地的乔木、灌木及草本植物进行调查，调查结果记录于表中，如表 2-4-7。

表 2-4-2　群落样地调查表

样方号：_____　　样地面积：_____　　群落类型：_____　　群落名称：_____
地理位置：____省____市____县____镇（村）　经度_____　纬度_____　海拔高度_____
地形条件：坡向_____　坡度_____　地形起伏_____　地表侵蚀_____
土壤条件：母岩与地质_____
土壤名称：_____　质地_____　土层厚度_____　颜色_____　pH_____
枯枝落叶层的性质及其覆盖百分率：
群落特点（外貌、动态、结构等）：
群落内外生境：光照强度_____　温度_____　空气湿度_____　风速_____
人类及动物活动情况：
其它：

　　　　　　　　　　　　　　　　　　　　　　　　调查人_____
　　　　　　　　　　　　　　　　　　　　　　　____年____月____日

表 2-4-3　乔木层样方记录表

调查者：　　　　　　　　　　　调查日期：　　　　　　　　　　　样方号：

样地面积：　　　　　　　　　　郁闭度：　　　　　　　　　　　　群落名称：

小样方号	植物名称	高度/m	胸围/m	冠幅(树冠直径)/m	枝下高/m	生活型	物候期

枝下高：自地面到树干上第一个生活的枝条着生处的高度，以 m 计。

表 2-4-4　灌木层样方记录表

调查者：　　　　　　　　　　　调查日期：　　　　　　　　　　　样方号：

样地面积：　　　　　　　　　　郁闭度：　　　　　　　　　　　　群落名称：

小样方号	植物名称	层次	株数	盖度	高度/m	生活型	物候期

续表

小样方号	植物名称	层次	株数	盖度	高度/m	生活型	物候期

表 2-4-5　草本层样方记录表

调查者：　　　　　　　　　　调查日期：　　　　　　　　　　样方号：

样地面积：　　　　　　　　　　郁闭度：　　　　　　　　　　群落名称：

小样方号	植物名称	层次	高度/cm		盖度	株数	生活型	物候期
			生殖苗高	叶层高				

表 2-4-6　层间植物调查表

调查者：　　　　　　　　　　调查日期：　　　　　　　　　　样方号：

样地面积：　　　　　　　　　　郁闭度：　　　　　　　　　　群落名称：

植物名称	类型			数量	被附着植物		直径/m	分布情况	位置	物候期
	藤本	附生	寄生		名称	生活型				

植物名称	类型			数量	被附着植物		直径/m	分布情况	位置	物候期
	藤本	附生	寄生		名称	生活型				

表 2-4-7 中心点四分法记录表

样点	象限号	$dbh \geqslant 11.5\,cm$			$2.5\,cm \leqslant dbh < 11.5\,cm$			$dbh < 2.5\,cm$			草本			灌木		
		离样点距离/m	植物名称	胸径/cm	离样点距离/m	植物名称	胸径/cm	离样点距离/m	植物名称	胸径/cm	植物名称	株数	高度	植物名称	株数	高度
1	I															
	II															
	III															
	IV															
2	I															
	II															
	III															
	IV															
3	I															
	II															
	III															
	IV															
4	I															
	II															
	III															
	IV															

（四）物种多样性分析

1. 植物群落组分重要性和优势度分析

在群落调查中,野外调查是重要的和基本的工作,但调查收集到的大量资料是分散和不系统的。调查结束后需要把这些资料进行整理归纳和概括,主要任务包括以下内容。

（1）整理小气候资料,分析土壤样品;

（2）植物标本的整理和鉴定;

（3）植物群落调查表的整理、各项数据统计。

在整理数据时,确定各个种的密度、优势度(显著度)和频度值。密度反映单位面积的个体数;优势度反映单位面积的植株底面积或树冠覆盖面积;频度反映包含该种样地的分布。对于一定的种,这些值各以绝对方式或以表示该种的值对所有种的百分比来表示。

重要值是评价某一植物在群落中作用和地位的综合数量指标,是指物种相对密度、相对显著度、相对频度的总和,其计算公式为:重要值＝相对多度(或相对密度)＋相对频度＋相对显著度(或相对盖度)。

密度＝样地内某物种的个体数目/样地面积

相对密度＝(某个种的密度/所有种的总密度)×100

相对多度＝(样方内某个种的株数/样方内各种植物的总株数)×100

显著度＝基部盖度或胸高断面积之和

相对显著度＝(一个种的显著度/所有种的总显著度)×100

相对盖度＝(样方内某个种的盖度/样方内各种植物的总盖度)×100

频度＝有该种的样地数(样点数)/样地总数(样点总数)

相对频度＝(一个种的频度/所有种的总频度)×100

调查所得数据整理计算后,将计算数值汇总到表中,如表 2-4-8。

表 2-4-8　乔木层样方调查结果整理

植物名称	特征值	样方 1	样方 2	样方 3	样方 4	……	累计
	相对密度						
	相对多度						
	相对频度						
	相对盖度						
	相对显著度						
	重要值						
	相对密度						
	相对多度						
	相对频度						
	相对盖度						
	相对显著度						
	重要值						

续表

植物名称	特征值	样方 1	样方 2	样方 3	样方 4	……	累计
	相对密度						
	相对多度						
	相对频度						
	相对盖度						
	相对显著度						
	重要值						

2. 群落的物种多样性分析

群落的物种多样性常用多样性指数来表示。常见的多样性指数有以下几种。

（1）Shannon-Weiner 多样性指数：是借用信息论的方法来测量群落的异质性，其公式为：

$$H = -\sum_{i=1}^{s} (\log_2 P_i) P_i \tag{1}$$

式中：H——Shannon-Weiner 指数；P_i——群落中物种 i 个体比例。

（2）Simpson 多样性指数：由概率论导出的测定多样性的方法。

Simpson 指数＝随机取样的两个个体属于不同种的概率＝1－随机取样的两个个体属于同一种的概率，其表达式为：

$$D = 1 - \sum_{i}^{s} P_i^2 \tag{2}$$

式中：D——Simpson 多样性指数；P_i——群落中物种 i 个体比例。

（3）DIC 多样性指数：用于多个群落的物种多样性比较，其表达式为：

$$DIC = \frac{g}{G} \sum_{i=1}^{n} \left[1 - \left(\frac{|X_{i\max} - X_i|}{X_{i\max} + X_i} \right) \right] \frac{C_i}{C} \tag{3}$$

式中：$X_{i\max}$——多个群落中第 i 个物种的最大个体数；X_i——要测量群落中第 i 个物种的个体数；g——群落中的物种数，G——各群落所包含的总物种数；C_i/C——在 C 个群落中第 i 个物种出现的比率。

（4）均匀度指数：用以度量物种的个体数量分布是否均匀的指标，其表达式为：

$$J_{WS} = -\frac{-\sum P_i \ln P_i}{\ln S} \tag{4}$$

式中：J_{WS}——均匀度指数；S——样地中的物种总数；P_i——群落中物种的个体比率。

（5）丰富度指数：用以度量样地内物种数量特征的指标，通常用一个群落中物种的数目表示物种的丰富度。

3. 群落生活型组成分析

根据丹麦植物学家 C·Raunkiaer 的生活型分类系统，植物生活型分为高位芽植物、地上芽植物、地面芽植物、隐芽植物和一年生植物5种。每类之下再根据植物体高度、芽有无芽鳞保护、落叶或常绿、茎的特点等特征，划分为30个小类。

根据C·Raunkiaer的生活型分类系统，分析所调查群落的生活型组成，制作群落的生活型谱，然后分析群落的外貌特征及群落环境。

制作群落的生活型谱，首先将群落的全部植物种类调查清楚，列出植物名录；其次是确定每种植物的生活型；最后把同一生活型的种类归到一起，并算出某一生活型植物的百分比。计算公式为：

$$\text{某一生活型的百分率} = \frac{\text{该群落某生活型的植物种数}}{\text{该群落全部植物种数}} \times 100\% \tag{5}$$

五、植物群落调查注意事项

1. 植物群落调查前先要明确调查目的，收集所调查地区的有关文献资料，以便了解调查地区的地理环境，包括地质、地貌、水文和土壤有关文献资料，同时了解前人对该地区植被调查的资料以及所要研究的植被的基本特点。

2. 制作好调查时所用的各类表格，表格信息要完整、科学，调查时及时记录清楚各项内容，以便查询。

3. 野外调查时做好各种记录，同时采集各种标本，包括枝、叶、花、果实等，并做好登记编号。

4. 及时整理调查资料，发现问题及时查补。

六、实习总结

1. 系统整理野外植物群落调查所得到的各种原始记录和采集的各类标本。

2. 撰写野外实习报告　认真整理野外实习内容，撰写实习报告。实习报告包括以下内容。

前言：包括野外群落调查的目的与任务；调查的区域范围、所处位置、行政区划、面积；调查的组织与过程；调查内容与任务的完成情况；调查地区的自然条件（包括地质、地貌、气候、土壤、水文及植被等）；调查地区的人文地理状况（包括调查地区的村落、人口、经济、文化等）。

正文：实习报告的主体部分，要求包括：(1)详细描述所调查的植物群落名称以及所调查植物的学名、俗名、所属科、生态习性、形态特征、地理分布等。

(2)将调查的结果进行综合分析与评价，论述各类植物的用途、数量。

(3)综合评价调查结果的准确性、代表性，所得结论的可信性，野外工作存在的问题及今后工作的措施。

七、综合作业

1. 在本次野外实习中，对所调查的植物群落如何定名？

2. 你对所调查的植物群落的更新及发展前景有什么看法？

3. 物种多样性在植物群落中有哪些功能和作用？哪些因素影响群落的物种多样性？

实验二　植物群落的结构观察与分析

一、实习目的

通过实习掌握植物群落结构观察的基本方法,利用调查所得数据分析群落结构的特征。

二、用品与材料

测绳、卷尺、钢丝网、记录本、铅笔、各种群落调查表、调查区的各类地图。

三、实习内容

在选定的实习区域,分组对已知群落类型进行观察、然后取样,进行调查统计,最后进行统计分析。

四、实习原理与方法

1. 植物群落的垂直结构观察

植物群落在垂直方向上最明显的特征就是群落的分层现象。一个典型的森林群落,通常可以划分出乔木层、灌木层、草本层和地被层4个基本层次,在各层中又可分出几个亚层。此外,还有一些植物不形成独立层次,而是附着于各层植物上,构成层间植物。对于草本植物群落,也有明显的成层现象,但层次较少,一般分为高草层、中草层、矮草层和地被层。植物的地上部分分层现象明显,地下部分同样存在分层现象。地下部分的分层通常分为浅层、中层和深层。在水生环境中,水生植物也存在分层现象。

选择一个典型群落或地段,仔细观察群落的分层现象,区分4个基本层次以及层间植被。目测各层的高度,识别构成各层的主要植物种类及其生活型,将观察结果记录在提前设计好的表中,如表2-4-9。然后,根据群落中各层主要植物种类观察,区分群落的优势种、共优种、建群种、伴生种、普通种及稀有种等。区分结果记录在表2-4-9中。

表 2-4-9　植物群落分层观察记录表

观测小组:＿＿＿＿＿＿　　　观测人:＿＿＿＿＿＿　　　观测时间:＿＿＿＿＿＿

基本信息:群落所在区域:＿＿＿＿＿＿;地理位置:＿＿＿＿＿＿;海拔高度:＿＿＿＿＿＿;地形:＿＿＿＿＿;
坡度:＿＿＿＿＿;土壤类型及酸碱度:＿＿＿＿＿＿。

分层	亚层	平均高度	主要种类	生活型	在群落中的作用(优势种、建群种、伴生种、普通种或稀有种)
乔木层	第一亚层				
	第二亚层				
	第三亚层				
灌木层	第一亚层				
	第二亚层				
	……				

分层	亚层	平均高度	主要种类	生活型	在群落中的作用（优势种、建群种、伴生种、普通种或稀有种）
草本层	第一亚层				
	第二亚层				
	......				
地被层					
层间植物					

2. 植物群落的水平结构观察

植物群落水平结构是指不同植物在水平方向的配置状况或水平格局。一个群落的种类组成和数量比例在水平方向上配置不均匀，致使一些种类分散生长，而一些种类聚集在一起生长，因而造成了群落的斑块状分布，每一个斑块就是一个小群落。小群落的出现是与生态因子的不均匀性密切相关。如群落内小地形和微地形的变化、群落内环境的差异、植物本身生态习性以及人为活动的影响等。由于各个小群落总是交错镶嵌分布的，因此，群落的水平结构也称为镶嵌结构。

群落中某一种群个体在水平空间上的分布有 4 种方式：随机分布、簇生或成群分布、均匀分布、个体高度簇生成群以及整个群体有规则分布。

观察和研究群落的水平结构，通常要绘制适当比例尺的镶嵌结构图。一种是样方图解，一种是种群分布图解。样方图解是把各个植物种在样方内的分布位置按比例转绘到图上，这种图可以看出各个种的具体分布位置以及各个种之间的关系。单个植物种在样方内的分布可以制成图解，即种群的分布图解。

选择一个典型灌丛群落或草本群落进行水平结构观察。先圈定好调查样方，后罩上预制好的标准钢丝网（$1 \times 1 \ m^2$，分隔成 16 个等大的小方格），调查每个小方格中各个物种的多度、盖度、频度等数量指标，最后将调查结果制成图解。

植物群落结构分析，主要根据群落调查结果，对群落进行详细描述。描述的基本内容有群落分层的明显程度、各层及亚层的主要种类组成、各层高度、盖度、层外植物等；群落优势种群的数量特征，如多度、盖度、优势度等；群落的水平分布状况，主要小群落及其分布方式。

植物群落结构与环境因子的关系分析，主要分析群落的结构复杂性、种类组成的多样性等与当地生境特点，特别是水势条件、地形与土壤条件、人类活动影响等因素之间的关系。

五、实习总结

系统整理野外实习内容，根据野外观察结果，撰写完整的实习报告。实习报告包括前言与正文两部分。前言部分要概述野外群落结构调查的目的与任务；调查的区域范围、所处位置、行政区划、面积；调查的组织与过程；调查内容与任务的完成情况；调查地区的自然条件（包括地质、地貌、气候、土壤、水文及植被等）；调查地区的人文地理状况（包括调查地区的村落、人口、经济、文化等)。正文部分是实习报告的主体部分,要求:(1)详细描述所调查的植物群落名称以及所调查群落垂直结构与水平结构基本内容,分析影响群落结构的环境因子。(2)将调查的结果进行综合分析与评价,并对调查结果的准确性、代表性、所得结论的可信性进行综合评价。(3)野外工作存在的问题及今后工作的改进措施。

六、综合作业

1. 简述群落垂直结构与水平结构基本内容,分析影响群落结构的环境因子。

2. 以组为单位,选择一个群落进行群落结构特征调查,根据调查详述所调查群落的垂直与水平结构特征,然后分析影响群落结构特征的环境因子。

第五节　植物区系与植被类型

实验一　植物区系分析

一、实习目的

通过实习使学生进一步理解植物区系的概念、类型及划分;了解区域植物区系分区,掌握植物区系分析的方法,并对区域植物区系资源的合理利用提出初步的建议;初步掌握植物区系调查的基本方法,了解植被资源开发利用的有关理论。

二、用品与材料

标本箱、望远镜、皮尺或卷尺、GPS 或罗盘、枝剪、放大镜、镊子、铅笔、小铁铲、直尺、照相机、记录本、各类植物调查记录表、笔记本电脑、《植物志》《植物检索表》《高等植物图鉴》《中国种子植物属的分布类型》《世界种子植物科的分布区类型系统》及实习地区的植被图、航片、地形图等。

三、实习原理与方法

(一) 植物区系分析

植物区系指某一特定地区生长的全部植物种类,是植物种属和科的自然综合体。它们是植物界在一定自然环境中长期发展演化的结果,是构成各种植被类型的基础和研究自然历史特征和变迁的依据之一。同一植物区系的分布范围大体与具有某一特性的自然环境相联系,反映了其发展进程与古地理或现代自然条件间的关系。植物区系分析对于认识一个地区的地质历史具有重要意义。

一个地区的植物区系分析通常包括区系成分分析和区系的相似性比较分析两个方面。

1. 植物的区系成分与分析

植物区系研究,通常将某地区的全部植物种类按科、属、种进行数量统计,然后再把所有植物按其地理分布(分布区类型)、种的发生地、迁移路线、发生时间、适应的生境等划分成若干成分(类群),分别称为植物区系的地理成分、发生成分、迁移成分、历史成分、生态成分,以便全面了解一个地区植物区系的种类组成、分布区类型以及发生、发展等重要特征。其中,地理成分、发生成分和历史成分在区系分析中最为重要。

地理成分是根据某一分类单位的植物的现代地理分布区划分的区系成分。任一地区的植物区系都含有多种地理成分,共同构成该区植物区系的分布结构。凡是自然分布区大体一致或现代分布中心相近的所有类群均可合并为一种地理成分。吴征镒等曾把我国种子植物301科划分为6个分布区类型和19个亚型,将3116个属划分为15个分布区类型和31个变型。其中,属的分布区类型及其变型见表2-5-1。

(1) 世界性分布:包括几乎遍布世界各大洲而没有分布中心的属,或虽有一个或数个分布中心而包含世界分布种的属。我国有104属,占全国总属的3.3%。这一成分大多是一些水生、沼生和盐生的草本植物。如莎草属、灯心草属(*Juncus* L.)、藨草属(*Scirpus* L.)、香蒲属(*Typha* L.)、浮萍属(*Lemna* L.)、狸藻属(*Utricularia* L.)、猪毛菜属(*Salsola* L.)、碱蓬属(*Suaeda* Forsk ex Scop.)等。

(2) 泛热带分布:包括普遍分布于东、西两半球热带地区的属,原可分布到亚热带(甚至温带),但分布中心或原始类型仍在热带范围内的属也属于这一成分。我国共有362属,占全国总属数的11.6%。有些属延伸至亚热带,有些属的少数种扩展延伸至温带地区,在西南山地则上升到海拔27 00~3 000 m。代表性的属有琼楠属(*Beilschmiedia* Nees)、厚壳桂属(*Cryptocarya* R. Br.)、天料木属(*Homalium* Jacq.)、黄檀属(*Dalbergia* L.f.)、苹婆属(*Sterculia* L.)、冬青属(*Ilex* L.)、黄杨属(*Buxus* L.)、羊蹄甲属(*Bauhinia* L.)、芒草属(*Aristida* L.)等

(3) 热带亚洲和热带美洲分布:包括间断分布于亚洲和美洲热带地区的属,在东半球从亚洲可能延伸到澳大利亚东北部或西南太平洋岛屿。我国共有62属,占全国总属数的2.0%。主要有木姜子属(*Litsea* Lam.)、楠属(*Phoebe* Nees)、无患子属(*Sapindus* L.)、柃木属(*Eurya* Thunb.)、泡花树属(*Meliosma* Bl.)、水东哥属(*Saurauia* Willd.)等。

表2-5-1　中国种子植物属的分布区类型及其变型(吴征镒,1991)

分布区类型	成分及其变型	属数
一、世界性分布	1. 世界性成分(104)	104
二、泛热带分布及其变型	2. 泛热带成分(316) 　2.1　热带亚洲、大洋洲和南美洲(墨西哥)间断(17) 　2.2　热带亚洲、非洲和南美洲间断(29)	362
三、热带亚洲和热带美洲间断分布	3. 热带亚洲和热带美洲成分(62)	62
四、旧世界热带分布及其变型	4. 旧世界热带成分(147) 　4.1　热带亚洲、非洲和大洋洲间断(30)	177
五、热带亚洲至热带大洋洲分布及其变型	5. 热带亚洲至热带大洋洲成分(147) 　5.1　中国(西南)亚热带和新西兰间断(1)	148
六、热带亚洲至热带非洲分布及其变型	6. 热带亚洲至热带非洲成分(149) 　6.1　中国(华南、西南)到印度和热带非洲间断(6) 　6.2　热带亚洲和东非间断(9)	164

分布区类型	成分及其变型	属数
七、热带亚洲分布及其变型	7. 热带亚洲(印度—马来西亚)成分(442) 　　7.1　爪哇、喜马拉雅和中国华南(30) 　　7.2　热带印度至中国华南(43) 　　7.3　缅甸、泰国至中国(华西南、西南)星散(29) 　　7.4　越南(或中南半岛)至中国华南(67)	611
八、北温带及其变型	8. 北温带成分(213) 　　8.1　环极(10) 　　8.2　北极—高山(14) 　　8.3　北极—阿尔泰和北美洲间断(或西南)(2) 　　8.4　北温带和南温带(全温带)间断(57) 　　8.5　欧亚和南美洲温带间断(5) 　　8.6　地中海区、东亚、新西兰和墨西哥到智利间断(1)	302
九、东亚和北美洲间断分布及其变型	9. 东亚和北美洲间断分布成分(123属) 　　9.1　东亚和墨西哥间断(1)	124
十、旧世界温带分布及其变型	10. 旧世界温带成分(114) 　　10.1　地中海区、西亚和东亚间断(25) 　　10.2　地中海区和喜马拉雅间断(8) 　　10.3　欧亚和非洲南部(有时也在大洋洲)间断(17)	164
十一、温带亚洲分布	11. 温带亚洲成分(55)	55
十二、地中海区、西亚至中亚分布及其变型	12. 地中海区、西亚至中亚成分(152) 　　12.1　地中海区到中亚和非洲南部、大洋洲间断(4) 　　12.2　地中海区至中亚和墨西哥间断(2) 　　12.3　地中海区至温带、热带亚洲、大洋洲和南美洲间断(5) 　　12.4　地中海区至热带非洲和喜马拉雅间断(4) 　　12.5　地中海区非洲北部、中亚、北美西南部、智利和大洋洲(泛地中海)间断分布(4)	171
十三、中亚分布及其变型	13. 中亚成分(69) 　　13.1　中亚东部(亚洲中部)(12) 　　13.2　中亚至喜马拉雅(26) 　　13.3　西亚至西喜马拉雅和中国西藏(4) 　　13.4　中亚到喜马拉雅阿尔泰和太平洋北美间断(5)	116
十四、东亚分布及其变型	14. 东亚成分(东喜马拉雅—日本成分)(73) 　　14.1　中国—喜马拉雅(SH)(141) 　　14.2　中国—日本(SJ)(85)	299
十五、中国特有分布	15. 中国特有成分(257)	257
合计	注:(括号中的数字为相应类型或变型的属数)	3 116

（4）旧大陆热带分布：指间断分布于亚洲、非洲和大洋洲的热带地区及其邻近岛屿地区的属（也称古热带成分），以与美洲新大陆、新热带相区别。我国共有 177 属，占全国总属数的 5.7%。多数集中地分布于热带和亚热带，仅有极少数的属延伸至温带，表明这类成分具有较强的热带性质。代表性属有肉豆蔻属（*Myristica* Gronov.）、蒲桃属（*Syzygi-*

um Gaertn.)、血桐属(*Macaranga* Thou.)、银叶树属(*Heritiera* Dryand.)、八角枫属(*Alangium* Lam.)、厚壳树属(*Ehretia* P. Br.)、合欢属(*Albizia* Durazz.)、海桐花属(*Pittosporum* Banks ex Soland)、芭蕉属(*Musa* L.)等。

(5) 热带亚洲至热带大洋洲分布:本成分多呈热带亚洲与热带澳大利亚间断分布,是旧大陆热带成分的东翼,其西侧到达马达加斯加。我国共有 148 属,占全国总属数的 4.7%。其代表属有山龙眼属(*Helicia* Lour)、桃金娘属(*Rhodomyrtus* Reichb.)、五桠果属(*Dillenia* Linn.)、樟属(*Cinnamomum* Trew)、岗松属(*Baeckea* L.)、杜英属(*Elaeocarpus* L.)和棕榈科的槟榔属(*Areca* L.)、鱼尾葵属(*Caryota* L.)、蒲葵属(*Liuistona* R. Br.)、水椰属(*Nypa* Steck)等。

(6) 热带亚洲至热带非洲分布:本成分是旧大陆热带成分的西翼,即从热带非洲至印度—马来西亚,有的属可分布到斐济等南太平洋岛屿。我国共有 164 属,占全国总属数的 5.3%。其代表属有厚皮树属(*Lannea* A. Rich.)、木棉属(*Bombax* L.)、藤黄属(*Garcinia* Linn.)、使君子属(*Quisqualis* L.)、杠柳属(*Periploca* L.)和乌檀属(*Nauclea* L.)等。

(7) 热带亚洲(印度—马来西亚)分布:位于旧大陆热带的中心部分,是我国植物区系中最丰富的成分。其范围包括印度、斯里兰卡、中南半岛、印度尼西亚、加里曼丹岛、菲律宾及新几内亚岛等,东面可到斐济等南太平洋岛屿。其北部边缘可达我国西南、华南及台湾,甚至更北地区。自从第三纪或更早时期以来,这些地区的生物气候条件未发生巨大的变动,处于相对稳定的温热状态,地区内部的生境变化又复杂多样,促进了植物的种发生分化。而且本区处于南、北古陆接触地带,使南、北古陆植物区系相互渗透。因此,本地区成为世界上植物区系最丰富的地区之一,并且保存了许多第三纪热带植物区系的后裔或残遗。我国共有 611 属,占全国总属数的 19.6%。其中,单型属及少型属约占本类成分的一半,表明本成分的古老性。代表属有坡垒属(*Hopea* Roxb.)、青梅属(*Vatica* L.)、龙脑香属(*Dipterocarpus* Gaertn. F.)、猪笼草属(*Nepenthes* L.)、人面子属(*Dracontomelon* Bl.)、杧果属(*Mangifera* L.)、黄桐属(*Endospermum* Benth.)、铁力木属(*Mesua* L.)、菠萝蜜属(*Artocarpus* J. R. et G. Forst.)、团花属(*Anthocephalus* A. Rich.)、荔枝属(*Litchi* Sonn.)、番龙眼属(*Pometia* J. R. et G. Forst.)、润楠属(*Machilus* Nees)、木莲属(*Manglietia* Bl.)、含笑属(*Michelia* L.)、山茶属(*Camellia* L.)、木荷属(*Schima* Reinw.)等。

(8) 北温带分布:指广泛分布于欧洲、亚洲和北美洲温带地区的属。由于历史和地理的原因,有些属沿着山脉向南延伸到热带地区,甚至南半球的温带,但其分布中心仍然在北温带,这些属也包括在这一成分内。我国共有 302 属,占全国总属数的 9.7%。其主要的落叶阔叶乔木植物有杨属(*Populus* L.)、柳属(*Salix* L.)、槭属(*Acer* L.)、桦木属(*Betula* L.)、栗属(*Castanea* Mill.)、栎属(*Quercus* L.)、胡桃属(*Juglans* L.)、桑属(*Morus* L.)、花楸属(*Sorbus* L.)、七叶树属(*Aesculus* L.)、椴属(*Tilia* L.)和榆属(*Ulmus* L.)等;松柏类常绿或落叶的针叶乔木有侧柏属(*Platycladus* Spach)、刺柏属(*Juniperus* L.)、圆柏属(*Sabina* Mill.)、冷杉属(*Abies* Mill.)、落叶松属(*Larix* Adans.)、云杉属(*Picea* A. Dietr.)、松属(*Pinus* L.)及紫杉属(*Taxus* L.)等;灌木及草本的代表属黄栌属(*Cotinus* L.)、盐肤木属(*Rhus*)、忍冬属(*Lonicera* L.)、绣线菊属(*Spiraea* L.)、蔷薇属(*Rosa* L.)、杜鹃花属(*Rhododendron* L.)、凤毛菊属(*Saussurea* DC.)、景天属(*Sedum* L.)、报春花属(*Primula* L.)、点地梅属(*Androsace* L.)、乌头属(*Aconitum* L.)、翠雀属(*Delphinium* L.)、委陵菜属(*Potentilla* L.)、虎耳草属(*Saxifraga* L.)、马先蒿属(*Pedicularis* L.)、泽泻属(*Alisma* L.)、菖蒲属(*Acorus* L.)、冰草属(*Agropyron* Gaertn.)、野古草属(*Arundinella* Raddi)、拂子茅属(*Calamagrostis* Adans.)、针茅属(*Stipa* L.)、鸢尾属(*Iris* L.)等。

（9）东亚—北美间断分布：指间断分布于东亚和北美洲温带及亚热带地区的许多属。其中有些属虽然在亚洲和北美洲分布到热带，个别属甚至出现在非洲南部、澳大利亚或中亚，但它们的近代分布中心仍在东亚或北美洲。我国共有 124 属，占全国总属数的 4.0%。其中单型、少型属 54 属，表明这一成分的古老性。其代表属有鹅掌楸属(*Liriodendron* L.)、木兰属(*Magnolia* L.)、金缕梅属(*Hamamelis* L.)、枫香树属(*Liquidambar* L.)、八角属(*Illicium* L.)、五味子属(*Schisandra* Michx.)、绣球属(*Hydrangea* L.)、夏蜡梅属(*Calycanthus* Linn.)、蓝果树属(*Nyssa* Gronov. ex Linn.)、六道木属(*Abelia* R. Br.)、莲属(*Nelumbo* Adans.)、扁柏属(*Chamaecyparis* Spach)、崖柏属(*Thuja* L.)、黄杉属(*Pseudotsuga* Carr.)、铁杉属(*Tsuga* Carr.)等。

（10）旧大陆温带分布：指广泛分布于欧洲、亚洲中、高纬度的温带和寒温带地区，或个别种延伸到北非及亚洲—非洲热带山地，或澳大利亚的属。我国共有 164 属，占全国总属的 5.3%，以草本植物为主，其代表属有沙棘属(*Hippophae* L.)、梨属(*Pyrus* L.)、瑞香属(*Daphne* L.)、柽柳属(*Tamarix* L.)、沙参属(*Adenophora* Fisch.)、石竹属(*Dianthus* L.)、丝石竹属(*Gypsophila* L.)、剪秋罗属(*Lychnis* L.)、旋覆花属(*Inula* L.)、橐吾属(*Ligularia* Cass.)、益母草属(*Leonurus* L.)、荆介属(*Nepeta* L.)、糙苏属(*Phlomis* L.)、百里香属(*Thymus* L.)、山羊草属(*Aegilops* L.)、隐子草属(*Cleistogenes* Keng)、鹅观草属(*Roegneria* C. Koch)等。

（11）温带亚洲分布：指分布于亚洲温带地区的属，多为灌木和草本植物，主要是从北温带成分中分化衍生而来的。我国仅有 55 属，占全国总属数的 1.8%。代表属有锦鸡儿属(*Caragana* Fabr.)、杏属(*Armeniaca* Mill.)、钻天柳属(*Chosenia* Nakai)、亚菊属(*Ajania* Poljak)、线叶菊属(*Filifolium* Kitamura)、白鹃梅属(*Exochorda* Lindl.)、马兰属(*Kalimeris* Cass.)、附地菜属(*Trigonotis* Stev.)、大黄属(*Rheum* L.)等。

（12）地中海、西亚至中亚分布：分布于现代地中海周围，经过西亚或西南亚至中亚和我国新疆、青藏高原及蒙古高原一带。我国共有 171 属，占全国总属数的 5.5%，多为旱生和盐生的种类。主要代表属有假木贼属(*Anabasis* L.)、樟味藜属(*Camphorosma* L.)、角果藜属(*Ceratocarpus* L.)、盐穗木属(*Halostachys* C. A. Mey.)、梭梭属(*Haloxylon* Bunge)、盐爪爪属(*Kalidium* Miq.)、裸果木属(*Gymnocarpos* Forssk.)、骆驼刺属(*Alhagi* Gagnebin.)、铃铛刺属(*Halimodendron* Fisch. ex DC.)、鸡娃草属(*Plumbagella* Spach)、沙拐枣属(*Calligonum* L.)、红砂属(*Reaumuria* L.)等，还有一些短命植物及珍贵的肉质寄生植物，如锁阳属(*Cynomorium* L.)、肉苁蓉属(*Cistanche* Hoffmgg. et Link)等。

（13）中亚成分：指分布于亚洲内陆干旱地区（特别是山地）而不见于西亚及地中海周围的属。我国共有 116 属，占全国总属数的 3.7%。代表属有沙蓬属（*Agriophyllum* Bieb.）、戈壁藜属（*Iljinia* Korov.）、沙冬青属（*Ammopiptanthus* Cheng f.）、绵刺属（*Potaninia* Maxim.）等。

（14）东亚分布（喜马拉雅—日本分布）：包括从东喜马拉雅到日本的一些属。其西南不超过越南北部和喜马拉雅东部；南部最远达菲律宾、印度尼西亚、苏门答腊爪哇；其西北一般以我国各类森林边界为界；东北一般不超过俄罗斯境内的阿穆尔州，并从日本北部至萨哈林岛（库页岛）。分布区较小，几乎都是森林区系，并且分布中心不超过喜马拉雅至日本的范围。东亚植物区系由于特征科、属丰富、多古老类型、竹类特别发达、温带和亚热带的木本属很多。我国共有 299 属，占全国总属数的 9.6%。东亚成分的典型代表属约 70 属。如粗榧属（*Cephalotaxus* Sieb. et Zucc.）、领春木属（*Euptelea* Sieb. et Zucc.）、猕猴桃属（*Actinidia* Lindl.）、五加属（*Acanthopanax* Miq.）、党参属（*Codonopsis* Wall. ex Roxb）、四照花属（*Dendrobenthamia* Hutch.）、枫杨属（*Pterocarya* Kunth）、油杉属（*Keteleeria* Carr.）、台湾杉属（*Taiwania* Hayata）、梧桐属（*Firmiana* Marsili）、箭竹属（*Fargesia* Franch. emend. Yi））、银杏属（*Ginkgo* L.）、柳杉属（*Cryptomeria* D. Don）、连香树属（*Cercidiphyllum* Sieb. et Zucc.）、昆栏树属（*Trochodendron* Sieb. et Zucc.）等。

（15）中国特有分布：我国幅员辽阔，自然条件复杂，历史悠久，并且在第四纪冰川时期没有直接受到北方大陆冰川的破坏，因此，特有植物很丰富，其中包含众多古老的残遗成分。我国共有 257 属，占全国总属数的 8.2%，归入 74 科。代表属有水松属（*Glyptostrobus* Endl.）、水杉属（*Metasequoia* Miki ex Hu et Cheng）、蜡梅属（*Chimonanthus* Lindl.）、猬实属（*Kolkwitzia* Graebn.）、喜树属（*Camptotheca* Decne.）、虎榛子属（*Ostryopsis* Decne）、青钱柳属（*Cyclocarya* iljinskaja）、青檀属（*Pteroceltis* Maxim.）、蚂蚱腿子属（*Myripnois* Bunge）、银杉属（*Cathaya* Chun et Kuang）、金钱松属（*Pseudolarix* Gord.）、文冠果属（*Xanthoceras* Bunge）、四合木属（*Tetraena* Maxim.）、芒苞草属（*Acanthochlamys* P. C. Ko）等。

对野外调查的植物科的区系特征可根据吴征镒等（2003）划分的世界种子植物科的分布区类型系统进行统计分析，属的区系特征可根据吴征镒等（1991）划分的属分布区类型系统进行统计分析。

2. 地区间植物区系比较分析

两个地区间植物区系间的比较，通常采用种（或科或属）相似性系数作为两者相似程度的指标。通过相似性系数比较分析，不仅可以清楚地确定两个（或多个）地区间植物区系的相关性程度，而且对植物分区和研究过渡地区植物区系的地理属性有重要意义。

（1）种相似性系数

种相似性系数或称 Jaccard 系数。即两个地区植物区系的共有种的数量与两个地区植物区系的种类总数之比。共有种和种类总数中均不含世界种和外来种。其表达式为：

$$S_J = \frac{c}{a+b+c} \times 100\% \quad 或 \quad S_J = \frac{c}{A+B-c} \times 100\% \tag{1}$$

由 Jaccard 系数衍生出的 Czechanowske 系数或称 Sprensen 系数受到更多学者的认可,其表达式为:

$$S_c = \frac{2c}{a+b+2c} \times 100\% \quad 或 \quad S_c = \frac{2c}{A+B} \times 100\% \tag{2}$$

式中:S_J 为 Jaccard 系数;a、b 分别为两个地区的独有种;c 为两个地区共有种数;A、B 分别为两个地区的全部种数。

（2）属的相似性系数

属的相似性系数,即 Szymkiewicz 系数,是波兰植物地理学家 D·Szymkiewicz 提出。该系数是用两个地区植物区系非世界共有属的数目表示的。即两个地区植物区系中共有的非世界属数与两个地区区系中较贫乏的区系非世界属数之比。表达式为:

$$S_s = \frac{C}{A} \times 100\% \quad (A < B) \quad S_s = \frac{C}{B} \times 100\% \quad (B < A) \tag{3}$$

式中:A、B 分别是两个地区植物区系中较贫乏的区系非世界属数;C 为两个地区植物区系中共有的非世界属数;S_s 为 Szymkiewicz 系数。

D·Szymkiewicz 认为,当 $S_s \geqslant 50\%$ 时,两个植物区系为近缘植物区系;当 $S_s < 50\%$ 时,两个植物区系近缘性不大或完全不存在。

（3）科的相似性系数

科的相似性系数是以科的相似性指标,来对比不同地区植物区系的相似程度。即某一地区与其对比地区的共有科数与该地区全部科数之比。其表达式为:

$$科的相似性系数 = \frac{某地与对比地区共有科数}{某地全部科数} \times 100\% \tag{4}$$

（4）区系相似性系数

科、属和种相似性系数是从不同的分类学水平来比较两个地区植物区系的相似性程度的,可将其归结为植物区系相似系数。即区系相似性系数以组成植物区系的不同分类单位(科、属、种)为分析对象,比较任意两个地区植物区系的相似程度的数值。

四、综合作业

1. 植物区系的概念,植物区系成分包括哪些?

2. 植物区系的地理成分有哪些? 主要区别是什么?

3. 不同地区间植物区系比较的指标及其涵义是什么?

实验二 植被图的绘制

一、实习目的

通过本实习,了解植被图的基本知识和主要类型;了解和初步掌握现状植被图的绘制方法,理解不同植物群落的空间分布及与其自然环境(地理位置、气候、地形、地质、土壤等)之间的关系;进一步理解植被分类的基本理论与方法以及植被分类的等级单位——群丛、群系及植被型的概念;学会绘制植被图的基本方法。

二、用品与材料

绘图工具,包括绘图铅笔、直尺、圆规、量角器、彩色铅笔、小刀、橡皮、纸张、三角板等;各种不同比例尺的植被图。

三、实习原理

植被图又称地植物学图或植物群落图,是表示各种植物群落(植被单位)的空间分布及与其生境(包括地理位置、气候、地形、地质、土壤等)之间关系的地图。按性质和用途划分,植被图可分为普通植被图和专题植被图两类。普通植被图主要反映各级植物群落(植被单位)的分布与自然环境的关系,属于植被类型图的范畴,包括现状植被图、复原植被图、潜在植被图(显示理论上的潜在发展趋势、亦即停止人类活动以后,可能出现的植被类型)以及植被区划图等。专题植被图是指为具体用途服务的植被图,如指示植物图、资源植物图、森林分布图、农业植被图、草场类型图等。

植被图或地植物学图通常是指植被类型图。植被类型图按建群植物的生活型划分出植物群落及其分类系统,即植被型、群系组、群系、群丛组、群丛等。绘制植被类型图时,图例的设计要遵循植被的水平地带性和垂直地带性分布(称地带性原则)和植物群落类型及其分类系统(称植物群系原则)。植被图中所绘制的内容(即图例所列的植被单位种类)取决于所选择的制图比例尺,而比例尺的大小又取决于所要绘制的植被图的目的、制图地区的大小以及该地区植被的基础信息量等。小比例尺($\leqslant 1:100$ 万)的植被图常用于绘制全世界或亚洲大陆等广阔区域的植被概观,中比例尺($1:100$ 万~$1:10$ 万)的植被图常用于地区性的植被概观,大比例尺($\geqslant 1:10$ 万)植被图常用于地域性或特殊目的的植被概观。

植被图是一个地区植被研究成果的具体体现,也是植被研究的一项重要内容。当对一个地区植被的各种群落类型及其分布特点或规律基本研究清楚后就可以把各类群落的分布现状编制成植被图。一个地区的植被图,不仅可以反映该地区各种植物群落所占的面积及其中蕴藏的植物资源,而且可以反映出植被地理分布的规律性。所以植被图既是农、林、牧业进行规划、开发、利用天然植物资源的重要依据,又是区域环境质量评价及县域自然-经济区划的基础资料。世界各国现已出版的植被图有较多大比例尺的现状植被图,这些植被图用途广泛,是编制其他图类的基础资料。

四、实习方法与步骤

由于调查区域大小、调查目的、调查地的基本状况等不同,绘制现状植被图的类型及比例尺的选择也各不同,所以,植被图的绘制过程是很复杂的。

1. 确定地理底图

绘制植被图要有调查区适当比例尺的地形图作为底图,制图前首先要选好底图。底图比例尺的大小视植被图的用途而定。作为课程野外实习一般限于较小的实习范围,如一个小流域、一片湿地、一个林场或一个实习基地等。所以,可以选用大比例尺地形图作底图,以 $1:1$ 万~$1:5$ 万为宜。

2. 植被调查

绘制某区域的植被图,首先要对该地区的植被进行调查以获取制图的基本资料。调查方法可用标准样方法或典型样地调查法。在调查地区内,设置样方数或样方布局要考虑制图比例尺的大小和植被的复杂程度。总之,要以能画出植物群落的实际分布界线为准。在精度要求相同的情况下,山区调查路线可比平原适当多加密些。在调查路线上,观察点要设在不同类型植物群落的边界附近。有些零散的群落,如有重要研究价值也应布点。

3. 确定制图单位和拟定图例

对实地调查所得记录资料进行归类分析,然后按"群落生态"原则,即以群落本身的综合特征为依据进行植被分类。其中,群丛、群系、植被型是三个基本分类等级,每等级单位之上可各设一个辅助等级,如植被型组、群系组、群丛组,之下设亚级,如植被亚型、亚群系、亚群丛等。植物群落分类后,要客观地确定植被图的制图单位。一般大比例尺植被图的图例以群丛作为制图单位;中比例尺植被图以群系为制图单位;小比例尺植被图则以植被型为制图单位。

图例是阅读植被图的语言,所以植被图必须附有图例。图例好坏直接影响植被图的质量及阅读。图例的拟定必须建立在一个完整的植被分类系统基础之上。不同比例尺的植被图,其图例应与相应的植被分类单位相一致。在同一种比例尺的植被图中,其图例可采用同一等级的植被分类单位,但也可视情况采用不同的等级单位。如编制中比例尺的植被图时,其制图区域生态环境单一,植物群落类型简单,可采用群丛或群系作制图单位;但如制图区域生境复杂,植物群落类型多,空间结构变化大,那么编制其中比例尺植被图时,可采用群系组或复合体作为制图单位。制图时确定的图例要完备,且与图上的内容要一致,图例系统及排列顺序要科学。

4. 编制制图指南

制图指南是野外现场制图时准确地鉴定群落单位的依据。所以指南中应把制图确定的各级群落单位的显著特征加以详述,以便于几个实习组或不同学生依据制图指南以同样的途径从事野外制图。

5. 野外现场绘图

野外现场绘制是绘制大比例尺的现状植被图的重要一步。在选好的底图上,按已确定的制图图例把各群落的现有分布范围依比例尺画在底图上。在野外实地绘制植被图时,是按已拟定的制图单位和图例,在空白底图上边走边填绘。其方法是用目测和平板仪测量勾画轮廓。最简单的方法是在主要地点画基线,用步测勾绘出群落间的距离和群落轮廓。

6. 室内校对与现场核实

野外绘制的植被原图,要在室内转绘到另一幅空白图上。在转绘眷清时,注意边界线的衔接。有绘制不清或不准确的地方要到现场再踏勘和核对。

7. 植被图的简合

在绘制植被图中,为了使图面清晰易读,重点突出,常对图中所表示的内容加以取舍、简化图斑形状以及概括等级等,借以显示图中内容的基本特征和相互关系,这个过程就叫简合。植被图简合的目的是把一些次要的细节合并和简化,以突出反映植被分布的一般规律。

植被图内容的简合包括由低级分类单位综合成高级分类单位的简合;去掉过渡性植被类型保留典型植被类型的简合以及把个别植被类型合并为组合的简合。

图斑形状的简合包括图斑形状的取舍与合并。为了使图面简洁易读和反映不同植物群落面积的相互联系和分布规律,可去掉一些次要图斑或将一些图斑进行合并。但简化图斑仍要保持其原来的特点,不能机械地舍去一切按比例尺不能表示的细部。对按比例尺不能在该比例尺图中表示的植被类型,可采用比例尺以外的符号表示;在大、中比例尺制图中,对那些有重要意义或稀有的植物群落,可采用适当夸大的手法表示,例如对线状分布的图斑,可用 $1\sim2$ mm 的宽度线表示;对次生植被类型的图斑,常把其较小的图斑综合在基本植被类型中,而不是简单的舍弃。总之,不论哪种比例尺图,其图斑最小面积不能小于 2 mm^2。

8. 图面配置

图面配置就是把图例表、比例尺、图名、要素注记等合理地安排在底图上。配置图例表时,要把表示植被类型的各种符号和说明文字,按大小和排列的位置用铅笔画在底图的图例框中。图名和注记也要按字体大小画出方框。还要画出图的内外图廓。总之,图面配图就是把手稿图上一切需要安排的内容均要合理地安排好,以便于进行下一步的着色和上墨等整饰工作。

9. 植被图的整饰

植被图整饰就是利用图案、色彩显示制图内容的类别、特征、主次关系、地理分布和相互联系等。植被图常用质底法(又叫底色法)表示不同群落类别,用填绘不同粗细或颜色的晕线、花纹表示次一级内容。其中,最普遍、最简单常用的表示方法是彩色法。在图中对近似的植物群落和与一定环境梯度相应的植被序列,应用一系列的色型表示植被的外貌与生态环境,其图例应采用与之相应的同一系列的颜色,以色调、色度、色纹与色符等图例区分各种类型。一般来说,植被图的着色,从干燥地区(或温暖地区)的群落向湿润地区(或寒冷地区)的群落,其所着颜色依次用红、黄、绿、蓝等颜色变化来表示。

色调的基本涵义是褐色象征干旱,蓝绿象征湿润;红橙象征炎热;灰青象征寒冷;紫红象征盐渍化。目前,常用不同色系表示各种植被类型,如针叶林为灰绿色系;阔叶林为深绿色系;竹林、灌木丛为翠绿色系;草原为淡绿色系;荒漠为深黄、淡棕色系;苔原为深蓝色系;高山垫状植被为淡紫色系;草甸为草绿色系;沼泽、水生植被为淡蓝色系;栽培植物为淡绿色系。

除了用不同色彩表示植被类型外,还可以用符号、线条或数字符号等方法补充描述绘图范围内的一些特征。如有时当植被群落分布面积太小不能在图上画出范围时,可用符号反映在图上。常用的植被符号可参考《中国植被》的附图——1:1 000 万的中国植被图(中国植被编辑委员会编制,1980)中制定的植被符号。如有时图例过多,可用彩色与符号并用的方法表示,或者用醒目颜色与符号表示分布面积小但有重要科学价值的植被。也可用一些粗细或方向不同的彩色线条表示植被类型。在图例过多而图斑很小时可在范围线内标注数字表示植被类型。黑白植被图,一般采用图例序号和各种线条、黑点的组合表示不同的制图单位。

五、综合作业

1. 植物群落的分类单位有哪些？各分类单位的涵义是什么？

2. 按比例尺的不同，植被图可划分哪几类？每类植被图基本制图单位是什么？

3. 绘制植被图的基本步骤有哪些？绘制植被图有何重要意义？

4. 阅读某省植被类型图，学习植被图的阅读方法，阐述所阅读的植被图中的图名、比例尺、图例系统、附注等内容，了解植被反映的区域范围、图的类型与性质；了解制图内容的详细程度和精度；了解植被图所表示的植被类型及其分布；了解制图地区的环境特点、各种群落特征及其动态等。

第三章

动物地理学实验与实习

实验一　动物细胞的基本形态观察

一、实验目的

1. 了解动物细胞的基本形态,并绘图。

2. 熟悉并掌握临时装片的制备方法及观察临时装片的技能,学习规范使用显微镜观察细胞。

3. 掌握动、植物细胞在形态方面的区别。

二、用品与材料

1. 仪器:显微镜、载玻片、盖玻片、吸水纸、手术器材一套、解剖盘、小平皿、牙签。

2. 实验材料:蟾蜍。

3. 试剂、试剂盒:甲苯胺蓝、1%甲基蓝、Ringer 氏液,蒸馏水或生理盐水。

三、实验原理

细胞的结构一般分为三部分:细胞膜、细胞质和细胞核。细胞的形态结构与功能相协调是很多细胞的共同特点,且分化程度越高的细胞,这种结构与功能协调一致的特点更为明显,这种特点是生物在漫长进化过程所形成的,例如:具有收缩机能的肌细胞伸展为细长形;具有感受刺激和传导功能的神经细胞有长短不一的树枝状突起;游离的血细胞为圆形、椭圆形或圆饼形。

四、实验内容与方法步骤

1. 骨骼肌细胞的剥离与观察

(1) 剪开蟾蜍腿部皮肤,剪下一小块肌肉,放在载玻片上。

(2) 用镊子和解剖针剥离肌肉块,使其成肌束,继续剥离,得到很细的肌纤维(肌细胞)。

(3) 在载玻片上拉直肌纤维让其尽可能展开。

（4）显微镜下观察,可见肌细胞为细长形,有折光不同的横纹,每个肌细胞有多个核,分布于细胞的周边。

2. 脊髓前角运动神经细胞观察

（1）破坏蟾蜍脑和脊髓,在口裂处剪去头部,除去延脑,剪开椎管,可见乳白色脊髓,取下脊髓放在平皿内,用 Ringer 氏液洗去血液,放在载玻片上,剪碎。

（2）把另一载玻片压在脊髓碎块上,挤压。然后取下载玻片即可得到压片。

（3）在压片上加一滴甲苯胺蓝染液,染色 10 分钟,盖上盖玻片,吸去多余染液。

（4）把压片放显微镜下观察,可见染色较深的为神经胶质小细胞;染成蓝紫色的、大的、有多个突起的细胞是脊髓前角运动神经细胞,胞体呈三角形或星形,中央为圆形细胞核,内有一个核仁。

3. 肝脏压片的制备与观察

（1）剪开蟾蜍腹腔,取约 2～3 mm³ 的小块肝放在平皿内,用 Ringer 氏液洗净,将肝中的血轻轻挤出后,放在一载片上,把另一载片压在肝脏块上,用力挤压,取下上面的载片即可得到肝脏压片。

（2）在制作的肝脏压片上滴一滴甲基蓝染液,染色 5 分钟,盖上盖片,吸去多余染液。

（3）将制作的肝脏压片置于显微镜下观察,肝细胞核被染成蓝色,肝细胞紧密排列,挤成多角形。

4. 血涂片的制备与观察

（1）取蟾蜍血液一滴,滴在载片的一端,将另一载片的一端呈 45°角紧贴在血滴的前缘,均匀前推,使血液在载片上形成均匀的薄层,晾干,如图 3-1-1 所示。

（2）将血涂片放在显微镜下观察,可观察到蟾蜍红细胞为椭球形,有核;蟾蜍白细胞数目少,为圆形。

 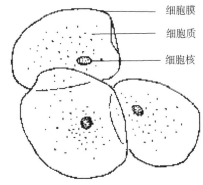

细胞膜
细胞质
细胞核

图 3-1-1 血涂片的制备　　图 3-1-2 显微镜下人口腔上皮细胞

5. 人口腔黏膜上皮细胞的观察

（1）滴少量蒸馏水或生理盐水于一个干净的载片上;用一根干净牙签刮取少量干净的口腔上皮细胞,均匀地涂在载片上的蒸馏水或生理盐水中。

（2）加一滴甲苯胺蓝染液,染色 5 分钟,盖上盖片,用吸水纸吸去多余染液。

（3）将制作的涂片置于显微镜下观察，可见口腔上皮细胞为扁平椭圆形，被染成蓝色的为细胞核，位于细胞中央，呈椭圆形或近圆形；被染成浅蓝色的为细胞质，细胞膜位于细胞边缘，色较暗，如图 3-1-2 所示。

五、综合作业

1. 蟾蜍各部分临时装片制备应注意的问题是什么？显微镜下观察到的蟾蜍各部分细胞在形态上有什么不同？

2. 显微镜下观察到人口腔上皮细胞的形态是怎样的？经染色后观察到的人口腔上皮细胞着色最深的部分是什么？

3. 比较动物细胞与植物细胞的异同。

实验二　大型土壤动物群生态实习

一、实习目的

通过对野外不同生态环境中大型土壤动物群落的调查，掌握大型土壤动物野外调查的基本技能及研究土壤动物群落的基本方法；了解土壤的层次结构及其不同层次土壤动物的类型、土壤动物主要类群的形态特征及其与环境的关系；掌握土壤动物生态学基本分析方法；理解研究土壤动物的功能意义。

二、用品与材料

1. 测量器材：地质罗盘、手持 GPS、照相机、钢卷尺、皮尺、大比例尺地图。

2. 采集工具：铁铲、切土刀、小锤、起土器、枝剪、镊子、纸绳、小塑料袋或纸袋、塑料台布、塑料盆。

3. 记录用品：记号笔、铅笔、彩笔、橡皮、标签、记录表格、记录本。

4. 动物标本制作用品：95％浓度的酒精、大小标本瓶、培养皿。

5. 分析工具：土壤动物分类检索表。

三、实习内容

土壤动物一般指全部或某一生命阶段生活于土壤中的动物，狭义的土壤动物不包括哺乳动物等大型动物。大型土壤动物一般指身体大于 2 mm 的土壤动物。土壤动物在生态系统中的物质循环和能量流动中发挥着重要作用，因而对土壤动物的调查研究是动物学、生态学研究的重要组成部分。但对于生物地理学的野外实习来说，主要是对动物的栖息环境进行生态地理学调查，了解不同地区动物栖息环境的基本特征、空间变化及其对土壤动物组成、数量、优势种及常见类群的影响；分析土壤的层次结构及其不同层次土壤动物的类型、土壤动物主要类群的形态特征、区系组成及其结构特征（包括各类组成的丰富度、多样性、均匀性、优势性及相似性）；分析土壤动物在土体内的垂直变化及其与环境的关系；分析人类活动对土壤动物群落结构的影响。

四、实习方法与步骤

1. 样地选择

在实习区根据调查目的选择不同生态类型的样地（面积可设为 1 m² ～25 m²），样地要选在地势较为平坦、空旷、易于挖掘的典型地段,避免过渡地段及斜坡、洼地、岩石、倒木、树根及蚁窝附近。样地选好后注意保护,切勿踩踏。

2. 样地生态环境记录

观察样地环境,测量样地所处的地理位置、海拔高度、空气温度、土壤温度;观察样地内的各种植物,区分乔木层、灌木层、草本层及各种植物种类、盖度、树龄、树高、凋落物等。将测量的环境数据及各种植物数据记录在表 3-2-1 中。

表 3-2-1　土壤动物调查样地环境及各种植物信息记录表

样地号	样地面积	样地位置	调查时间	天气状况

样地地形地貌:

样地微地形特点:

样地植被概况(植物垂直结构、各层主要植物种类、覆盖度等):

枯枝落叶层厚度及凋落物组成:

土壤名称	
土壤分层	各层特征(深度、颜色、质地、结构、根系、pH、土温、土壤湿度、动物穴)
A00 层	
0～5 cm	
5～10 cm	
10～15 cm	
15～20 cm	

3. 样方设置与土样采集

先在采样点及其周围,寻找肉眼可见动物,然后用镊子将找到的动物放入装有 95% 浓度的酒精(酒精量占瓶子的 1/3 左右)且带有标签的小瓶子内。然后在同一个样地内选取 2～3 个 30 cm×30 cm 正方形样方,样方用钢卷尺量出。用纸袋收集凋落物(腐殖质层),放入相应的标签,标签为 A00 层。装好腐殖质层后,用切土刀或铁铲将样方四边挖出垂直面,垂直深度达到 20 cm。然后每隔 5 cm 取一层土,共取 4 层土,0～5 cm 深度为第一层,5～10 cm 为第二层,10～15 cm 为第三层,15～20 cm 为第四层。每层取土量最好用量筒量取 500 ml 土装入塑料袋中,并标上相应层次的标签。四层土壤装好后连同腐殖质层一起装入一个大塑料袋带回实验室。

4. 动物拾取

要在林间明亮的空间、道路上拾取,若离实验室较近也可带回实验室拾取。首先把镊子、酒精、白色塑料台布准备好,然后从土袋中取少量土放到塑料台布上,立即将土中肉眼可见的所有动物成虫、幼虫、蛹等检出放入标本瓶内,瓶内应有与所捡土袋标签一致的标签,确认土中动物已全部捡完可将这部分土倒掉,再继续取另一些土,切忌将整袋土全部倒出,以免来不及捡大型运动快的动物,如蜘蛛、蚂蚁等跑掉。每袋土都要以同样的精度进行,否则失去可比性。标本瓶中标签用铅笔写在硫酸纸上,标签编号原则:采样日期、地点+生境+层次。

5. 分类鉴定和数量统计

将同一样地各样方所拣出的动物标本,分层做分类鉴定和数量统计。先将标本瓶内的标本倒在培养皿内,并辨认各种土壤动物,每辨认出一种,即可将全部同种个体拣出,装回具有同样标签的标本瓶内,同时记下该样方的动物名称及个体数,直到培养皿内全部动物鉴定统计完毕为止。

分样地、分层统计动物的组成和数量,并做出该实习地区不同生态类型土壤动物群落组成和数量统计。然后用 Simpson 多样性指数、Shannon-Wiener 多样性指数测定群落的物种多样性指数。

五、综合作业

1. 撰写实习报告

报告内容包括:实习目的、实习时间及实习意义;实习地区及实习区概况;实习调查方法;调查数据统计、整理及结果分析。调查结果与分析包括不同地区动物栖息环境的基本特征及空间变化分析;土壤动物组成、数量、优势种及常见类群分析;不同生态类型土壤动物群落的形态特征、区系组成及其特征(包括各类组成的丰富度、多样性、均匀性、优势性及相似性)分析;各群落土壤动物在土体内的垂直分布及其与环境的关系分析;不同生态类型土壤动物群落各项指数与生态环境的相关分析;人类活动对土壤动物群落结构的影响分析。

2. 分析影响土壤动物分布的因素有哪些,对大型土壤动物群进行生态实习的重要意义是什么。

实验三　鸟类形态特征观察及群落生态实习

一、实习目的

通过野外观察实习,掌握观察鸟类外部形态特征的基本技能,初步学会借助鸟类分类检索表鉴定和认识本地常见鸟类;观察不同生态环境下的鸟类群落及种类组成、数量及分布变化,认识鸟类生存与环境的关系;了解生态环境的梯度变化(水平变化与垂直变化)对鸟类群落的种类组成、数量变化等方面的影响;掌握对鸟类群落进行野外调查的基本方法与基本技能。

二、用品与资料

1. 实习用品:卡尺、钢卷尺、便携式双筒望远镜、照相机、GPS、罗盘、温度计、海拔表、计时器、笔记本、铅笔、记录表格。

2. 实习用资料:现有鸟类标本、教学挂图、录像、幻灯片、鸟类检索表及鸟类图谱、大比例尺地形图、植被分布图、航拍图、实习地区资料等。

三、实习内容

1. 熟悉鸟体各部分的外部形态特征,掌握分类鉴定基本术语,借助鸟类分类检索表鉴定和认识当地常见鸟类种类。

2. 对不同生态环境下的鸟类群落进行观察,记录不同鸟的形态及生态特征,并进行群落种类组成及数量统计。

3. 观察生态环境的梯度变化对鸟类群落的各类组成及数量变化的影响,分析鸟类生存与环境变化的关系。

四、实习原理与方法步骤

(一)室内观察标本,认识鸟体各部分的形态结构,学习鸟类检索表使用方法,掌握分类鉴定术语。鸟类外部形态结构,如图 3-3-1 所示。

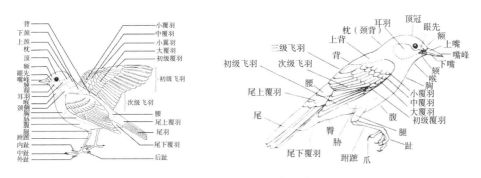

图 3-3-1　鸟体的外部形态

1. 鸟的外部形态概述

鸟是飞行动物,它们的形体和结构都适合飞翔,全身可分为头、颈、躯干、双翼、尾和双脚六大部分。鸟类是爬行脊椎动物中进化最成功的飞行者,具有区别于其他动物特征的羽毛,这是鸟类区别于其他脊椎动物群最明显的特征。鸟类除了羽毛外,所有鸟都有前肢并变化成翼,后肢适于步行、游泳或栖息;所有鸟均具角质喙;全为卵生。大多数鸟善于飞翔,具有大而有力的胸肌,但也有极少数鸟类,如企鹅、鸵鸟等,不能飞行。

(1)头部　鸟体的最前端,包括以下几部分。

喙:即鸟的嘴,是鸟类上下颌包被的硬角质鞘,起到哺乳动物唇和齿的作用。其主要功能是取食和梳理羽毛。喙分为上嘴、下嘴和嘴峰。其中,上嘴为角质化嘴壳的上部,其基部与额相接,下嘴为角质化嘴壳的下部,其基部与颏相接,嘴峰为上嘴的脊部。喙的形态特征是区分鸟类的重要特征之一。

蜡膜:为部分鸟类(如鹦鹉、鸽、鹰、隼等)上嘴壳基部的膜状物覆盖。蜡膜之上为鼻孔开口处。

额:头部的最前端,与上嘴壳的基部相接。

头顶:额的后方,头的上方正中部。

眼先:嘴角至眼间的部位。

枕部:也称后头,头顶后下方的上颈部分。

颊:下嘴基部后方,眼的下方。

颏:下嘴基部的后下方。

耳羽:眼的后方,是覆盖于耳孔上的细羽。其颜色常为区分鸟类的特征之一。

（2）颈部　为枕部下方,分为上颈和下颈;两侧称颈侧,前方称前颈;前颈上前方为喉部。

（3）躯干　鸟体中最大的部分,包括以下部分。

背部:颈后方至腰前方的部分。

肩部:两翅的基部,左右两肩之间又称肩间部。

胸部:颈的下后方,背部腹面,分前胸和后胸两部分。

肋:即体侧,位于腰部两侧,分为左肋和右肋。

腹:前接胸部,后止于泄殖孔。

（4）尾　鸟类的尾羽。其中,中央的一对,称为中央尾羽;其外侧的尾羽,称为外侧尾羽。尾羽基部的羽毛,称为覆羽,分为尾上覆羽和尾下覆羽。

（5）翼　即翅膀,由前肢演化而成,主要由飞羽构成。飞羽根据其着生位置分为初级飞羽、次级飞羽和三级飞羽。初级飞羽着生于腕骨、掌骨和指骨;初级飞羽内侧为次级飞羽;次级飞羽内侧为三级飞羽,两者均着生于尺骨之上。此外,覆盖于飞羽基部的羽毛为覆羽,分别称为初级覆羽、次级覆羽。次级覆羽又分为大、中、小三类。

（6）脚　鸟类后肢,包括脚股、胫、跗蹠和趾等部分。常被羽毛覆盖,体表常看不到。部分鸟类胫部亦被羽。跗蹠是鸟类脚部最显著的部分,有些种类在跗蹠内后方生有角质的趾状物,称为距,是自卫和争斗的利器。

大部分鸟类的趾部有四趾,如画眉、百灵等鸣禽,均三趾向前.一趾向后,适于枝头栖息,也适于地面跳跃前进。又如鹦鹉类的四趾,两趾向前,两趾向后,适于攀跃枝头,而不适于在地面上活动。

2. 认识鸟体主要部分

（1）鸟颅　鸟骨骼系统的中轴为脊柱,由脊椎构成。在脊柱前为鸟颅,它是构成鸟的头部的基础,分为脑颅和面颅两个部分,其中,脑颅眼窝很大,以容纳适应快速调整视觉的大眼睛;面颅的上、下颌骨演变成喙,使口能开得很大。鸟喙的上部为上嘴,下部为下嘴。鸟喙是鸟头部结构最大的外形特征,不同的鸟种有不同的喙。鸟颅结构,如图 3-3-2 所示。

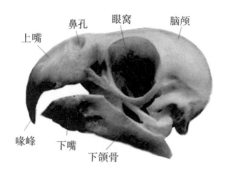

图 3-3-2　鸟颅结构示意图

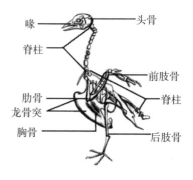

图 3-3-3　鸟的躯干结构示意图

（2）躯干　鸟的躯干由鸟的脊柱、肋、胸骨构成，如图3-3-3所示。鸟的脊柱分为颈椎、胸椎、腰椎、骶椎和尾椎五部分。但鸟类的最后几个胸椎、全部腰椎、骶椎和部分尾椎完全愈合在一起，称综荐骨，为腰部的坚强支柱；鸟为了飞行振动翼膜，加强飞行时肌肉的控制支点，在肩关节多了一对喙状骨；另外，鸟的肋骨有钩状突，便于同胸椎、胸骨愈合成更加牢固的胸廓；鸟的胸骨扁阔，胸廓外形呈梭形隆胸状，这是善于奔跑和飞行的任何动物的体态特征，它不同于人类的平胸。

（3）鸟的前肢骨骼　鸟的前肢骨骼是由肩带和游离部两个部分构成，如图3-3-4所示。鸟的肩带由肩胛骨、锁骨和一对喙状骨构成。鸟的锁骨十分粗大，锁骨上端、喙状骨上端和肩胛骨的关节盂汇聚在一起，与肱骨头组合成翅膀的肩关节；左右锁骨的下端与胸骨上端构成牢固的关节；左右喙状骨下端构成牢固的关节，使鸟的肩带骨形成一个十分坚固的支架。鸟的胸肌和臂肌特别发达，鸟类在飞翔时，翅膀需要有强大的肌肉来带动。

鸟的前肢游离部骨骼包括粗壮的肱骨、尺骨、桡骨和手骨。其中，手骨又由两块腕骨、两块掌骨和三个指骨构成。在三个指中，中指最长，由两节指骨构成，其他二小指只有一节指骨。鸟的手骨拇指要带动小翼羽，掌骨和中指、小指骨要带动长大的初级飞羽，因此鸟的手骨经常受力很大，十分发达而健壮。

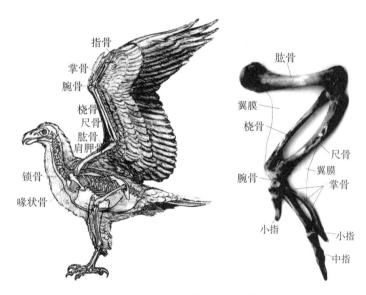

图 3-3-4　鸟的前肢骨骼示意图

（4）鸟的羽毛　一根典型的羽毛，是由一个空心的能插入皮肤的羽根、羽干和羽枝构成。鸟的羽毛根据不同的功用可分为正羽、副羽、绒羽、半绒羽、毛羽等。正羽用于飞行，又称飞羽。小的正羽叫做副羽。羽小枝上没有羽钩的羽毛叫做绒羽，十分柔软，一般生长在鸟的胸、腹部，用于保持体温。上为正羽下为绒羽的羽毛叫做半绒羽。毛羽是羽干柔软、羽干顶部只有短小的羽枝，一般生长在头部，用作触觉。鸟在颈、胸、腹、背、尾上均长有不同形态的羽毛。

①翼羽　指着生于鸟的翅膀上的羽毛。翼羽一般分为飞羽、覆羽和小翼羽三类。其

中,飞羽又分为初级飞羽(在翼区后缘着生于鸟的指骨和掌骨上的一列坚韧强大的大型羽毛)、次级飞羽(着生于鸟的前臂部桡骨和尺骨上的一列中型羽毛)和三级飞羽(着生于背部的肱骨和肩部的小型羽毛);覆羽,亦称"雨篷",是羽翼的组成部分,是覆于翼的上、下两面的小型羽毛,分为初级覆羽、次级覆羽(鸟翼前缘的三列小型羽毛,分大、中、小三种);初级覆羽遮住初级飞羽,大覆羽盖住次级飞羽,而中覆羽盖着大覆羽并与之共同保护次级飞羽。初级覆羽、大覆羽及中覆羽上面所密生的短毛,为小覆羽。由此覆羽分为初列覆羽、大覆羽、中覆羽和小覆羽四部分。小翼羽是指着生第二指骨上(翼角处)的小羽毛。鸟翼羽结构,如图 3-3-5 所示。

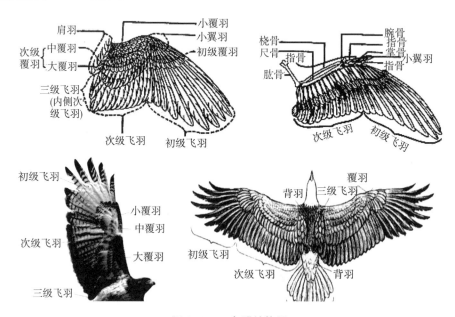

图 3-3-5　鸟翼结构图

②尾羽　鸟类的尾是由尾羽和尾复羽组成的。由鸟类尾椎末端长出的一组扇状正羽,称之为尾羽。其中,位于中央的一对,称为中央尾羽;中央尾羽外侧的尾羽,称为外侧尾羽。覆盖于尾羽基部的上、下两侧的小型正羽,分别称为尾上覆羽和尾下覆羽,合称尾覆羽。

(5) 鸟的跗蹠部、趾部和蹼

①跗蹠部　位于胫部与趾部之间,通常没有羽毛,表皮角质鳞状,鳞片的形状可分为如下几种,如图 3-3-6 所示。

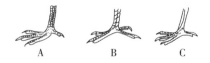

A—网状鳞:呈网眼状;B—盾状鳞:呈横鳞状;C—靴状鳞:呈整片状。

图 3-3-6　鸟跗蹠的鳞片类型

②鸟趾部　鸟趾通常有 4 趾,依趾排列的不同,可分为以下几种类型,如图 3-3-7 所示。

不等趾足：三趾(2、3、4)向前,一趾(1)向后,又称常态足,如麻雀,鸡等。

对趾足：第1、4趾向后,第2、3趾向前,如啄木鸟、猫头鹰、杜鹃、鹦鹉等。

异趾足：第1、2趾向后,第3、4趾向前,如交嘴。

并趾足：前趾的排列如常态足,但向前的3趾基部均有不同程度的互合,如翠鸟。

前趾足：4趾均向前方,如雨燕。

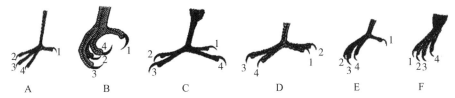

A—不等趾足(如鸡)；B—不等趾足(如大驾)；C—对趾足(啄木鸟)；

D—异趾足(交嘴)；E—并趾足(翠鸟)；F—前趾足(雨燕)。

图 3-3-7　鸟趾的各种类型

3) 蹼　有的鸟类(大多数水禽及涉禽)趾间有蹼,可分为如下几种,如图 3-3-8。

蹼足：前三趾间具有极发达的蹼膜相连,如雁、鸭、天鹅等。

全蹼足：第1、2、3、4趾趾间均有蹼膜相连,如鸬鹚。

凹蹼足：与蹼足相似,但蹼膜中部凹入,如鸥等。

半蹼足：蹼的大部退化,仅于趾间的基部留存,如鹬、鹭等。

瓣蹼足：趾的两侧附有叶状瓣膜,如鸊鷉。

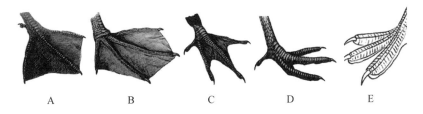

A—蹼足(鸭)；B—全蹼足(鸬鹚)；C—凹蹼足(燕鸥)；D—半蹼足(鹬)；E—瓣蹼足(鸊鷉)。

图 3-3-8　鸟蹼的各种类型

(二)鸟类群落生态实习

1. 前期准备

①鸟类资料收集

依照鸟类图鉴,对实习区域的鸟类种类作大致观察和记载;询问园林管理人员,对实习区域鸟类的出没情况和栖息规律作初步了解。

②鸟类野外鉴别常识

准确地鉴别鸟类是野外鸟类调查的关键。在野外,可根据形态分类特征进行观察。如可借助望远镜观察鸟类的形态和羽色来辨别鸟类。此外,还可通过鸟类的性状、生态习性及鸟的鸣叫声等判断鸟类。因此,熟悉鸟类形态特点、羽毛颜色、活动姿态和鸣声等,是鸟类野外调查,准确迅速地识别鸟类所必须具备的基础知识。各鸟类的鉴别特征及主要代表种类,如表 3-3-1。

表 3-3-1　各鸟类的鉴别特征及主要代表种类

分类依据		各类特征	主要代表种类
形态特征	鸟体大小和形状	超小型(约10 cm)	绣眼、柳莺等。
		小型(约15 cm)	大小如麻雀者：文鸟、山雀、金翅、燕雀、鸦雀、鹎等。
		中等偏小型(约19 cm)	白头鹎，雀形目鹎科鹎属鹎科的鸟类，俗名白头翁、白头婆。
		中型(约25 cm)	大小如八哥者：椋鸟、鸫、画眉等。
		中等偏大型(约30 cm)	大小如鸽者：燕隼、斑鸠等；大小如鸡者：竹鸡、石鸡、鹧鸪、松鸡、榛鸡。
		大型(约40 cm)	大小如喜鹊者：灰喜鹊、灰树鹊、红嘴山鸦、杜鹃、乌鸦等。
		超大型(约50 cm)	大小如老鹰者：鹰、白隼、鹞、鸮、白鹇、马鸡、勺鸡、大型的有鹫及雕等。
		巨大型(超过1m)	与白鹭相似者：多种鹭类、黑鹳、大马鸨等，大型的有鹳、鹤、鸵鸟等。
	嘴形	长嘴者	翠鸟、啄木鸟、沙锥、鹭、苇鳽、鹳及鹤等。
		嘴向下弯曲者	戴胜、杓鹬、太阳鸟、朱鹮、绣脸钩嘴鹛等。
		嘴先端匙形者	琵嘴鸭、勺嘴鹬等。
		嘴呈宽短者	夜鹰、雨燕、燕子、鹟等。
	尾形	短尾者	鹀鹛、鹌鹑、斑翅山鹑、八色鸫、鹪鹩等。
		长尾者	马鸡、长尾雉、雉鸡、杜鹃、喜鹊、寿带等。
		叉尾者	燕鸥、雨燕、燕子、卷尾等。
	腿	腿特别长者	鹭、鹳、鹤、鸻、鹬等
	羽色	几乎全为黑色者	鸬鹚、红骨顶、白骨顶、董鸡、河乌、噪鹃、黑卷尾、发冠卷尾、秃鼻乌鸦、大嘴乌鸦及小嘴乌鸦等。
		黑白两色相嵌者	白鹇、黑鹳、凤头潜鸭、白翅浮鸥、丹顶鹤、白鹳、斑啄木鸟、鹊鸲、喜鹊、八哥、家燕、鹊鸭、白腰雨燕、白鹡鸰、大山雀等。
		几乎全为白色者	天鹅、白鹭、朱鹮及白马鸡等。
		以灰色为主者	灰鹤、杜鹃、岩鸽、灰卷尾、树鹨鸰、普通鹭等。
		灰白两色相嵌者	白头鹤、白枕鹤、苍鹭、夜鹭、银鸥、红嘴鸥、白胸苦恶鸟、燕鸥、白额燕鸥、灰山椒鸟、灰林䳍等。
		以蓝色为主者	蓝马鸡、蓝翡翠、翠鸟、三宝鸟、蓝翅八色鸫、红嘴蓝鹊、蓝歌鸲、红胁蓝尾鸲、红尾水鸲、蓝矶鸫、红胁蓝尾、鸲、白腹鸫、蓝鹀。
		以绿色为主者	绯胸鹦鹉、栗头蜂虎、绿啄木鸟、大拟啄木鸟、红嘴相思鸟、绣眼、柳莺、绿嘴鹎、绿翅短脚鹎等。
		以黄色为主者	黄鹂、黄腹山雀、金翅、黄雀、黄鹡鸰、白鹡鸰、黄胸鹀、白冠长尾雉、黄斑苇鳽等。
		以红色或锈红色为主者	红腹锦鸡、赤红山椒鸟(雄)、朱背啄花鸟、黄腰太阳鸟、朱雀(雄)、北朱雀(雄)、红交嘴雀(雄)、栗色黄鹂、红隼、棕背伯劳、棕头鸦雀、锈脸钩嘴鹛等。
		以褐色或棕色为主者	种类繁多，如部分雁、鸭、鹰、隼、鸥鹬、鹬、鸻、斑鸠、雉鸡、云雀、鹨、伯劳、鸫、红尾鸫、乌斑鸫、画眉、树莺、苇莺、棕扇尾莺、旋木雀等。

续表

分类依据		各类特征	主要代表种类
依据飞行姿势、停落姿势、栖息层位及栖息环境	飞行姿势	波浪式前进	鹡鸰、鹦、云雀、燕雀、啄木鸟等。
		空中兜圈返回树枝	鹟、鹈、扇尾莺、三宝鸟等。
		鱼贯式飞行	红嘴蓝鹊、灰喜鹊、松鸦等。
		长时间滑翔	鹰、鹞、鵟、雕等。
		列队飞行	雁、天鹅、鹤等。
		空中悬停	蜂鸟、翠鸟等。
		垂直起落	百灵、云雀等。
	栖落姿势	攀在树干上	旋木雀、啄木鸟等。
		尾上下摆动	伯劳、云雀、水鸲、鹡鸰、褐河乌、鹡等。
		尾左右摆动	山鹡鸰、黑白扇尾鹟等。
		栖落于水面	鸊鷉、雁鸭类、鸥类等。
		水边行走	鹤、鹬、鹮、鸻、鹡鸰等。
	栖落层位	草丛间	环颈雉、红胸田鸡、蝗莺等。
		灌木中	灰头鹀、黄喉鹀、巨嘴柳莺、蓝歌鸲、短翅树莺、棕头鸦雀等。
		乔木上	山雀、啄木鸟、黑枕黄鹂、白眉鹟、杜鹃等。
	栖息环境	居民区	麻雀、文鸟、家燕、金腰燕等。
		田野区	乌鸦、喜鹊、斑鸠等。
		林缘灌丛区	鹀类、芦莺、树莺、画眉等。
		落叶阔叶林区	黑枕黄鹂、大杜鹃、灰椋鸟、山斑鸠、冕柳莺、白眉鹟等。
		针阔混交林区	四声杜鹃、灰喜鹊、三宝鸟等。
		针叶林区	松鸦、星鸦、交嘴雀、旋木雀、榛鸡等。
		水域区	雁鸭类、鹤、鹭、鹬、鸥、鸻、鹮、鹡鸰等。
鸣叫声音		婉转多变	雀形目鸟类：云雀、百灵、画眉、红嘴相思鸟、乌鸦、鹊鸲、八哥、黄鹂、白头鹎、鹟等。
		两声一度	大杜鹃、棕腹杜鹃、褐柳莺、鹡鸰、黑卷尾、暗灰鹃鵙、锈脸钩嘴鹛、黄腹山雀、白胸苦恶鸟等。
		三声一度	小灰山椒鸟、大山雀、棕颈钩嘴鹛、小鸦鹃、鹰鹃、灰胸竹鸡等。
		四声一度	四声杜鹃、栗头蜂虎、蓝翅八色鸫、凤头鹃等。
		五、六声一度	小杜鹃、绿鹦嘴鹎、赤胸鸫等。
		八、九声一度	棕噪鹛、冠纹柳莺等。
		吹哨声	红翅凤头鹃（二声一度长哨声）；山树莺（先一声后两声高亢哨声）；蓝翡翠（如响亮串铃）。
		尖细颤抖声	绣眼、翠鸟、小燕尾、黑背燕尾、紫啸鸫、棕脸鹟莺等。
		粗粝单调声	野鸡、绿啄木鸟、三宝鸟、大嘴乌鸦、黑脸噪鹛、伯劳等。

2. 野外调查方法

鸟类调查方法有样线法、样点法、标图法、标记重捕法、鸣声回放法和聚集地调查法等。其中,样线法和样点法是最常采用的调查方法。

(1) 样点法(点计数):指观察者在一定的时间内,在固定的地点计数周围一定范围内发现的鸟类。这种方法适用于调查高度可见的、鸣叫的以及广阔生境中的鸟类。此种方法可用于雀形目的鸟类调查。

样点法站(计数点的位置)之间不能太接近,一般以 200 m 为宜。太近了可能会导致某些鸟类被重复计数,太远了会浪费计数点间行走的时间。对于野外实习来说,一个实习区可适当选取 15~20 个计数站点,适合于一个上午的实习工作量。

采用样点法调查时,相同的调查人员到达样点站后要等几分钟让鸟平静下来,然后开始计数样点站周围 50 m 范围内所看到和听到的鸟类,每个样点站计数时间为 3~10 分钟为宜,避免因时间过短而导致某种漏数或时间过长造成某种重复计数。具体计数时间要因鸟类丰富度而定。另外,在接近样点站时被惊飞的鸟也要计数在内。

样点法适用于估算某个种的相对密度或与距离估测相结合计算种的绝对密度。密度计算公式为:$D = N/3.14r^2$,r 为样点站周围的半径,N 为某个种的个体数。样点法调查记录表,如表 3-3-2。

表 3-3-2 样点法计数记录表

野外调查的基本信息									
调查地区:		样点站地理坐标:			海拔高度:			天气状况:	
生境状况:									
调查日期:		开始时间:			结束时间:			观察者:	
数量	鸟种名称	时间	数量	性别	距离	高度	行为	植物种类	高度	栖息层位
1										
2										
3										
4										
5										
6										
……										

(2) 样线(带)法:指观察者按一定的速度沿样线行进,同时记录样线两侧发现的鸟类个体(包括看到的和听到的)。此法最适合于大面积连续开放的生境。此法也是鸟类地理野外调查中最常用的方法,又称为相对数量统计法。它是以每小时遇见率(或每公里遇见个体数)来反映一个调查地区或一个生境中鸟类的相对数量,适于不同生境鸟类数量的对比研究。鸟类密度计算公式为:$D = N/2LW$,其中,N 为样带内记录的某种个体数,L 为统计线路长度,$2W$ 为统计线样带的宽度。

采用样线法调查,关键是统计线路的选择。统计线路应尽量均匀地分布于调查地区,并尽可能穿过所有的生境。比较理想的方法是将总样线带分成几个较短的路线,它们可以相互连接或完全独立。统计线路确定后,对鸟类进行统计时,宜选在鸟类繁殖初期,并在鸟类活动最活跃的时刻进行,天气状况要好。每次统计时间要适当,行走速度适中(如以 3 km/h 为宜)。在鸟类多的地方,可放慢行走速度。同时根据调查区的生境特点确定线带统计宽度,如森林区为 50 m 左右,开阔区为 100 m 左右。为避免重复,统计时只记录路线两侧及由前向后飞的鸟类,遇到单只鸟类用记数字的方法记数,若同时遇到两只以上的同种鸟类,可用阿拉伯数字填入。为保证统计数据准确可靠,一条统计线路应重复统计 3～4 次。调查统计数据记录在统计表中,如表 3-3-3。

表 3-3-3　样线法鸟类调查统计表

生境	序号	种名	时间	数量	合计	占个体总数百分比/%	等级	与样线带的垂直距离(m)					高度	植物种类	行为
								0～5	6～10	11～25	26～50	>50			
居民区	1														
	2														
	3														
	……														
	合计														
混交林	1														
	2														
	3														
	……														
	合计														
阔叶林	1														
	2														
	3														
	……														
	合计														
针叶林	1														
	2														
	3														
	……														
	合计														
其它	1														
	2														
	3														
	……														
	合计														

(3) 团数计数法:适用于水鸟的统计。

3. 调查结果的整理与分析

鸟类野外调查统计后,将记录的数据做室内整理与分析。计算鸟类个体数、种群个体总数、每个鸟种个体数占个体总数的百分比等,划分鸟群落的优势种、常见种和稀有种。个体数占统计总数的百分比大于10%以上者为优势种,在1%~10%为常见种,小于1%者为稀有种。分析鸟群落的种类数、种类多样性指数等。

鸟类野外调查是鸟类野外生态实习的重要内容,调查结果不仅能反映鸟类的空间分布,而且能为鸟类的区系研究、保护利用研究及生态环境研究提供基础资料。

五、综合作业

1. 以当地常见的一种鸟为例,阐述鸟的外部形态结构及相关基础知识,熟悉鸟类形体结构描述的有关术语。

2. 撰写鸟类野外生态实习报告,报告内容包括实习区总体概况、调查方法、调查结果的综合分析等。

附录1 临时装片的制作——徒手切片法

徒手切片法指用手拿刀片将材料切成薄片,能放在显微镜下观察其内部解剖结构的方法。徒手切片的方法是:用左手的拇指和食指夹住材料(植物新鲜的茎或根),手指向上竖起,拇指略低于食指,材料上端切面要略高于食指 2～3 mm,中指顶住材料下端;右手拇指与食指平稳地拿住刀片,刀片沾水后,刀口从外侧左前方向内侧后右方拉切(不要来回锯切),每切下二至三片后,就把所切成的材料移入盛有清水的培养皿中备用;取洁净的载玻片,在其中央加一滴清水,将切下的薄片用解剖针在培养皿中挑取薄而透明、完整的切片放在载玻片水滴中,盖上洁净的盖玻片,并不使产生气泡,成为水封片,这就制成了临时装片,这样的制片可放在显微镜下进行观察。

徒手切片时的注意事项:

(1) 使用刀片时,须将涂抹在刀片上的凡士林用纸细心擦去,开始切时,在材料及刀口上必须蘸少许水,刀片使用完时必须擦拭干净,并涂上少许凡士林,以免生锈损坏。

(2) 切时必须细心,避免刀口割伤手指。

(3) 若材料太软时,可用胡萝卜夹持同切;材料太硬时,可用 1.5％的氢氟酸或甘油和70％的酒精等量混合液进行软化处理。

(4) 徒手切片须反复练习,才能切成薄片,课余时多加练习,使其成为熟练技巧。

附录 2　蕨类植物分科检索表

附录3　种子植物分类检索表

一、种子植物分门检索表

1. 胚珠裸露,无子房包被;花各部仍保持孢子叶球的形态,有藏卵器,胚乳发生于受精作用之前 ·· 裸子植物门 Gymnosperm
1. 胚珠包于子房内;花通常具有花被;无藏卵器,胚乳发生于受精作用之后 ············· ·· 被子植物门 Angiosperm
2. 胚通常具2枚子叶;茎具无限维管束;花通常为4~5基数,4轮;叶经常具网状脉······ ·· 双子叶植物纲 Dicotyledoneae
2. 胚通常具有1枚子叶,茎具有限维管束;花多为3基数,5轮;叶常具并行脉 ············· ·· 单子叶植物纲 Monocotyledoneae

二、裸子植物分科检索表

1. 乔木或灌木;叶为针形,鳞形,刺形,条形或扇形单叶,或为羽状复叶。
2. 叶为羽状复叶,集生于树干上部或块茎上;树干不分枝 ········· 1. 苏铁科 Cycadaceae
2. 叶为单叶;树干多高大而分枝。
3. 落叶乔木;叶扇形,有多数叉状并列的细脉,具长柄;种子核果状有长柄 ················· ·· 2. 银杏科 Ginkgoaceae
3. 常绿或落叶乔木;叶为针形,鳞形,刺形,条形,无柄或有短柄;雌球花发育成球果,熟时张开,或因种鳞合生而使球果发育成核果状,熟时不开或微开,或发育为浆果状。
4. 雌球花的株鳞两侧对称,胚珠生于株鳞腹面基部,多数至3枚株鳞组成雌球花,并发育成球果;球果熟时种鳞张开,或因种鳞合生而使球果发育成核果状,熟时不开或微开。
5. 球果的种鳞与苞鳞离生或仅基部合生,每种鳞具2粒种子;种子上端有翅或无翅;雄蕊有2花药;叶基部不下延,条形或针形;种鳞与叶均螺旋状排列 ······ 3. 松科 Pinaceae
5. 球果的种鳞与苞鳞半合生或完全合生,每种鳞具1至多粒种子;种子无翅或两侧具窄翅;雄蕊具2~9花药;叶基部通常下延;种鳞与叶螺旋状着生或交叉对生或轮生。
6. 常绿或落叶性;种鳞与叶均螺旋状着生,稀交叉对生(水杉属),每种鳞具2~9粒种子;种子两侧具窄翅 ·· 4. 杉科 Taxodiaceae
6. 常绿性;种鳞与叶均交叉对生或轮生,每种鳞具1至多粒种子;种子无翅或两侧具窄翅 ·· 5. 柏科 Cupressaceae
4. 雌球花的胚珠直立,单生于花轴或侧生短轴顶端的苞腋或两枚成对生于花轴的苞腋;种子核果状,全部包于肉质假种皮中或顶端尖头露出;或种子坚果状,生于杯状肉质假种皮中。
7. 雌球花具长梗,生于小枝基部的苞片腋部,稀生枝顶;花梗上部的花轴上具数对交互对生的苞片,每苞片腋部生两枚成对胚珠,胚珠具辐射对称的囊状珠托;种子2~8个生柄端,核果状,全部包于肉质假种皮中 ········· 6. 三尖杉科 Cephalotaxaceae
7. 雌球花具短梗或无梗,单生或两个成对生于叶腋或苞腋;胚珠1枚,生花轴或侧生短轴顶端的苞腋,具辐射对称的盘状或漏斗状珠托;种子核果状,全部包于肉质假种皮中,

或生于杯状或囊状假种皮中,仅上部或顶端尖头露出 ………… 7. 红豆杉科 Taxaceae

1. 灌木、亚灌木或草本状灌木;叶退化为膜质,2~3 片合生成鞘状 …………………
……………………………………………………… 8. 麻黄科 Ephedraceae

三、被子植物分科检索表

1. 子叶 2 个,极稀为 1 个或较多;茎具中央髓部;在多年生的木本植物且有年轮;叶片常
具网状脉;花常为 5 出或 4 出数 ………………… (双子叶植物纲 Dicotyledoneae)

2. 花无真正的花冠,花萼存在或否,有时呈花瓣状。

3. 花单性,雌雄同株或异株,雄花或雌花和雄花成柔荑花序,或类似柔荑状的花序。

4. 无花萼,或雄花中有花萼。

5. 多为木质藤本;叶为全缘单叶,有掌状脉;果实为浆果 ………… 胡椒科 Piperaceae

5. 乔木或灌木;叶呈各种形式,常为羽状脉;果实不为浆果。

6. 果为具多数种子的二裂蒴果;种子具丝状长毛 ………… 杨柳科 Salicaceae

6. 果为仅具 1 种子的小坚果,或核果状的坚果;种子不具长毛。

7. 叶为羽状复叶;果为核果状坚果 ………… 胡桃科 Juglandaceae

7. 叶为单叶;果为小坚果 ………… 桦木科 Betulaceae

4. 有花萼,或雄花中无花萼。

8. 子房下位。

9. 叶为羽状复叶 ………… 胡桃科 Juglandaceae

9. 叶为单叶 ………… 壳斗科 Fagaceae

10. 果实为蒴果 ………… 金缕梅科 Hamamelidaceae

10. 果实为坚果。

11. 坚果托于 1 变大呈叶状的总苞中 ………… 桦木科 Betulaceae

11. 坚果单独至 3 枚,同生于 1 个总苞(壳斗)中,总苞或呈囊状,全包果实,或呈杯状,托
于坚果的基脚,总苞有鳞片或针刺 ………… 壳斗科 Fagaceae

8. 子房上位。

12. 植物体内具白色乳汁。

13. 子房 1 室;茞果 ………… 桑科 Moraceae

13. 子房 2~3 室;蒴果 ………… 大戟科 Euphorbiaceae

12. 植物体内无乳汁。

14. 子房为单心皮所组成;雄蕊的花丝在花蕾中向内屈曲 ………… 荨麻科 Urticaceae

14. 子房为 2 枚以上的连合心皮所组成;雄蕊的花丝在花蕾中常直立。

15. 果实为 3 枚(稀可 2~4 枚)离果所成的蒴果;雄蕊 10 枚至多数,有时少于 10 枚 ……
………… 大戟科 Euphorbiaceae

15. 果实为其他情形;雄蕊少数至数枚,或者和花萼裂片同数且对生。

16. 雌雄同株植物。

17. 子房 2 室;蒴果 ………… 金缕梅科 Hamamelidaceae

17. 子房 1 室;坚果或核果 ………… 榆科 Ulmaceae

16. 雌雄异株植物。

18. 草本或草质藤本;叶为掌状分裂或为掌状复叶 ……………………… 大麻科 Cannabiaceae

18. 乔木或灌木;叶为单叶,全缘 ……………………… 大戟科 Euphorbiaceae

3. 花两性或单性,但不成为柔荑花序。

19. 子房或子房室内有数枚至多数胚珠。

20. 子房下位或部分下位。

21. 雌雄同株或异株,如为两性花时,则成肉质穗状花序。

22. 草本 ……………………………………… 秋海棠科 Begoniaceae

22. 木本 ……………………………………… 金缕梅科 Hamamelidaceae

21. 花两性,但不成肉质穗状花序。

23. 子房 1 室。

24. 茎肥厚,绿色,常具针棘;叶常退化;花被片和雄蕊都多数;浆果 ……………
   ……………………………………………………………………… 仙人掌科 Cactaceae

24. 茎不为上述情形;叶正常;花被片和雄蕊皆为五出或四出数,或雄蕊数为花被片数的
   2 倍;蒴果 ……………………………………………… 虎耳草科 Saxifragaceae

23. 子房 4 室或更多室。

25. 雄蕊 4 枚 ……………………… 柳叶菜科 Onagraceae(丁香蓼属 *Ludwigia*)

25. 雄蕊 6 或 12 枚 ……………………… 马兜铃科 Aristolochiaceae

20. 子房上位。

26. 雌蕊或子房 2 枚,或更多数。

27. 草本。

28. 复叶或多少有些分裂,稀为单叶(如驴蹄草属 Caltha),全缘或具齿裂;心皮多数至少
   数 ……………………………………………………… 毛茛科 Ranunculaceae

28. 单叶,叶缘有锯齿;心皮和花萼裂片同数 ………………………………
   ……………………………………… 虎耳草科 Saxifragaceae(扯根菜属 *Penthorum*)

27. 木本。

29. 花的各部分为整齐的三出数 ……………………… 木通科 Lardizabalaceae

29. 花的各部分不为整齐的三出数。

30. 雄蕊数个至多数,连合成单体 ……………………… 梧桐科 Sterculiaceae

30. 雄蕊多数,离生 ……………………… 连香树科 Cercidiphyllaceae

26. 雌蕊或子房单独 1 枚。

31. 雄蕊周位,即着生于萼筒或杯状花托上。

32. 叶为双数羽状复叶,互生;花萼裂片呈覆瓦状排列;果实为荚果 ……………
   ……………………………………………………………………… 苏木科 Caesalpiniaceae

32. 叶为对生或轮生单叶;花萼裂片呈镊合状排列;果实为蒴果 … 千屈菜科 Lythraceae

31. 雄蕊下位,即着生于扁平或凸起的花托上。

33. 乔木或灌木;叶为单叶;雄蕊常多数,离生;胚珠生于侧膜胎座或隔膜上 ……………
   ……………………………………………………………………… 大风子科 Flacourtiaceae

33. 草本或亚灌木。

34. 子房 3～5 室;叶对生或轮生;花两性 ·············· 粟米草科 Molluginaceae

34. 子房 1～2 室。

35. 叶为复叶或多少有些分裂 ······················· 毛茛科 Ranunculaceae

35. 叶为单叶。

36. 侧膜胎座。

37. 花无花被 ···································· 三白草科 Saururaceae

37. 花具 4 离生萼片 ······························ 十字花科 Cruciferae

36. 特立中央胎座。

38. 花序呈穗状,头状或圆锥状;萼片多少为干膜质 ·········· 苋科 Amaranthaceae

38. 花序呈聚伞状;萼片草质 ························ 石竹科 Caryophyllaceae

19. 子房或子房室内仅有 1 至数枚胚珠。

39. 叶片中常有透明微点。

40. 叶为羽状复叶 ······························· 芸香科 Rutaceae

40. 叶为单叶,全缘或有锯齿。

41. 子房下位,仅 1 室有 1 胚珠;叶对生,叶柄在基部连合 ····· 金粟兰科 Chloranthaceae

41. 子房上位;叶如为对生时,叶柄也不在基部连合。

42. 雌蕊由 3～6 枚近于离生心皮组成,每心皮各有 2～4 枚胚珠 ···········
·················· 三白草科 Saururaceae(三白草属 *Saururus*)

42. 雌蕊由 1～4 枚合生心皮组成,仅 1 室,有 1 枚胚珠 ···············
·················· 胡椒科 Piperaceae(豆瓣绿属 *Peperomia*)

39. 叶片中无透明微点。

43. 雄蕊连合为单体,至少在雄花中有这种现象;花丝互相连合成筒状或成一中柱。

44. 肉质寄生草本植物,具退化呈鳞片状的叶片,无叶绿素 ····· 蛇菰科 Balanophoraceae

44. 植物体不为寄生,有绿叶。

45. 花雌雄同株,雄花呈球形头状花序,雌花 2 朵生于具有钩状芒刺的囊状总苞中 ······
·················· 菊科 Compositae(苍耳属 *Xanthium*)

45. 花两性,如为单性时,雌花及雄花也无上述情形。

46. 草本植物,花两性。

47. 叶互生 ································· 藜科 Chenopodiaceae

47. 叶对生(在苋科中有少数互生)。

48. 花显著,有连合成萼状的总苞 ··············· 紫茉莉科 Nyctaginaceae

48. 花微小,无上述情形的总苞 ················· 苋科 Amaranthaceae

46. 乔木或灌木,稀可为草本;叶互生;花单性或杂性,萼片呈覆瓦状排列,至少在雄花中
如此 ···································· 大戟科 Euphorbiaceae

43. 雄蕊各自分离,有时仅为 1 枚,或者花丝成为分枝的簇丛(如大戟科蓖麻属 *Ricinus*)

49. 每花有雌蕊 2 枚至多数,近于离生或完全离生;或花的界限不明显时,则雌蕊多数,成
1 球形头状花序。

50. 花托下陷,呈杯状或坛状。

51. 灌木;叶对生;花被片在坛状花托的外侧排列成数层 ············ 蜡梅科 Calycanthaceae

51. 草本或灌木;叶互生;花被片在杯状或坛状花托的边缘排列成一轮 ·····················
·· 蔷薇科 Rosaceae

50. 花托扁平或隆起,有时可延长。

52. 乔木、灌木或木质藤本。

53. 花有花被。

54. 乔木或灌木;有托叶;花两性,心皮多数在果熟时聚集于长轴上 ··············
··· 木兰科 Magnoliaceae

54. 灌木或藤本,很少乔木;无托叶;花单性或两性,心皮多数在果时则排于 1 伸长下垂的
花托上。

55. 聚合蓇葖果,开裂;花两性;乔木或直立灌木。

56. 常绿灌木;叶脉羽状;花被片多数 ··················· 八角科 Illiciaceae

56. 落叶乔木;叶脉具 5~9 掌状脉;花被片 4 片 ·········· 水青树科 Tetracentraceae

55. 聚合浆果;花单性;攀缘藤本 ··················· 五味子科 Schisandraceae

53. 花无花被。

57. 落叶灌木或小乔木;叶卵形,有羽状脉,叶边缘有锯齿,无托叶;花两性或杂性,在叶腋
中丛生;翅果无毛,有柄 ························ 领春木科 Eupteleaceae

57. 落叶乔木;叶广阔,掌状分裂,叶缘有缺刻或大锯齿;有托叶围茎成鞘,易脱落;花单
性,雌雄同株,分别聚成球形头状花序;小坚果,围以长柔毛,无柄 ·············
·· 悬铃木科 Platanaceae

52. 草本或少数为亚灌木,有时为攀缘性。

58. 胚珠倒生或直生。

59. 叶片多少有些分裂或为复叶;无托叶或极微小;有花被(花萼);胚珠倒生;花单生或成
各种类型的花序 ··························· 毛茛科 Ranunculaceae

59. 叶为全缘单叶;有托叶;无花被;胚珠直生;花成穗形总状花序 ·····················
·· 三白草科 Saururaceae

58. 胚珠常弯生;叶为全缘单叶 ·············· 商陆科 Phytolaccaceae

49. 每花仅有 1 枚复合雌蕊或单雌蕊,心皮有时于成熟后各自分离。

60. 子房下位或半下位。

61. 草本。

62. 水生或小型沼泽植物。

63. 花柱 2 个或更多;叶片(尤其沉没水中的)常成羽状细裂或为复叶 ·············
·· 小二仙草科 Haloragidaceae

63. 花柱 1 个;叶为线形全缘单叶 ············· 杉叶藻科 Hippuridaceae

62. 陆生草本。

64. 寄生性肉质草本,无绿叶。

65. 花单性,雌花常无花被;无珠被及种皮 ············· 蛇菰科 Balanophoraceae

65. 花杂性,有一层花被,两性花有 1 雄蕊;有珠被及种皮 ······· 锁阳科 Cynomoriaceae

64. 非寄生性植物,或于百蕊草属 Thesium 为半寄生性,但均有绿叶。

66. 叶对生,叶形宽广而有锯齿缘 ·················· 金粟兰科 Chloranthaceae

66. 叶互生,叶片窄而细长 ·················· 檀香科 Santalaceae(百蕊草属 *Thesium*)

61. 灌木或乔木。

67. 子房 3～10 室。

68. 坚果 1～2 枚,同生在一个木质且可裂为四瓣的壳斗中 ··············

··················· 壳斗科 Fagaceae(水青冈属 *Fagus*)

68. 核果,不生在壳斗里;花杂性,形成球形的头状花序,花序下承以白色、大形叶状苞片
2～3 枚 ·················· 珙桐科 Davidiaceae

67. 子房 1 室或 2 室,或在铁青树科的青皮木属 Schoepfia 中,子房的基部可以为 3 室。

69. 花柱 2 枚。

70. 蒴果,2 瓣开裂 ·················· 金缕梅科 Hamamelidaceae

70. 果实呈核果状,或蒴果状的瘦果,不裂开 ·················· 鼠李科 Rhamnaceae

69. 花柱 1 枚或无花柱。

71. 叶片下面及枝条多少有些具皮屑状或鳞片状的附属物 ····· 胡颓子科 Elaeagnaceae

71. 叶片下面及枝条无皮屑状或鳞片状的附属物。

72. 叶缘有锯齿或圆锯齿,稀可在荨麻科紫麻属 Oreocnide 中有全缘者。

73. 叶对生,具羽状脉;雄花裸露,有雄蕊 1～3 枚·············· 金粟兰科 Chloranthaceae

73. 叶互生,大都于叶基具三出脉;雄花具花被及雄蕊 4 枚(稀可 3 或 5 枚) ··············

··················· 荨麻科 Urticaceae

72. 叶全缘,互生或对生。

74. 植物体寄生在木本植物的树干或枝条上;果实呈浆果状 ····· 桑寄生科 Loranthaceae

74. 植物体大都陆生,或有时可为寄生性;果实呈坚果状或核果状;胚珠 1～5 枚。

75. 花多为单性;基底胎座 ·················· 檀香科 Santalaceae

75. 花两性或单性,雄蕊 4 或 5 枚,和花萼裂片同数且对生;胚珠悬垂于中央胎座的顶端

··················· 铁青树科 Olacaceae

60. 子房上位,如有花萼时,和它相分离,或在紫茉莉科和胡颓子科中,当果实成熟时,子
房为宿存萼筒所包围。

76. 托叶鞘围抱茎的各节;草本,稀可为灌木 ·················· 蓼科 Polygonaceae

76. 无托叶鞘,悬铃木科有托叶鞘,但易脱落。

77. 草本,或有时在藜科及紫茉莉科中为亚灌木。

78. 无花被。

79. 子房 1 室,内仅有 1 个基生胚珠 ·················· 胡椒科 Piperaceae(胡椒属 *Piper*)

79. 子房 3 或 2 室。

80. 水生植物,无乳汁;子房 2 室,每室内含 2 个胚珠 ·········· 水马齿科 Callitrichaceae

80. 陆生植物,有乳汁;子房 3 室,每室内仅含 1 个胚珠 ·········· 大戟科 Euphorbiaceae

78. 有花被,当花为单性时,特别是雄花多具有花被。

81. 花萼呈花瓣状,且合生成管状。

82. 花有总苞,有时这种总苞类似花萼 ………………………… 紫茉莉科 Nyctaginaceae

82. 花无总苞。

83. 胚珠 1 枚,生子房的近顶端处 ………………………… 瑞香科 Thymelaeaceae

83. 胚珠多数,生特立中央胎座上 ………… 报春花科 Primulaceae(海乳草属 *Glaux*)

81. 花萼不为上述情形。

84. 雄蕊周位,即位于花盘或花被上。

85. 叶互生,羽状复叶,有草质的托叶;花无膜质苞片;瘦果 …………………………
………………………… 蔷薇科 Rosaceae(地榆族 Sanguisorbieae)

85. 叶对生,或在蓼科冰岛蓼属 Koenigia 为互生,单叶,无草质托叶;花有膜质苞片。

86. 花被片和雄蕊各为 5 或 4 枚,对生;囊果;托叶膜质 ……… 石竹科 Caryophyllaceae

86. 花被片和雄蕊各为 3 枚,互生;坚果;无托 …………………………
………………………… 蓼科 Polygonaceae(冰岛蓼属 *Koenigia*)

84. 雄蕊下位,即位于子房下。

87. 花柱或花柱的分枝为 2 或数枚,内侧常为柱头面。

88. 子房常为 7～13 枚心皮连合而成 ………………………… 商陆科 Phytolaccaceae

88. 子房常为 2～3 枚(或 5 枚)心皮连合而成。

89. 子房 3 室,稀可 2 或 4 室 …………………………… 大戟科 Euphorbiaceae

89. 子房 1 或 2 室。

90. 叶为掌状复叶或为单叶而具掌状脉,并有宿存托叶 ………… 大麻科 Cannabiaceae

90. 叶为单叶而具羽状脉,或稀可为掌状脉而无托叶,也可在藜科中叶退化成鳞片或为肉
质而形如圆筒。

91. 花有草质而带绿色或灰绿色的花被及苞片 ……………………… 藜科 Chenopodiaceae

91. 花有干膜质而常有色泽的花被及苞片 ……………………… 苋科 Amaranthaceae

87. 花柱 1 枚,通常其顶端有柱头,也可无花柱。

92. 花两性。

93. 雌蕊为单心皮;花萼由 2～3 个膜质且宿存的萼片而成;雄蕊 2～3 枚 …………………
………………………… 星叶科 Circaeasteraceae

93. 雌蕊由 2 合生心皮而成。

94. 萼片 2 枚;雄蕊多数 ………… 罂粟科 Papaveraceae(博落回属 *Macleaya*)

94. 萼片 4 枚;雄蕊 2 或 4 枚 ………… 十字花科 Cruciferae(独行菜属 *Lepidium*)

92. 花单性。

95. 沉没于淡水中的水生植物;叶细裂成丝状 ……… 金鱼藻科 Ceratophyllaceae

95. 陆生植物;叶不细裂成丝状 …………………………… 荨麻科 Urticaceae

77. 木本植物或亚灌木。

96. 耐寒、旱的灌木,或在藜科的梭梭属 Haloxylon 为乔木;叶微小,细长或呈鳞片状,有
时(如藜科)为肉质而成圆筒形或半圆筒形。

97. 花无膜质苞片;雄蕊下位;叶互生或对生;无托叶;枝条常有关节 …………………………
………………………… 藜科 Chenopodiaceae

97. 花有膜质苞片;雄蕊周位;叶对生,基部常互相连合;有膜质托叶;枝条无关节 ⋯⋯⋯
⋯⋯⋯⋯⋯⋯⋯⋯⋯⋯⋯⋯⋯⋯⋯⋯⋯ 石竹科 Caryophyllaceae

96. 不是上述的植物;叶片矩圆形或披针形,或宽广至圆形。

98. 果实及子房均为 2 至数室。

99. 花通常为两性。

100. 萼片 4 或 5 片,稀可 3 片,呈覆瓦状排列。

101. 雄蕊 4,有 4 室的蒴果⋯⋯⋯⋯⋯⋯⋯⋯⋯ 水青树科 Tetracentraceae

101. 雄蕊多数,浆果状核果 ⋯⋯⋯⋯⋯⋯⋯⋯ 大戟科 Euphorbiaceae

100. 萼片多为 5 片,呈镊合状排列。

102. 雄蕊多数,具刺的蒴果 ⋯⋯⋯⋯⋯⋯⋯⋯ 杜英科 Elaeocarpaceae

102. 雄蕊和萼片同数;核果或坚果。

103. 雄蕊和萼片对生,各为 3~6 ⋯⋯⋯⋯⋯⋯⋯ 铁青树科 Olacaceae

103. 雄蕊和萼片互生,各为 4 或 5 ⋯⋯⋯⋯⋯⋯⋯ 鼠李科 Rhamnaceae

99. 花单性(雌雄同株或异株)或杂性。

104. 果实为核果、坚果状或有齿的蒴果;种子无胚乳或有少量的胚乳。

105. 雄蕊常 8 枚;果为坚果状或为有翅的蒴果;羽状复叶或单叶 ⋯⋯⋯⋯⋯⋯⋯
⋯⋯⋯⋯⋯⋯⋯⋯⋯⋯⋯⋯⋯⋯⋯⋯⋯ 无患子科 Sapindaceae

105. 雄蕊 5 或 4 枚,且和萼片互生;核果有 2~4 枚小核;单叶 ⋯⋯⋯⋯⋯⋯⋯
⋯⋯⋯⋯⋯⋯⋯⋯⋯ 鼠李科 Rhamnaceae(鼠李属 *Rhamnus*)

104. 果实多呈蒴果状,无翅;种子常有胚乳。

106. 果实为具 2 室开裂的蒴果,有木质或革质的外种皮及角质的内果皮 ⋯⋯⋯⋯⋯
⋯⋯⋯⋯⋯⋯⋯⋯⋯⋯⋯⋯⋯⋯ 金缕梅科 Hamamelidaceae

106. 果实即使为蒴果时,也不像上述情形。

107. 胚珠具腹脊;果实多为胞间裂开的蒴果或其他类型 ⋯⋯⋯⋯⋯ 大戟科 Euphorbiaceae

107. 胚珠具背脊;果实为胞背裂开的蒴果,或有时呈核果状⋯⋯⋯⋯⋯ 黄杨科 Buxaceae

98. 果实及子房均为 1 或 2 室。

108. 花萼具显著的萼筒,且常呈花瓣状。

109. 叶无毛或下面有柔毛;萼筒整个脱落 ⋯⋯⋯⋯⋯⋯⋯ 瑞香科 Thymelaeaceae

109. 叶下面及幼嫩枝条具银白色或棕色鳞片或鳞毛;萼筒或其下部永久宿存,当果实成
熟时,变为肉质而紧密包着子房 ⋯⋯⋯⋯⋯ 胡颓子科 Elaeagnaceae

108. 花萼不是上述情形,或无花被。

110. 花药以 2 或 4 舌瓣裂开 ⋯⋯⋯⋯⋯⋯⋯⋯⋯ 樟科 Lauraceae

110. 花药不以舌瓣裂开。

111. 叶对生。

112. 果实为具有双翅或呈圆形的翅果 ⋯⋯⋯⋯⋯⋯⋯⋯ 槭树科 Aceraceae

112. 果实为具有单翅而呈细长矩圆形的翅果 ⋯⋯⋯⋯⋯⋯ 木樨科 Oleaceae

111. 叶互生。

113. 叶为羽状复叶。

114. 花两性或杂性 ⋯⋯⋯⋯⋯⋯⋯⋯⋯⋯⋯⋯⋯⋯⋯⋯⋯⋯⋯⋯⋯ 无患子科 Sapindaceae

114. 花单性,雌雄异株 ⋯⋯⋯⋯⋯⋯⋯⋯⋯ 漆树科 Anacardiaceae(黄连木属 *Pistacia*)

113. 叶为单叶。

115. 花均无花被。

116. 木质藤本;叶全缘;花两性或杂性,成紧密的穗状花序 ⋯⋯⋯⋯⋯⋯⋯⋯⋯⋯

⋯⋯⋯⋯⋯⋯⋯⋯⋯⋯⋯⋯⋯⋯⋯⋯⋯⋯⋯ 胡椒科 Piperaceae(胡椒属 *Piper*)

116. 乔木;叶缘有锯齿或缺刻;花单性。

117. 叶宽广,具掌状脉及掌状分裂,叶缘具缺刻或大锯齿,有托叶,围茎成鞘,但易脱落;雌雄同株,雌雄花分别成球形的头状花序,雌蕊为单心皮而成;小坚果为倒圆锥形,有棱角,无翅,无梗,围以长柔毛 ⋯⋯⋯⋯⋯⋯⋯⋯⋯⋯⋯ 悬铃木科 Platanaceae

117. 叶椭圆形至卵形,具羽状脉及锯齿缘,无托叶;雌雄异株,雄花聚成疏松有苞片的簇丛,雌花单生于苞片的腋内,雌蕊为 2 心皮而成;小坚果扁平,有翅,有柄,无毛 ⋯⋯⋯

⋯⋯⋯⋯⋯⋯⋯⋯⋯⋯⋯⋯⋯⋯⋯⋯⋯⋯⋯⋯⋯⋯⋯ 杜仲科 Eucommiaceae

115. 花常有花萼,尤其雄花多具有花萼。

118. 植物体内有乳汁 ⋯⋯⋯⋯⋯⋯⋯⋯⋯⋯⋯⋯⋯⋯⋯⋯⋯⋯⋯ 桑科 Moraceae

118. 植物体内无乳汁。

119. 花柱或其分枝 2 或数枚。

120. 花单性,雌雄异株或有时为同株;叶全缘或具波状齿。

121. 矮小灌木或亚灌木;果实干燥,包藏于具有长柔毛而互相连合成双角状的 2 苞片中;胚体弯曲如环 ⋯⋯⋯⋯⋯⋯⋯⋯⋯⋯ 藜科 Chenopodiaceae(驼绒藜属)

121. 乔木或灌木;果实呈核果状,常为 1 室含 1 种子,不包藏于苞片内;胚体直。

122. 雄蕊 2~5(∞)枚;胚大,仅稍短于胚乳 ⋯⋯⋯⋯⋯⋯⋯⋯ 大戟科 Euphorbiaceae

122. 雄蕊 5~18 枚;胚小,仅位于种子顶端 ⋯⋯⋯⋯⋯ 交让木科 Daphniphyllaceae

120. 花两性或单性;叶缘大多具有锯齿或具齿裂,稀可全缘。

123. 雄蕊多数 ⋯⋯⋯⋯⋯⋯⋯⋯⋯⋯⋯⋯⋯⋯⋯ 大风子科 Flacourtiaceae

123. 雄蕊 10 枚或较少。

124. 子房 2 室,每室有 1 枚至数枚胚珠;果实为木质蒴果 ⋯ 金缕梅科 Hamamelidaceae

124. 子房 1 室,仅含 1 枚胚珠;果实不是木质蒴果 ⋯⋯⋯⋯⋯⋯⋯⋯ 榆科 Ulmaceae

119. 花柱 1 枚,或可有时(如荨麻属)缺花柱而柱头呈画笔状。

125. 叶缘有锯齿;子房为 1 心皮而成。

126. 花生于当年新枝上;雄蕊多数 ⋯⋯⋯⋯⋯ 蔷薇科 Rosaceae(臭樱属 *Maddenia*)

126. 花生于老枝上;雄蕊和萼片同数 ⋯⋯⋯⋯⋯⋯⋯⋯⋯⋯ 荨麻科 Urticaceae

125. 叶全缘或边缘有锯齿;子房为 2 个以上连合心皮所成。

127. 果实呈核果状,内有 1 种子 ⋯⋯⋯⋯⋯⋯⋯⋯⋯⋯ 铁青树科 Olacaceae

127. 果实呈浆果状,内含数枚至 1 枚种子 ⋯⋯⋯⋯⋯⋯⋯⋯⋯⋯⋯⋯⋯⋯⋯⋯⋯

⋯⋯⋯⋯⋯⋯⋯⋯⋯ 大风子科 Flacourtiaceae(柞木属 *Xylosma*)

2. 花具花萼也具花冠,或有两层以上的花被片,有时花冠可为蜜腺叶所代替。

128. 花冠常为离生的花瓣所组成。

129. 成熟雄蕊(或单体雄蕊的花药)多在 10 个以上,通常多数,或其数超过花瓣的 2 倍。

130. 花萼和 1 个或更多的雌蕊多少有些互相愈合,即子房下位或半下位。

131. 水生草本植物;子房多室 ·················· 睡莲科 Nymphaeaceae

131. 陆生植物;子房 1 至数室,也可心皮为 1 至数枚。

132. 植物体具肥厚的肉质茎,多有刺,常无真正的叶片 ·········· 仙人掌科 Cactaceae

132. 植物体为普通形态,不呈仙人掌状,有真正的叶片。

133. 草本植物或稀可为亚灌木。

134. 花单性,雌雄同株;花鲜艳,多成腋生聚伞花序;子房 2~4 室 ·········· 秋海棠科 Begoniaceae

134. 花常两性。

135. 叶基生或茎生,呈心形,不为肉质;花为三处出数 ······· 马兜铃科 Aristolochiaceae

135. 叶茎生,不呈心形,多少有些肉质,或为圆柱形;花不为三出数。

136. 花萼裂片常为 5,叶状;蒴果 5 室或更多室,在顶端呈放射状裂开················ 番杏科 Aizoaceae

136. 花萼裂片 2;蒴果 1 室,盖裂 ······· 马齿苋科 Portulacaceae(马齿苋属 *Portulaca*)

133. 乔木或灌木,有时以气生小根而攀缘。

137. 叶通常对生,或在石榴科的石榴属 Punica 中有时可互生。

138. 叶缘常有锯齿或全缘;花序(除山梅花族 Philadelpheae 外)常有不孕的边缘花 ····· 虎耳草科 Saxifragaceae

138. 叶全缘;花序无不孕花。

139. 叶为脱落性;花萼呈朱红色或黄绿色 ··········· 石榴科 Punicaceae(石榴属 *Punica*)

139. 叶为常绿性,叶片中有腺体微点;花萼不呈朱红色或黄绿色;胚珠每室多数 ······ 桃金娘科 Myrtaceae

137. 叶互生。

140. 花瓣为细长形,花后向外翻转 ·········· 八角枫科 Alangiaceae

140. 花瓣不为细长形,或即使为细长形时,花后也不向外翻转。

141. 叶无托叶;果实呈核果状,其形歪斜 ······· 山矾科 Symplocaceae

141. 叶有托叶;果实为肉质或木质假果 ······· 蔷薇科 Rosaceae(梨亚科)

130. 花萼和 1 个或更多的雌蕊相分离,即子房上位。

142. 花为周位花。

143. 叶对生或轮生,有时上部者可互生,但均为全缘,单叶;花瓣常于花蕾中呈皱褶状 ····· 千屈菜科 Lythraceae

143. 叶互生,单叶或复叶;花瓣在花蕾中不呈皱褶状。

144. 花瓣镊合状排列;果实为荚果;叶多为二回羽状复叶,有时叶片退化,而叶柄发育为叶状柄;心皮 1 枚 ······· 含羞草科 Mimosaceae

144. 花瓣覆瓦状排列;果实为核果、菁葖果或瘦果;叶为单叶或复叶;心皮 1 枚至多数 ····· 蔷薇科 Rosaceae

142. 花为下位花,或至少在果实时花托扁平或隆起。

145. 雌蕊少数至多数,互相分离或微有连合。

146. 水生植物。

147. 叶片呈盾状,全缘 ·························· 睡莲科 Nymphaeaceae

147. 叶片不呈盾状,多少有些分裂或为复叶 ·············· 毛茛科 Ranunculaceae

146. 陆生植物。

148. 茎为攀缘性。

149. 草质藤本。

150. 花显著,为两性花 ·························· 毛茛科 Ranunculaceae

150. 花小形,为单性,雌雄异株 ················ 防己科 Menispermaceae

149. 木质藤本,或为蔓生灌木。

151. 心皮多数,结果时聚生成一球状的肉质体或散布于极延长的花托上 ·············
··· 五味子科 Schisandraceae

151. 心皮 3～6,果为核果或核果状 ············ 防己科 Menispermaceae

148. 茎直立,不为攀缘性。

152. 雄蕊的花丝连成单体 ·························· 锦葵科 Malvaceae

152. 雄蕊的花丝相互分离。

153. 草本植物,稀可为灌木或小灌木;叶片多少有些分裂或为复叶。

154. 叶无托叶;种子有胚乳。

155. 心皮为肉质花盘所包围或几乎将其覆盖;雄蕊多数,离心式发育;种子具假种皮;聚合蓇葖果显著分离;花形大而美丽 ········· 芍药科 Paeoniaceae

155. 无花盘;雄蕊向心式发育;种子无假种皮;聚合瘦果,极稀为浆果状 ·········
··· 毛茛科 Ranunculaceae

154. 叶多有托叶;种子无胚乳 ·············· 蔷薇科 Rosaceae

153. 木本植物;叶片全缘或边缘有锯齿,也有稀为分裂者。

156. 有托叶;心皮螺旋状排列在伸长的花托上;果实为蓇葖或翅果 ·············
··· 木兰科 Magnoliaceae

156. 无托叶;心皮轮状排列;果实为蓇葖果 ·········· 八角科 Illiciaceae

145. 雌蕊 1 个,但花柱或柱头为 1 至多数。

157. 叶片中具透明微点。

158. 叶互生,羽状复叶或退化为仅有 1 顶生小叶 ······ 芸香科 Rutaceae

158. 叶对生,单叶 ·························· 藤黄科 Guttiferae

157. 叶片中无透明微点。

159. 子房单纯,仅有 1 枚心皮,具 1 子房室。

160. 乔木或灌木;花瓣镊合状排列;果实为荚果 ······ 含羞草科 Mimosaceae

160. 草本植物;花瓣呈覆瓦状排列;果实不为荚果。

161. 花为五出数;蓇葖果 ·············· 毛茛科 Ranunculaceae

161. 花为三出数;浆果 ·············· 小檗科 Berberidaceae

159. 子房为复合性,具 2 枚以上心皮。

162. 子房 1 室,或在马齿苋科土人参属 Talinum 中子房基部为 3 室。

163. 特立中央胎座;草本植物;子房的基部 3 室,有多数胚珠 ……………………………
…………………………………… 马齿苋科 Portulacaceae(土人参属 Talinum)

163. 侧膜胎座。

164. 灌木或乔木(在半日花科中常为亚灌木或草本植物);子房柄不存在或极短。

165. 叶对生;萼片不相等;外面 2 片较小,或有时退化,内面 3 片较大,呈螺旋状排列 …
…………………………………… 半日花科 Cistaceae

165. 叶常互生;萼片相等,呈覆瓦状或镊合状排列 …………… 大风子科 Flacourtiaceae

164. 草本植物,如为木本植物时,则具有显著的子房柄。

166. 植物体内含乳汁;萼片 2～3 ………………………… 罂粟科 Papaveraceae

166. 植物体不含乳汁;萼片 4 ………………………… 白花菜科 Capparidaceae

162. 子房 2 室至多室,或为不完全的 2 至多室。

167. 萼片于花蕾内呈镊合状排列。

168. 雄蕊互相分离或连成数束。

169. 花药以顶端 2 孔裂开 …………………………… 杜英科 Elaeocarpaceae

169. 花药纵长裂开 ………………………………… 椴树科 Tiliaceae

168. 雄蕊连为单体,至少内层者如此,并且多少有些连成管状。

170. 花单性;萼片 2 或 3 片 ………… 大戟科 Euphorbiaceae(油桐属 Vernicia)

170. 花常两性;萼片多 5 片,稀可较少。

171. 花药 2 室 ………………………………… 梧桐科 Sterculiaceae

171. 花药 1 室;花粉粒表面有刺 …………………… 锦葵科 Malvaceae

167. 萼片于花蕾内呈覆瓦状或旋转状排列,或有时近于呈镊合状排列。

172. 花单性,雌雄同株或可异株;果实为蒴果,由 2～4 枚各自裂为 2 瓣的离果所成 ……
…………………………………… 大戟科 Euphorbiaceae

172. 花常两性,或在猕猴桃科的猕猴桃属 Actinida 中为杂性或雌雄异株;果实为其他情形。

173. 雄蕊排列成二层,外层 10 个和花瓣对生,内层 5 个和萼片对生 ……………………
…………………………………… 蒺藜科 Zygophyllaceae(骆驼蓬属 Peganum)

173. 雄蕊的排列为其他情形。

174. 植物体呈耐寒旱状;叶为全缘单叶。

175. 叶对生或上部者互生;萼片 5 片,互不相等,外面 2 片较小或有时退化,内面 3 片较大,成旋转状排列,宿存;花瓣早落 …………… 半日花科 Cistaceae

175. 叶互生;萼片 5 片,大小相等;花瓣宿存;在内侧基部各有 2 舌状物 ……………………
…………………………………… 柽柳科 Tamaricaceae(红砂属 Reaumuria)

174. 植物体不呈耐寒旱状;叶常互生;萼片 2～5 片,彼此相等,呈覆瓦状或稀可呈镊合状排列。

176. 草本或木本植物;花为四出数,或其萼片多为 2 片且早落。

177. 植物体内含乳汁;无或有极短子房柄;种子具丰富胚乳 ……… 罂粟科 Papaveraceae

177. 植物体内不含乳汁;有细长的子房柄;种子无或有少量胚乳 ………………… …………………………………………………… 白花菜科 Capparidaceae

176. 木本植物;花常为五出数,萼片宿存或脱落。

178. 果实为具 5 个棱角的蒴果,分成 5 个骨质各含 1 或 2 种子的心皮后,再各沿其缝线而 2 瓣裂开 ……………… 蔷薇科 Rosaceae(白鹃梅属 *Exochorda*)

178. 果实不为蒴果,如为蒴果时则为胞背裂开。

179. 蔓生或攀缘的灌木;雄蕊相互分离;资方 5 室或更多室;浆果,常可食 ………… …………………………………………………… 猕猴桃科 Actinidiaceae

179. 直立乔木或灌木;雄蕊离生或合生;子房 3～5 室;蒴果、浆果状蒴果或浆果 ……… …………………………………………………… 山茶科 Theaceae

129. 成熟雄蕊 10 个或较少,如多于 10 个时,其数并不超过花瓣的 2 倍。

180. 成熟雄蕊和花瓣同数,并且与花瓣对生。

181. 雌蕊 3 枚至多数,离生。

182. 直立草本或亚灌木;花两性,5 基数 … 蔷薇科 Rosaceae(地蔷薇属 *Chamaerhodos*)

182. 木质或草质藤本;花单性,常为三基数。

183. 叶常为单叶;花小型;核果;心皮 3～6 枚,呈轮状排列,各含 1 枚胚珠 …………… …………………………………………………… 防己科 Menispermaceae

183. 叶为掌状复叶,羽状复叶或由 3 小叶组成;花中型;浆果;心皮 3 枚至多数,轮状或螺旋状排列,各含 1 枚或多数胚珠。

184. 花单性;心皮极多数,螺旋状排列,各含 1 枚胚珠;叶具 3 小叶,基部不对称 ……… …………………………………………………… 大血藤科 Sargentodoxaceae

184. 花两性或单性;心皮 3 至多数,轮状排列,各含多数胚珠;叶为掌状复叶、羽状复叶或具 3 小叶 ……………………………………… 木通科 Lardizabalaceae

181. 雌蕊 1 枚。

185. 子房 2 至数室。

186. 花萼裂齿不明显或微小;以卷须缠绕他物的木质或草质藤本 …… 葡萄科 Vitaceae

186. 花萼具 4～5 裂片;乔木、灌木或草本植物,有时虽也可为缠绕性,但无卷须。

187. 雄蕊合生成单体;每子房室内含胚珠 2～6 个 ……… 梧桐科 Sterculiaceae

187. 雄蕊互相分离,或稀可在其下部合生成一管。

188. 叶无托叶;萼片各不相等,呈覆瓦状排列;花瓣不相等,在内层的 2 片常很小 ……… …………………………………………………… 清风藤科 Sabiaceae

188. 叶常有托叶;萼片同大,呈镊合状排列;花瓣相等 ……… 鼠李科 Rhamnaceae

185. 子房 1 室,或在马齿苋科土人参属 *Talinum* 中子房基部为 3 室。

189. 子房下位或半下位;叶多对生或轮生,全缘;浆果或核果 … 桑寄生科 Loranthaceae

189. 子房上位。

190. 花药以舌瓣裂开 ……………………………… 小檗科 Berberidaceae

190. 花药不以舌瓣裂开。

191. 缠绕草本;胚珠 1 枚;叶肥厚,肉质 ……………… 落葵科 Basellaceae

191. 直立草本,或有时为木本;胚珠 1 至多数。

192. 花瓣 6～9 片;雌蕊单纯 ·············· 小檗科 Berberidaceae

192. 花瓣 4～5 片;雌蕊复合。

193. 花瓣 4 片;侧膜胎座 ·············· 罂粟科 Papaveraceae(角茴香属 *Hypecoum*)

193. 花瓣常 5 片;基底胎座 ·············· 马齿苋科 Portulacaceae

180. 成熟雄蕊和花瓣不同数,如同数时,则雄蕊与花瓣互生。

194. 花萼或其筒部和子房多少有些相连合。

195. 每子房室内含胚珠或种子 2 枚至多数。

196. 草本或亚灌木;有时为攀缘性。

197. 具卷须的攀缘草本;花单性 ·············· 葫芦科 Cucurbitaceae

197. 无卷须的植物;花常两性。

198. 萼片或花萼裂片 2 片;植物体多少肉质而多水分
·············· 马齿苋科 Portulacaceae(马齿苋属 *Portulaca*)

198. 萼片或花萼裂片 4～5 片;植物体常不为肉质。

199. 花萼裂片呈覆瓦状或镊合状排列;花柱 2 枚或更多;种子具胚乳 ··············
·············· 虎耳草科 Saxifragaceae

199. 花萼裂片呈镊合状排列;花柱 1 枚,具 2～4 裂,或为 1 呈头状的柱头;种子无胚乳
·············· 柳叶菜科 Onagraceae

196. 乔木或灌木;有时为攀缘性。

200. 叶互生。

201. 花数朵至多数成头状花序;常绿乔木;叶革质,全缘或具浅裂
·············· 金缕梅科 Hamamelidaceae

201. 花成总状或圆锥花序。

202. 灌木;叶为掌状分裂,基部具 3～5 脉;子房 1 室,有多数胚珠;浆果 ··············
·············· 虎耳草科 Saxifragaceae(茶藨子属 *Ribes*)

202. 乔木或灌木;叶缘有锯齿或细锯齿,有时全缘,具羽状脉;子房 3～5 室,每室含 2 至
数枚胚珠;核果状蒴果 ·············· 安息香科 Styracaceae

200. 叶常对生 ·············· 虎耳草科 Saxifragaceae

195. 每子房室内仅含胚珠或种子 1 枚。

203. 果实裂开为 2 个干燥的离果,并共同悬于一果梗上,即双悬果;花序常为伞形花序
(在变豆菜属 *Sanicula* 和鸭儿芹属 *Cryptotaenia* 中为不规则的花序) ··············
·············· 伞形科 Umbelliferae

203. 果实不裂开,或裂开而不是上述情形;花序可为各种形式。

204. 草本植物。

205. 花柱或柱头 2～4 枚;种子具胚乳;果实为小坚果或核果,具棱角或有翅 ··············
·············· 小二仙草科 Haloragidaceae

205. 花柱 1 枚,具有 1 头状或呈 2 裂的柱头;种子无胚乳。

206. 陆生草本植物,具对生叶;花为二出数;果实为一具钩状刺毛的坚果

············柳叶菜科 Onagraceae(露珠草属 *Circaea*)

206. 水生草本植物,有聚生而漂浮水面的叶片;花为四出数;果实为具 2~4 刺的坚果(栽培种果实可无明显刺)··············菱科 Trapaceae(菱属 *Trapa*)

204. 木本植物。

207. 果实干燥或为蒴果状。

208. 子房 2 室;花柱 2 枚 ·············· 金缕梅科 Hamamelidaceae

208. 子房 1 室;花柱 1 枚;花序头状 ········ 蓝果树科 Nyssaceae(喜树属 *Camptotheca*)

207. 果实核果状或浆果状。

209. 叶互生或对生;花瓣呈镊合状排列;花序有各种型式,但稀为伞形或头状,有时可生于叶片上。

210. 花瓣 3~5 片,卵形至披针形;花药短 ············ 山茱萸科 Cornaceae

210. 花瓣 4~10 片,狭窄形并向外翻转;花药 3 长 ········ 八角枫科 Alangiaceae

209. 叶互生;花瓣呈覆瓦状或镊合状排列;花序常为伞形、头状、总状或穗状 ············
·················· 五加科 Araliaceae

194. 花萼和子房相分离。

211. 叶片中有透明微点。

212. 花整齐,稀可两侧对称;果实不为荚果 ·············· 芸香科 Rutaceae

212. 花整齐或不整齐;果实为荚果。

213. 花辐射对称,花瓣镊合状排列,雄蕊多数 ·········· 含羞草科 Mimosaceae

213. 花两侧对称,花瓣覆瓦状排列,雄蕊 10 枚。

214. 花冠假蝶形,上升覆瓦状排列,旗瓣在最内侧;雄蕊分离····· 苏木科 Caesalpiniaceae

214. 花冠蝶形,下降覆瓦状排列,旗瓣在最外侧,龙骨瓣基部结合;二体雄蕊 ············
·················· 蝶形花科 Papilionaceae

211. 叶片中无透明微点。

215. 雄蕊 2 枚或更多,互相分离或仅有局部的连合;也可子房分离而花柱连合成 1 枚。

216. 多汁草本植物,具肉质的茎及叶 ·············· 景天科 Crassulaceae

216. 植物体不为上述情形。

217. 花为周位花。

218. 花的各部分呈螺旋状排列,萼片逐渐变为花瓣;雄蕊 5 或 6 枚;雌蕊多数
·················· 蜡梅科 Calycanthaceae

218. 花的各部分呈轮状排列,萼片和花瓣明显分化。

219. 雌蕊 2~4 枚,各有多数胚珠;种子有胚乳;无托叶 ·········· 虎耳草科 Saxifragaceae

219. 雌蕊 2 枚至多数,各有 1 至数枚胚珠;种子无胚乳;有托叶,仅极少无托叶 ············
·················· 蔷薇科 Rosaceae

217. 花为下位花,或在悬铃木科中微呈周位。

220. 草本或亚灌木。

221. 各子房的花柱互相分离。

222. 叶常互生或基生,多少有些分裂;花瓣脱落,较萼片为大 ····· 毛茛科 Ranunculaceae

222. 叶对生或轮生,单叶,全缘;花瓣宿存,较萼片小 ················· 马桑科 Coriariaceae
221. 各子房合具 1 共同的花柱或柱头;叶为羽状复叶;花为五出数;花萼宿存;花中有和花瓣互生的腺体;雄蕊 10 枚 ····· 牻牛儿苗科 Geraniaceae(熏倒牛属 *Bieberteinia*)
220. 乔木、灌木或木质藤本。
223. 叶为单叶。
224. 叶对生或轮生 ··································· 马桑科 Coriariaceae
224. 叶互生。
225. 叶为脱落性,具掌状脉;叶柄基部扩张成帽状以覆盖腋芽 ····· 悬铃木科 Platanaceae
225. 叶为常绿性或脱落性,具羽状脉。
226. 乔木或灌木;有托叶;花两性,心皮多数,在果时聚集于长轴上 ························
  ································· 木兰科 Magnoliaceae
226. 灌木或藤本;无托叶;花单性或两性。
227. 果为蓇葖果,开裂;花两性;乔木或直立灌木 ·········· 八角科 Illiciaceae
227. 果由浆果状心皮组成;花单性;攀缘灌木 ····· 五味子科 Schisandraceae
223. 叶为复叶。
228. 叶对生 ···································· 省沽油科 Staphyleaceae
228. 叶互生。
229. 木质藤本;叶为掌状复叶或三出复叶 ······ 木通科 Lardizabalaceae
229. 乔木或灌木;叶为羽状复叶。
230. 果实为 1 含多数种子的浆果,状似猫屎 ·················
  ·············· 木通科 Lardizabalaceae(猫儿屎属 *Decaisnea*)
230. 果实为离果,或在臭椿属 Ailanthus 中为翅果 ·········· 苦木科 Simaroubaceae
215. 雌蕊 1 枚,或至少其子房为 1 枚。
231. 雌蕊或子房单一,仅 1 室。
232. 果实为核果或浆果。
233. 花为三出数,稀可二出数;花药以舌瓣裂开 ········· 樟科 Lauraceae
233. 花为五出或四出数;花药纵长裂开 ······· 蔷薇科 Rosaceae(扁核木属 *Prinsepia*)
232. 果实为蓇葖果或荚果。
234. 果实为蓇葖果 ············· 蔷薇科 Rosaceae(绣线菊亚科 *Spiraeoideae*)
234. 果实为荚果。
235. 花辐射对称,花瓣镊合状排列,雄蕊多数 ········· 含羞草科 Mimosaceae
235. 花两侧对称,花瓣覆瓦状排列,雄蕊 10 枚。
236. 花冠假蝶形,上升覆瓦状排列,旗瓣在最内侧;雄蕊分离 ····· 苏木科 Caesalpiniaceae
236. 花冠蝶形,下降覆瓦状排列,旗瓣在最外侧,龙骨瓣基部结合;二体雄蕊 ·········
  ·································· 蝶形花科 Papilionaceae
231. 雌蕊或子房非单一,有 1 个以上的子房室或花柱、柱头、胎座等部分。
237. 子房 1 室或因有 1 假隔膜的发育而成 2 室,有时下部 2~5 室,上部 1 室。
238. 花下位,花瓣 4 片,稀可更多。

239. 萼片 2 片。

240. 雄蕊多数；花冠辐射对称 ・・・・・・・・・・・・・・・・・・・・・ 罂粟科 Papaveraceae

240. 雄蕊 4 或 6 枚；花冠两侧对称 ・・・・・・・・・・・・・・・・ 紫堇科 Fumariaceae

239. 萼片 4～8 片。

241. 子房柄常细长，呈线状 ・・・・・・・・・・・・・・・・・・・・・ 白花菜科 Capparidaceae

241. 子房柄极短或不存在。

242. 子房由 2 枚心皮连合组成，常具 2 子房室及 1 假隔膜 ・・・・・・・・・ 十字花科 Cruciferae

242. 子房由 3～6 枚心皮连合组成，仅 1 子房室 ・・・・・・・・・・ 瓣鳞花科 Frankeniaceae

238. 花周位或下位，花瓣 3～5 片，稀可 2 片或更多。

243. 每子房室内仅有胚珠 1 枚。

244. 乔木，或稀为灌木；叶常为羽状复叶。

245. 叶常为羽状复叶，具托叶及小托叶 ・・

・・・・・・・・・・・・・・・・・・・・ 省沽油科 Staphyleaceae（银鹊树属 *Tapiscia*）

245. 叶为羽状复叶或单叶，无托叶及小托叶 ・・・・・・・・・ 漆树科 Anacardiaceae

244. 木本或草本；叶为单叶。

246. 乔木或灌木；叶常互生，无膜质托叶 ・・・・・・・・・・・・ 樟科 Lauraceae

246. 草本或亚灌木；叶互生或对生，具膜质托叶 ・・・・・・・・・ 蓼科 Polygonaceae

243. 每子房室内有胚珠 2 枚至多数。

247. 乔木、灌木或木质藤本。

248. 花瓣及雄蕊均着生于花萼上 ・・・・・・・・・・・・・・・・ 千屈菜科 Lythraceae

248. 花瓣及雄蕊均着生于花托上。

249. 核果，仅有 1 种子 ・・・・・・・・・・・・・・・・・・・・・ 茶茱萸科 Icacinaceae

249. 蒴果或浆果，内含 2 至多数种子。

250. 花两侧对称；叶为全缘单叶 ・・・・・・・・・・・・・・・・ 远志科 Polygalaceae

250. 花辐射对称；叶为单叶或掌状分裂。

251. 花瓣具有直立而常彼此衔接的瓣爪 ・・・・・・・・・ 海桐花科 Pittosporaceae

251. 花瓣不具细长的瓣爪；植物体为耐寒旱性，有鳞片状或细长形的叶片 ・・・・・・・・・・・・・・・

・・・ 柽柳科 Tamaricaceae

247. 草本或亚灌木。

252. 胎座位于子房室的中央或基底。

253. 花瓣着生于花萼的喉部 ・・・・・・・・・・・・・・・・・・ 千屈菜科 Lythraceae

253. 花瓣着生于花托上。

254. 萼片 2 片；叶互生，稀可对生 ・・・・・・・・・・・・・・ 马齿苋科 Portulacaceae

254. 萼片 5 或 4 片；叶对生 ・・・・・・・・・・・・・・・・・・ 石竹科 Caryophyllaceae

252. 胎座为侧膜胎座。

255. 花两侧对称，最外面的 1 片花瓣有距；蒴果 3 瓣裂开 ・・・・・・・・・ 堇菜科 Violaceae

255. 花整齐或近于整齐。

256. 植物体为耐寒旱性；花瓣内侧各有 1 舌状鳞片 ・・・・・・・・・ 瓣鳞花科 Frankeniaceae

256. 植物体不为耐寒旱性;花瓣内侧无舌状鳞片附属物 ……… 虎耳草科 Saxifragaceae

237. 子房 2 室或更多室。

257. 花瓣形状彼此极不相等。

258. 每子房室内有数枚至多数胚珠。

259. 子房 2 室 …………………………………………………… 虎耳草科 Saxifragaceae

259. 子房 5 室 …………………………………………………… 凤仙花科 Balsaminaceae

258. 每子房室内仅有 1 枚胚珠。

260. 子房 3 室;雌蕊离生;叶盾状,叶缘具棱角或波纹 ………… 旱金莲科 Tropaeolaceae

260. 子房 2 室(稀可 1 或 3 室);雄蕊合生为一单体;叶不呈盾状,全缘 …………
…………………………………………………… 远志科 Polygalaceae

257. 花瓣形状彼此相等或微有不等,极少为两侧对称。

261. 雄蕊数和花瓣数既不相等,也不是它的倍数。

262. 叶对生。

263. 雄蕊 4～10 枚,常 8 枚;萼片及花瓣均为五出数,稀可为四出数。

264. 蒴果 …………………………………………………… 七叶树科 Hippocastanaceae

264. 翅果 …………………………………………………… 槭树科 Aceraceae

263. 雄蕊 2 枚,稀可 3 枚;萼片及花瓣均为四出数 …………… 木樨科 Oleaceae

262. 叶互生。

265. 叶为单叶,多全缘,或在油桐属 Vernicia 中可具 3～7 裂片;花单性 …………
…………………………………………………… 大戟科 Euphorbiaceae

265. 叶为单叶或复叶;花两性或杂性。

266. 萼片为镊合状排列;雄蕊连成单体 …………………… 梧桐科 Sterculiaceae

266. 萼片为覆瓦状排列;雄蕊离生。

267. 子房 4 或 5 室,每子房室内有 8～12 枚胚珠;种子具翅 …………
…………………………………………………… 楝科 Meliaceae(香椿属 *Toona*)

267. 子房常 3 室,每子房室内有 1 至数枚胚珠;种子无翅 ……… 无患子科 Sapindaceae

261. 雄蕊数和花瓣数相等,或是它的倍数。

268. 每子房室内有胚珠或种子 3 枚至多数。

269. 叶为复叶。

270. 雄蕊合生成为单体 …………………………………… 酢浆草科 Oxalidaceae

270. 雄蕊彼此相互分离。

271. 叶互生。

272. 叶为 2～3 回的三出叶,或为掌状叶 ……… 虎耳草科 Saxifragaceae(红升麻亚族 Astilbinae)

272. 叶为 1 回羽状复叶 ……… 楝科 Meliaceae(香椿属 *Toona*)

271. 叶对生。

273. 叶为双数羽状复叶 …………………………………… 蒺藜科 Zygophyllaceae

273. 叶为单数羽状复叶 …………………………………… 省沽油科 Staphyleaceae

269. 叶为单叶。

274. 草本或亚灌木。

275. 花周位；花托多少有些中空。

276. 雄蕊着生于杯状花托的边缘 ·········· 虎耳草科 Saxifragaceae

276. 雄蕊着生于杯状或管状花托的内侧 ·········· 千屈菜科 Lythraceae

275. 花下位；花托常扁平。

277. 叶对生,常全缘 ·········· 石竹科 Caryophyllaceae

277. 叶互生或基生,稀可对生,边缘有锯齿,或叶退化为无绿色组织的鳞片。

278. 草本或亚灌木；有托叶；萼片呈镊合状排列,脱落-椴树科 Tiliaceae（田麻属 *Corchoropsis*）

278. 多年生常绿草本,或为死物寄生植物而无绿色组织；无托叶；萼片呈覆瓦状排列,宿存 ·········· 鹿蹄草科 Pyrolaceae

274. 木本植物。

279. 花瓣常有彼此衔接或其边缘互相依附的柄状瓣爪 ········ 海桐花科 Pittosporaceae

279. 花瓣无瓣爪,或仅具互相分离的细长柄状瓣爪。

280. 花托空凹；萼片呈镊合状或覆瓦状排列,萼管筒状或杯状。

281. 叶互生,边缘有锯齿,常绿性 ·········· 虎耳草科 Saxifragaceae（鼠刺属 *Itea*）

281. 叶对生或互生,全缘,脱落性 ·········· 千屈菜科 Lythraceae

280. 花托扁平或微凸起；萼片呈覆瓦状排列。

282. 花为四出数；果实呈浆果状；花药纵长裂开；穗状花序腋生于老枝上 ··············· 旌节花科 Stachyuraceae

282. 花为五出数；果实呈蒴果状；花药顶端孔裂；花粉粒复合,成为四合体 ··············· 杜鹃花科 Ericaceae

268. 每子房室内有胚珠或种子 1 或 2 枚。

283. 草本植物,有时基部呈灌木状。

284. 花单性、杂性,或雌雄异株 ·········· 大戟科 Euphorbiaceae

284. 花两性。

285. 萼片呈镊合状排列；果实有刺 ·········· 椴树科 Tiliaceae（刺蒴麻属 *Triumfetta*）

285. 萼片呈覆瓦状排列；果实无刺。

286. 雄蕊彼此分离；花柱互相合生 ·········· 牻牛儿苗科 Geraniaceae

286. 雄蕊互相合生；花柱彼此分离 ·········· 亚麻科 Linaceae

283. 木本植物。

287. 叶肉质,通常仅为 1 对小叶所组成的复叶 ········· 蒺藜科 Zygophyllaceae

287. 叶不为上述情形。

288. 叶对生；果实由 1～2 翅果所组成 ·········· 槭树科 Aceraceae

288. 叶互生,如对生时,则果实不为翅果。

289. 叶为复叶。

289. 雄蕊合生为单体,花药 8～12 枚,无花丝,直接着生于雄蕊管的喉部或裂齿之间 ···
·········· 楝科 Meliaceae

290. 雄蕊各自分离。
291. 花柱 3～5 枚;叶常互生,脱落性 ·················· 漆树科 Anacardiaceae
291. 花柱 1 枚;叶互生或对生。
292. 叶为羽状复叶,互生;果实有各种类型 ·········· 无患子科 Sapindaceae
292. 叶为掌状复叶,对生;果实为蒴果 ·········· 七叶树科 Hippocastanaceae
289. 叶为单叶。
293. 雄蕊合生成单体,或如为 2 轮时,至少其内轮者如此。
294. 花单性;萼片或花萼裂片 2～6 片,呈镊合状或覆瓦状排列 ··············
　　　　　　　　　　　　　　　　　　　　　　　　大戟科 Euphorbiaceae
294. 花两性;萼片 5 片,呈覆瓦状排列;果实呈蒴果状;子房 3～5 室,各室均可成熟
　　　　　　　　　　　　　　　　　　　　　　　　亚麻科 Linaceae
293. 雄蕊各自分离。
295. 果呈蒴果状。
296. 叶互生或稀可对生;花下位 ·················· 大戟科 Euphorbiaceae
296. 叶对生或互生;花周位 ·················· 卫矛科 Celastraceae
295. 果呈核果状,有时木质化,或呈浆果状。
297. 种子无胚乳,胚体肥大而多肉质;雄蕊 10 枚·········· 蒺藜科 Zygophyllaceae
297. 种子有胚乳,胚体有时很小。
298. 花瓣呈镊合状排列;雄蕊和花瓣同数 ·········· 茶茱萸科 Icacinaceae
298. 花瓣呈覆瓦状排列。
299. 木质藤本;雄蕊 10 枚;子房 5 室,每室内有胚珠 2 枚 ··············
　　　　　　　　猕猴桃科 Actinidiaceae(藤山柳属 Clematoclethra)
299. 常绿乔木或灌木;雄蕊 4 或 5 枚 ·········· 冬青科 Aquifoliaceae
128. 花冠为多少有些连合的花瓣所组成。
300. 成熟雄蕊或单体雄蕊的花药数多于花冠裂片。
301. 心皮 1 枚至数枚,互相分离或大致分离。
302. 叶为单叶或有时可为羽状分裂,对生,肉质;心皮 4～5 枚;菁葖果 ··············
　　　　　　　　　　　　　　　　　　　　　　　　景天科 Crassulaceae
302. 叶为二回羽状复叶,互生,不呈肉质;心皮 1 枚;荚果 ·········· 含羞草科 Mimosaceae
301. 心皮 2 枚或更多,合生成一复合性子房。
303. 花单性,雌雄异株,有时为杂性;雄蕊各自分离;浆果 ·········· 柿树科 Ebenaceae
303. 花两性。
304. 花瓣合生成一盖状物,或花萼裂片及花瓣均可合成为 1 或 2 层的盖状物;叶为单叶,
　　　具透明微点 ·················· 桃金娘科 Myrtaceae
304. 花瓣及花萼裂片均不合生成盖状物。
305. 每子房室中有 3 枚至多枚胚珠。
306. 雄蕊 5～10 枚,若更多,则其数也不超过花冠裂片数目的 2 倍。
307. 雄蕊合生成单体或其花丝于基部互相合生;花药纵裂;花粉粒单生。

308. 叶为复叶;子房上位;花柱 5 枚 ·················· 酢浆草科 Oxalidaceae

308. 叶为单叶;子房下位或半下位;花柱 1 枚;乔木或灌木,常有星状毛 ··················
·················· 安息香科 Styracaceae

307. 雄蕊各自分离;花药顶端孔裂;花粉粒为四合型 ·············· 杜鹃花科 Ericaceae

306. 雄蕊多数。

309. 萼片和花瓣常各为多数,而无显著的区分;子房下位;植物体肉质,绿色,常具棘针,
而叶退化 ·················· 仙人掌科 Cactaceae

309. 萼片和花瓣常各为 5 片,而有显著的区分;子房上位。

310. 萼片呈镊合状排列;雄蕊连成单体 ·················· 锦葵科 Malvaceae

310. 萼片呈显著的覆瓦状排列;雄蕊的基部合生成单体;花药纵长裂开;蒴果 ··············
·················· 山茶科 Theaceae(紫茎属 *Strewartia*)

305. 每子房室中常仅有 1 或 2 枚胚珠。

311. 植物体常有星状毛茸 ·················· 安息香科 Styracaceae

311. 植物体无星状毛茸。

312. 子房下位或半下位;果实歪斜 ·················· 山矾科 Symplocaceae

312. 子房上位;雄蕊合生为单体;果实成熟时分裂为离果 ·········· 锦葵科 Malvaceae

300. 成熟雄蕊并不多于花冠裂片,或有时因花丝的分裂则可超过。

313. 雄蕊与花冠裂片为同数且对生。

314. 果实内有数枚至多数种子。

315. 木本;果实呈浆果状或核果状 ·················· 紫金牛科 Myrsinaceae

315. 草本;果实呈蒴果状 ·················· 报春花科 Primulaceae

314. 果实内仅有 1 枚种子。

316. 子房下位或半下位。

317. 小乔木或灌木;叶互生 ·················· 铁青树科 Olacaceae

317. 常为半寄生性灌木;叶对生 ·················· 桑寄生科 Loranthaceae

316. 子房上位。

318. 花两性。

319. 攀缘性草本;萼片 2;果为肉质宿存花萼所包围 ·············· 落葵科 Basellaceae

319. 直立草本或亚灌木,有时为攀缘性;萼片或萼裂片 5;果为蒴果或瘦果,不为花萼所包
围 ·················· 蓝雪科 Plumbaginaceae

318. 花单性,雌雄异株;雄蕊合生成单体;木质藤本 ·········· 防己科 Menispermaceae

313. 雄蕊与花冠裂片为同数且互生,或雄蕊数较花冠裂片为少。

320. 子房下位。

321. 植物体常以卷须而攀缘或蔓生;胚珠及种子皆为水平生长于侧膜胎座上 ··············
·················· 葫芦科 Cucurbitaceae

321. 植物体直立,如为攀缘时也无卷须;胚珠及种子并不为水平生长。

322. 雄蕊互相合生。

323. 花整齐或两侧对称,成头状花序,或在苍耳属 *Xanthium* 中,雌花序为一仅含 2 花的

囊状总苞,其外生有钩状刺毛;子房 1 室,内仅有 1 枚胚珠 ┄┄┄┄ 菊科 Compositae

323. 花多两侧对称,单生或成总状或伞房花序;子房 2 或 3 室,内有多数胚珠;雄蕊 5 枚,具分离的花丝及合生的花药 ┄┄┄┄┄┄ 桔梗科 Campanulaceae

322. 雄蕊各自分离。

324. 雄蕊和花冠相分离或近于分离。

325. 花药顶端孔裂;花粉粒连合成四合体;灌木或亚灌木 ┄┄┄┄┄┄┄┄┄
        杜鹃花科 Ericaceae(乌饭树亚科 Vaccinioideae)

325. 花药纵长裂开;花粉粒单纯;多为草本;花冠整齐,子房 2～5 室,内有多数胚珠 ┄
          桔梗科 Campanulaceae

324. 雄蕊着生于花冠上。

326. 雄蕊 4 或 5 枚,和花冠裂片同数。

327. 叶互生;每子房室内有多数胚珠 ┄┄┄┄┄┄┄┄ 桔梗科 Campanulaceae

327. 叶对生或轮生;每子房室内有 1 枚至多数胚珠。

328. 叶轮生,如为对生时,则有托叶存在 ┄┄┄┄┄┄ 茜草科 Rubiaceae

328. 叶对生,无托叶或稀可有明显的托叶。

329. 花序多为聚伞花序 ┄┄┄┄┄┄┄┄┄┄ 忍冬科 Caprifoliaceae

329. 花序为头状花序 ┄┄┄┄┄┄┄┄┄┄ 川续断科 Dipsacaceae

326. 雄蕊 1～4 枚,较花冠裂片为少。

330. 子房 1 室。

331. 胚珠多数,生于侧膜胎座上 ┄┄┄┄┄┄┄ 苦苣苔科 Gesneriaceae

331. 胚珠 1 枚,垂悬于子房的顶端 ┄┄┄┄┄┄ 川续断科 Dipsacaceae

330. 子房 3 或 4 室,仅其中 1 或 2 室可成熟,中轴胎座。

332. 落叶或常绿灌木;叶片常全缘或边缘有锯齿 ┄┄┄┄┄ 忍冬科 Caprifoliaceae

332. 陆生草本;叶片常有很多的分裂 ┄┄┄┄┄┄ 败酱科 Valerinaceae

320. 子房上位。

333. 子房深裂为 2～4 部分;花柱或数花柱均自子房裂片之间伸出。

334. 花冠两侧对称或稀可整齐;叶对生 ┄┄┄┄┄┄ 唇形科 Labiate

334. 花冠整齐;叶互生。

335. 花柱 2 枚;多年生匍匐性小草本;叶片呈圆肾形 ┄┄┄┄┄┄
      旋花科 Convolvulaceae(马蹄金属 *Dichondra*)

335. 花柱 1 枚 ┄┄┄┄┄┄┄┄┄┄┄ 紫草科 Boraginaceae

333. 子房完整或微有分割,或为 2 个分离的心皮所组成;花柱自子房的顶端伸出。

336. 雄蕊的花丝分裂。

337. 雄蕊 2 枚,各分为 3 裂 ┄┄┄┄┄┄┄ 紫堇科 Fumariaceae

337. 雄蕊 5 枚,各分为 2 裂 ┄┄┄┄┄ 五福花科 Adoxaceae(五福花属 *Adoxa*)

336. 雄蕊的花丝单纯。

338. 花冠不整齐,常多少有些二唇状。

339. 成熟雄蕊 5 枚。

340. 雄蕊和花冠离生 ···································· 杜鹃花科 Ericaceae
340. 雄蕊着生于花冠上 ···································· 紫草科 Boraginaceae
339. 成熟雄蕊 2 或 4 枚,退化雄蕊有时也可存在。
341. 每子房室内仅含 1 或 2 枚胚珠(如出现每子房室内含 2 枚胚珠时,也可在次 341 项检索)。
342. 叶对生或轮生;雄蕊 4 枚,稀可 2 枚;胚珠直立,稀可悬垂。
343. 子房 2~4 室,共有 2 枚或更多的胚珠 ···················· 马鞭草科 Verbenaceae
343. 子房 1 室,仅含 1 枚胚珠 ···················· 透骨草科 Phrymataceae
342. 叶对生或基生;雄蕊 2 或 4 枚;胚珠悬垂;子房 2 室,每子房室内仅有 1 枚胚珠 ······
·································· 玄参科 Scrophulariaceae
341. 每子房室内有 2 枚至多数胚珠。
344. 子房 1 室,具侧膜胎座或中央胎座(有时可因侧膜胎座的深入而为 2 室)。
345. 草本或木本植物,不为寄生性,也不为食虫性。
346. 乔木、灌木或木质藤本;叶为单叶或复叶,对生或轮生,稀可互生;种子有翅,但无胚乳 ···················· 紫葳科 Bignoniaceae
346. 多为草本;叶为单叶,基生或对生;种子无翅,有或无胚乳 ··· 苦苣苔科 Gesneriaceae
345. 草本植物,为寄生性或食虫性。
347. 植物体寄生于其他植物的根部,而无绿叶存在;雄蕊 4 枚;侧膜胎座 ···················
·································· 列当科 Orobanchaceae
347. 植物体为食虫性,有绿叶存在;雄蕊 2 枚;特立中央胎座;多为水生或沼泽植物,且有具距的花冠 ···················· 狸藻科 Lentibulariaceae
344. 子房 2~4 室,具中轴胎座,或于角胡麻科中为子房 1 室而具侧膜胎座。
348. 植物体常具分泌黏液的腺体毛茸;种子无胚乳或具一薄层胚乳。
349. 子房最后成为 4 室;蒴果的果皮质薄而不延伸为长喙;油料植物 ···················
·································· 胡麻科 Pedaliaceae(胡麻属 *Sesamum*)
349. 子房 1 室;蒴果的内皮坚硬而呈木质,延伸为钩状长喙;栽培花卉 ···················
·································· 角胡麻科 Martyniaceae(角胡麻属 *Pooboscidea*)
348. 植物体不具上述的毛茸;子房 2 室。
350. 叶对生;种子无胚乳,位于胎座的钩状突起上 ···················· 爵床科 Acanthaceae
350. 叶互生或对生;种子有胚乳,位于中轴胎座上;花冠裂片全缘或仅其先端具一凹陷;成熟雄蕊 3 或 4 枚 ···················· 玄参科 Scrophulariaceae
338. 花冠整齐,或近于整齐。
351. 雄蕊数较花冠裂片为少。
352. 子房 2~4 室,每室内仅含 1 或 2 枚胚珠。
353. 雄蕊 2 枚 ···································· 木樨科 Oleaceae
353. 雄蕊 4 枚 ···································· 马鞭草科 Verbenaceae
352. 子房 1 或 2 室,每室内有数枚至多数胚珠。

354. 雄蕊 2 枚;每子房室内有 4～10 枚胚珠垂悬于室的顶端 ·················
······················· 木樨科 Oleaceae(连翘属 *Forsythia*)

354. 雄蕊 4 或 2 枚;每子房室内有多数胚珠着生于中轴或侧膜胎座上。

355. 子房 1 室,内具分歧的侧膜胎座,或因胎座深入而使子房成 2 室 ··············
······················· 苦苣苔科 Gesneriaceae

355. 子房为完全的 2 室,内具中轴胎座。

356. 花冠于花蕾中常折迭;子房 2 心皮的位置偏斜 ·············· 茄科 Solanaceae

356. 花冠于花蕾中不折迭,而呈覆瓦状排列;子房的 2 心皮位于前后方 ·············
······················· 玄参科 Scrophulariaceae

351. 雄蕊与花冠裂片同数。

357. 子房 2 枚,或为 1 枚而成熟后呈双角状。

358. 雄蕊各自分离;花粉粒彼此分离 ·············· 夹竹桃科 Apocynaceae

358. 雄蕊相互连合;花粉粒连成花粉块 ·············· 萝藦科 Asclepiadaceae

357. 子房 1 枚,不呈双角状。

359. 子房 1 室或因 2 侧膜胎座的深入而成 2 室。

360. 子房为 1 枚心皮所成。

361. 花显著,呈漏斗形而簇生;瘦果,有棱或有翅 ·······················
······················· 紫茉莉科 Nyctaginaceae(紫茉莉属 *Mirabilis*)

361. 花小型而形成球形的头状花序;荚果,成熟后裂为仅含 1 种子的节荚 ·············
······················· 含羞草科 Mimosaceae

360. 子房为 2 枚以上连合心皮所成。

362. 乔木或小乔木;核果,内有 1 枚种子 ·············· 茶茱萸科 Icacinaceae

362. 陆生或漂浮水面的草本;蒴果,内有少数或多数种子。

363. 叶互生或根生 ·············· 睡菜科 Menyanthaceae

363. 叶对生或近轮生 ·············· 龙胆科 Gentianaceae

359. 子房 2～10 室。

364. 无绿叶,缠绕性寄生植物 ·············· 菟丝子科 Cuscutaceae

364. 有绿叶,非缠绕性寄生植物。

365. 叶常对生,且多在两叶之间具有托叶所组成的连接线或附属物;植株被覆腺体状星
状毛或鳞片 ·············· 醉鱼草科 Buddlejaceae

365. 叶常互生,或有时基生,如为对生时,在两叶之间也不具有托叶所组成的连系物,有
时其叶也可轮生。

366. 雄蕊和花冠离生或近于离生。

367. 灌木或亚灌木;花药顶孔开裂;花粉粒为四合体;子房常 5 室 ··· 杜鹃花科 Ericaceae

367. 一年生或多年生草本,常为缠绕性;花药纵长裂开;花粉粒单纯;子房常 3～5 室 ·············
······················· 桔梗科 Campanulaceae

366. 雄蕊着生于花冠的筒部。

368. 雄蕊 4 枚,稀可在冬青科中为 5 枚或更多。

369. 无主茎的草本,具由少数至多数花朵所形成的穗状花序生于一基生花葶上 ·········
　　　··· 车前科 Plantaginaceae

369. 乔木、灌木或具有主茎的草本。

370. 叶互生,多常绿 ··················· 冬青科 Aquifoliaceae(冬青属 *Ilex*)

370. 叶对生或轮生。

371. 子房 2 室,每室内有多数胚珠 ··············· 玄参科 Scrophulariaceae

371. 子房 2 室至多室,每室内有 1 或 2 枚胚珠 ········· 马鞭草科 Verbenaceae

368. 雄蕊常 5 枚,稀可更多。

372. 每子房室内仅有 1 或 2 枚胚珠。

373. 果实为 4 枚小坚果,稀为含 1～4 枚种子的核果;花冠有明显的裂片,并在花蕾中
　　　呈覆瓦状或旋转状排列;叶全缘或有锯齿;通常均为直立木本或草本,多粗糙或具
　　　刺毛 ·· 紫草科 Boraginaceae

373. 果为蒴果;花瓣完整或具裂片;叶全缘或具裂片,但无锯齿缘。

374. 通常为缠绕性稀可为直立草本,或为半木质攀缘植物至大型木质藤本;萼片多分离;
　　　花冠常完整而几无裂片,在花蕾中呈旋转状排列,也可有时深裂而其裂片成内折的
　　　镊合状排列 ··· 旋花科 Convolvulaceae

374. 通常均为直立草本;萼片合生成钟形或筒状;花冠有明显的裂片,唯于花蕾中也成旋
　　　转状排列 ··· 花葱科 Polemoniaceae

372. 每子房室内有多数胚珠,或花葱科中有时为 1 至数个;多无托叶。

375. 高山区生长的耐寒旱性低矮多年生草本或丛生亚灌木;叶多小型,常绿,紧密排列成
　　　覆瓦状或莲座式;无花盘;花单生至聚集成几为头状花序;花冠裂片成覆瓦状排列;
　　　子房 3 室;花柱 1 枚;柱头 3 裂;蒴果,室背开裂 ·········· 岩梅科 Diapensiaceae

375. 草本或木本,不为耐寒旱性;叶常为大型或中型;脱落,疏松排列而各自展开;花多有
　　　位于子房下方的花盘。

376. 花冠裂片呈旋转状排列;单叶,或在花葱属 Polemonium 为羽状分裂或羽状复叶;子
　　　房 3 室(稀 2 室);花柱 1 枚,柱头 3 裂;蒴果室背开裂 ······ 花葱科 Polemoniaceae

376. 花冠裂片呈镊合状或覆瓦状排列,或花冠在花蕾中折迭,且成旋转状排列;花萼常宿
　　　存;子房 2 室,稀为假隔膜隔成 3～5 室;花柱 1 枚,柱头完整或 2 裂;浆果,或为纵裂
　　　或横裂的蒴果 ·· 茄科 Solanaceae

1. 子叶 1 枚;茎无中央髓部,也无呈年轮状的生长;叶多具平行叶脉;花为三出数,有时为
　　四出数,但极少为五出数 ····················· (单子叶植物纲 Monocotyledoneae)

377. 木本植物,植物体呈棕榈状(即主干单一,叶大而坚硬,掌状或羽状,多丛生于干顶);
　　　叶于芽中呈折迭状;大型圆锥或穗状花序,托以佛焰状苞片 ········ 棕榈科 Palmae

377. 草本植物,如为木本植物时,植物体也不呈棕榈状;叶于芽中从不呈折迭状。

378. 无花被或很小不显著,通常退化成鳞片状或刚毛状。

378. 花生于覆瓦状排列的壳状鳞片(特称为颖或稃片)腋内,由多花至 1 花形成小穗,再
　　　由小穗构成各种花序。

379. 花生于颖片或鳞片内,覆瓦状排列构成小穗,由小穗构成各种花序。

380. 秆多少有些呈三棱形,实心;茎生叶呈三行排列;叶鞘封闭;花药以基底附着花丝;果实为坚果或囊果 ⋯⋯⋯⋯⋯⋯⋯⋯⋯⋯⋯⋯⋯⋯⋯ 莎草科 Cyperaceae

380. 秆常呈圆筒形,中空;茎生叶呈二行排列;叶鞘开裂;花药以中部附着花丝;果实通常为颖果 ⋯⋯⋯⋯⋯⋯⋯⋯⋯⋯⋯⋯⋯⋯⋯⋯ 禾本科 Gramineae

379. 花单生或排列成各种花序,但并不生于呈壳状的鳞片中,也不先构成小穗。

381. 植物体微小,无明显的茎、叶之分,仅有漂浮水面或沉没水中的叶状体 ⋯⋯⋯⋯⋯ ⋯⋯⋯⋯⋯⋯⋯⋯⋯⋯⋯⋯⋯⋯⋯⋯⋯⋯⋯⋯⋯⋯ 浮萍科 Lemnaceae

381. 植物体具各种形式的茎,也具叶,其叶有时可呈鳞片状;有陆生、水生,附生或寄生等习性。

382. 水生植物,具沉没水中或漂浮水面的叶片。

383. 花单性,不排列成穗状花序。

384. 叶互生;花成球形的头状花序 ⋯ 黑三棱科 Sparganiaceae(黑三棱属 *Sparganium*)

384. 叶多对生或轮生;花单生,或在叶腋间形成聚伞花序。

385. 多年生草本;雌蕊为 1 枚或更多而互相分离的心皮所成;胚珠垂悬于子房室顶端 ⋯⋯⋯ ⋯⋯⋯⋯⋯⋯⋯⋯⋯⋯⋯⋯⋯⋯⋯⋯⋯ 角果藻科 Zannichelliaceae

385. 一年生草本;雌蕊 1 枚,具 2～4 柱头;胚珠直立于子房室的基底 ⋯⋯⋯⋯⋯⋯⋯⋯⋯ ⋯⋯⋯⋯⋯⋯⋯⋯⋯⋯⋯⋯⋯⋯ 茨藻科 Najadaceae(茨藻属 *Najas*)

383. 花两性,排列成穗状花序;雄蕊 2 或 4 枚;胚珠常仅 1 枚。

386. 雄蕊 4 枚,有圆形花被片;果实无柄 ⋯⋯⋯⋯⋯⋯ 眼子菜科 Potamogetonaceae

386. 雄蕊 2 枚,无花被片;果实具长柄 ⋯⋯⋯⋯⋯⋯⋯⋯ 川蔓藻科 Ruppiaceae

382. 陆生或沼泽生植物,常有位于空气中的叶片。

387. 叶有柄,叶片较宽广,全缘或分裂,具网状脉;花排列成肉穗花序,有大型而常具色彩的佛焰苞 ⋯⋯⋯⋯⋯⋯⋯⋯⋯⋯⋯⋯⋯⋯⋯⋯⋯⋯⋯ 天南星科 Araceae

387. 叶无柄,叶片细长形、剑形,或退化为鳞片状,常具平行脉。

388. 花紧密排列成蜡烛状或圆柱形的穗状花序。

389. 穗状花序位于一呈二棱形的基生花葶的一侧,而另一侧则延伸为叶状的佛焰苞片;花两性 ⋯⋯⋯⋯⋯⋯⋯⋯⋯ 天南星科 Araceae(石菖蒲属 *Acorus*)

389. 蜡烛状穗状花序位于一圆柱形花梗的顶端,无佛焰苞;花单性,雌雄同株 ⋯⋯⋯⋯⋯ ⋯⋯⋯⋯⋯⋯⋯⋯⋯⋯⋯⋯⋯⋯⋯⋯⋯⋯⋯⋯ 香蒲科 Typhaceae

388. 花序有各种型式。

390. 花单性,成头状花序。

391. 头状花序单生于基生无叶的花葶顶端;雌雄花混生于同一头状花序上;叶狭窄,呈禾草状,有时叶为膜质 ⋯⋯⋯⋯⋯⋯ 谷精草科 Eriocaulaceae(谷精草属 *Eriocaulon*)

391. 头状花序散生于具叶的主茎或枝条的上部;雌雄花不生在同一头状花序上;叶细长,呈扁三棱形,直立或漂浮水面,基部鞘状 ⋯⋯⋯⋯⋯⋯⋯⋯⋯⋯⋯⋯⋯⋯⋯⋯⋯ ⋯⋯⋯⋯⋯⋯⋯⋯⋯ 黑三棱科 Sparganiaceae(黑三棱属 *Sparganium*)

390. 花常两性。

392. 子房 3～6 枚,至少在成熟时互相分离 ⋯⋯⋯⋯⋯⋯⋯⋯⋯⋯⋯⋯⋯⋯⋯⋯⋯⋯⋯

　　　　　　　　　　　　　　　……………………………… 水麦冬科 Juncaginaceae（水麦冬属 *Triglochin*）

392. 子房 1 枚，由 3 心皮合生所成 ……………………………………… 灯心草科 Juncaceae

378. 有花被，常显著，且呈花瓣状，也有些科不甚鲜明，但不为刚毛状。

393. 雌蕊 3 至多数，彼此分离。

394. 叶呈细长形，直立，无柄；花单生或成伞形花序；蓇葖果 …………………………
　　　　　　　　　……………………………… 花蔺科 Butomaceae（花蔺属 *Butomus*）

394. 叶狭长披针形至卵状圆形，常为箭状而有长柄；花常轮生，成总状或圆锥花序；瘦果
　　　　　　　…………………………………………………………… 泽泻科 Alismataceae

393. 雌蕊 1，由 2～3 个或更多个合生心皮组成，或在百合科岩菖蒲属 Tofieldia 中心皮近
　　于分离。

395. 子房上位，或花被和子房相分离。

396. 花被分化为花萼和 2 轮，或在百合科重楼族中，花冠有时为细长形或线形的花瓣所
　　组成，稀可缺如。

397. 叶互生，基部具鞘，平行脉；花为腋生或顶生的聚伞花序；雄蕊 6 枚，或因退化而数较
　　少 ……………………………………………………………… 鸭跖草科 Commelinaceae

397. 叶 3 个或更多个生于茎的顶端而成 1 轮，网状脉而于基部具 3～5 脉；花单独顶生；雄
　　蕊 6、8 或 10 枚 ……………………………… 百合科 Liliaceae（重楼族 Parideae）

396. 花被裂片彼此相同或近于相同，或百合科油点草属 Tricyrtis 中外层 3 个花被裂片的
　　基部呈囊状。

398. 花小型，花被裂片绿色或棕色。

399. 穗状花序；蒴果自一宿存的中轴上裂为 3～6 瓣，每果瓣内仅有 1 个种子 …………
　　　　　　　　　…………………………… 水麦冬科 Juncaginaceae（水麦冬属 *Triglochin*）

399. 花序各种型式；蒴果室背开裂为 3 瓣，内有多数至 3 个种子 … 灯心草科 Juncaceae

398. 花大型或中型，或有时为小型，花被裂片多少有些具鲜明的色彩。

400. 直立或漂浮的水生植物；雄蕊 6 枚，彼此不相同，或有时有不育者 …………………
　　　　　　　　　　　………………………………………………… 雨久花科 Pontederiaceae

400. 陆生植物；雄蕊 6 枚（稀 3～4 枚或更多），彼此相同。

401. 花为四出数；叶对生或轮生，具有显著纵脉及密生的横脉 ……… 百部科 Stemonaceae

401. 花为三出或四出数；叶常基生或互生。

402. 花药通常 2 室；花多数两性。

403. 耐旱性植物；叶具发达纤维，剑形或圆柱形，簇生于茎基或茎顶；花柱单生；大型圆锥
　　花序 ………………………………………………………………… 龙舌兰科 Agavaceae

403. 非耐旱性植物或稍耐旱；叶部纤维不发达，花柱通常分裂；花各式排列 …………………
　　　　　　　　……………………………………………………………… 百合科 Liliaceae

402. 花药 1 室（因室的汇合）；花小，单性，雌雄异株；攀缘灌木，很少为草本；叶脉 3～5
　　条，有网脉 ……………………………………………………… 菝葜科 Smilacaceae

395. 子房下位，或花被多少有些和子房相愈合。

404. 花两侧对称或为不对称形。

405. 种子极多,微小如尘;花被片均成花瓣状,内轮中央 1 片成唇瓣,其基部延伸成距;发育雄蕊 1～2 枚并和雌蕊结合成为合蕊柱;附生、陆生或腐生植物 ……………………………………………………………………………… 兰科 Orchidaceae

405. 种子小或中等大;花被片并非均成花瓣状,其外轮者形如萼片,花瓣不成唇瓣;雄蕊和花柱分离;大都陆生。

406. 发育雄蕊 5 枚,不育雄蕊 1 枚,不成花瓣状;有大而厚的花瓣状佛焰苞 ……………………………………………………………………………… 芭蕉科 Musaceae

406. 发育雄蕊通常 1 枚,不育雄蕊通常变为花瓣状,成为花中最鲜艳的部分。

407. 花药 2 室;萼片联合成管状萼筒,有时呈佛焰苞状 ……………… 姜科 Zingiberaceae

407. 花药 1 室;萼片分离 ……………… 美人蕉科 Cannaceae(美人蕉属 Canna)

404. 花常辐射对称,即花整齐或近于整齐。

408. 缠绕植物;叶片宽广,具网状脉和叶柄;花小,单性;种子有翅 ……………………………………………………………………………… 薯蓣科 Dioscoreaceae

408. 植物体不为攀缘性;叶具平行脉;花两性;种子无翅。

409. 雄蕊 3 枚;叶两侧扁,二行排列,由下向上重叠包裹 ……… 鸢尾科 Iridaceae

409. 雄蕊 6 枚。

410. 子房半下位……………… 百合科 Liliaceae(粉条菜属 Aletris,沿阶草属 Ophiopogon)

410. 子房完全下位。

411. 花单生或为伞形花序,有 1 至数枚佛焰状苞片 ………… 石蒜科 Amaryllidaceae

411. 花多朵,圆锥花序或穗状花序,无佛焰状苞片 ……………… 龙舌兰科 Agavaceae

附录 4　常见昆虫幼虫的鉴定

1　蜻蜓目 Odonatya

蜻蜓稚虫水生，体中型至大型，长 16～150 mm。头三角形，有细颈，能自由活动。复眼发达；单眼三个；触角鬃形。口器咀嚼式，下唇极度延长，并分节，尖端有 1 对可活动的钩，平时折叠在头的下面，俗称"假面具"，实为脸盖。当摄取食物时，向前突出。前胸小，中、后胸愈合，发达，向后倾斜。足多刺毛，适于捕食，跗节 3 节。腹部 10 节，尾须小，不分节。

2　螳螂目 Mantodae

体中至大型，属陆栖捕食性昆虫，渐变态。头部三角形，活动自如，不盖于前胸下，以细颈与前胸相连。复眼大而突出，往往基部有角状突起；一般有单眼 3 枚，下口式、咀嚼口器；触角丝状。前胸细长，前足适于捕捉，腿节膨大，胫节内侧有刺，可关合，称"捕捉足"，中、后足细弱，适于步行；跗节 5 节，有爪一对。腹部 10 节，末端有环节性的尾须 1 对。雌虫产卵器不外露；产卵成块。雄虫腹部第九节末端有腹刺 1 对。

3　直翅目 Orthoptera

若虫和成虫的形态基本相似，无翅，但随着龄期增长，在中、后胸生出翅芽。根据成虫的检索表大体上可以区别若虫的种、属。直翅目属不全变态中的渐进变态，若虫的形态、生活环境与取食习性都和成虫相似，一般 5 龄。在发育过程中，触角有增节现象，第二龄后出现翅芽，但后翅芽在前翅芽之上，由此可与短翅类成虫相别，而触角的节数和翅的发育程度，可以作为鉴别若虫龄的依据。一般生活在地面上，有些生活在地下或树上，能跳跃，飞翔力强或不强。

4　同翅目 Homoptera

同翅目昆虫为渐变态昆虫，若虫在形态上与成虫甚为类似，随着蜕皮和体积逐渐增大。头明显，单眼 3 枚，复眼发达。口器为刺吸式，基部常陷入，上颚刺与下颚刺极度延长，有时竟超过体长的几倍，休息时卷藏于下唇所成的螯针鞘中。触角环节数增加、翅芽伸长，都随着蜕皮、龄期增加而增长。胸部由三节构成，前胸最小，而中胸最大，这和成虫的前翅发达有关，后胸背板也很发达。腹部 11 节。蚜虫、介壳虫腹部环节，常相愈合而不易分别；蝉科腹基部左右侧有发音器，雄虫的发达而雌虫的常退化或消失。

4.1　蝉科 Cicadidae

体大型。头大，复眼大，有单眼 3 枚，头顶隆起。触角生于复眼间前方，基部柄节大，由 5～7 节组成。口吻发达，上唇小或缺。前胸大而阔，中胸更大，可有瘤状突起。雄虫后胸腹板两侧伸长成鳞片状突起，为音盖，在腹基部形成发音器；雌虫在同一位置有听器。足强健，前足胫节膨大，下方有齿；跗节 2 节，缺爪间突。

4.2　蚜科 Aphididae

若蚜尾片一般发育不完全，缺退化的生殖突及生殖孔。若虫可按体型大小、附肢长短、毛的多少等特征与成虫加以区别。蚜虫一般蜕皮 4 次。第一龄若蚜触角 4 或 5 节，第三节往往无毛。第二龄大都 5 节；第三龄 5 或 6 节，前翅芽与后翅芽重叠。触角 3～6 节。

胫节及腹管的长度各龄期常不相同。喙 4 节,圆筒形,颚针 4 根。触角端节有感觉芽,腹部背面有腹管、尾片及尾板,毛数随龄期增加而增多。若蚜尾片常发育不完全。若蚜尾片大都呈宽圆锥形,而成蚜大都圆锥形或较长。若蚜无中胸腹岔,而无翅成蚜有中胸腹岔。

5 半翅目 Hemiptera

本目为不完全变态中的渐进变态。一般都叫蝽象,简称"蝽"。若虫的外部形态基本上和成虫一致。头部复眼突出,单眼 2 枚,或缺。后口式,刺吸口器,上唇为三角形的尖片状,盖在由 3～4 节构成的下唇的基部,上、下颚演化为针状的上颚和下颚各 1 对,前端有毛,具感觉功能。在上颚刺尖端外侧,生逆毛或锯齿,以便穿刺组织,固定位置。下颚刺的末端极为尖锐,内面有钩,用于刺入植物组织中,吸取汁液。触角多为 4 节,胸部为 3 节。前胸颇大。

5.1 盲蝽科 Miridae

体长 4.5 mm 左右,无刺,青绿色或暗褐色。中胸和后胸侧板清晰。触角 4 节;复眼紫红或褐色,无单眼;喙 4 节。若虫有翅芽,可超过腹部第一节。

5.2 缘蝽科 Coreidae

体狭,两侧缘平行。头部较前胸背板为狭而短。前胸背板呈梯形,侧角不突出,有的种类侧角为刺状。触角 4 节;喙 4 节。中胸小盾片小,呈三角形。后足基节窝外缘与体轴几乎平行。足较长,后足腿节常粗大,具瘤状或刺状突起;胫节呈叶状或齿状扩展;跗节 3 节。

5.3 蝽科 Pentatomidae

体中至大型,椭圆或长椭圆,具不同色泽和花纹。头小,呈三角形。复眼发达,有单眼。喙 4 节,长短不一。触角 5 节,少数 4 节。小盾片发达,三角形或其他各种形状,并向后延伸。臭腺在中、后胸背面,但前臭腺在中背片,第二臭腺在后背面均不显著。腿节常粗壮,胫节较细,跗节 3 节,少数 2 节,爪和爪垫发达。腹部下面靠近气门处具有毛点。

5.4 长蝽科 Lygaeidae

多为小型种类,少数中型。卵圆形或长椭圆形。体色灰暗,亦有红色者。触角 4 节。喙 4 节,少数 3 节,末节较膨大,着生在复眼下方。复眼大而突出,或正常;有单眼。跗节 2 节。

6 脉翅目 Neuroptera

幼虫除水蛉科为水生外,其余都是陆生。体中等大小,一般为衣鱼型或蠕虫型。头突出而骨化,蜕裂线明显。头式为前口式,适于穿刺或为吸收性咀嚼式。上唇退化,但唇基广,三角形。有的种类上颚发达,长形,有腹槽。常和下颚嵌合,形成吸管,开口于颚间,用以钳住捕获物,以便吸取其体液。复眼由 5～6 个组成,呈毛状。胸部 3 节,前胸大,分3 部,后部有一对气门,中胸与后胸形状相似。胸足三对,基节大而远离,爪一对,有中垫或爪间突。腹部从背面观可见 9～10 节,最后 2 节有时隐蔽。脉翅目属完全变态,幼虫行动活泼。

6.1 粉蛉科 Coniopterygidae

体长 3 毫米左右,扁圆,两头稍尖,形似纺锤。头部每侧通常有 5 个小眼合成的眼。触角 2～3 节,端部 1 节较基部 2 节的总和为长,形如棒。上唇发达,呈三角形,上、下颚合成的吸管常被唇基和下唇所包围,下唇须 2 节或 3 节。胸部比腹部为狭。跗节前端有爪一对,且有爪间突。

6.2　草蛉科 Chrysopidae

体长 9 毫米左右,纺锤形。上、下颚嵌合成镰刀状的吸食管,伸出于头的前方。胸足较短。爪 1 对,爪间突呈喇叭状,比爪长。胸部和腹部每侧有生毛的瘤状突起。

6.3　蚁蛉科 Myrmeleontidae

体粗大,长 15 mm 左右,有毛,黄色至褐色。头小,呈纺锤形;上颚呈长镰状,其长不短于头部。单眼每侧六枚,着生于突起上。胸部 3 节明显,气门着生于前胸与中胸之间。足 6 节,强大,端部有爪 2 枚,后足胫节与跗节相愈合。腹部 9 节,气门着生于 1～8 节上,很小,轻度骨化。幼虫常居砂地,在砂地修筑漏斗状陷阱。

7　鞘翅目 Coleoptera

鞘翅目幼虫体狭长,头部比较发达而坚硬。头胸部可明显区分。口器为咀嚼式;头式为下口式或前口式。头部多数完整,一般骨化的颜色较深。单眼在头的侧面,1～6 枚或缺。上颚的基部通常有 2 个或多一些。触角 3～4 节,着生于头部两侧,单眼之下,上颚的外侧。胸部由 3 节组成,除无足种类外,每节有 1 对足。腹部由 8～10 节组成,一般不具腹足,或稀有存在。腹部的末节在倒数第二节上常着生成对的突起,分节或不分节,活动或不活动,统称为尾突。

7.1　虎甲科 Cicindelidae

体细长,白色,有毛瘤,小至中型,圆筒形,呈"S"形弯曲,16 mm 左右。头大而骨化,强壮,每侧有单眼 6 枚。触角 4 节。上颚发达,下颚轴节 1～2 节,下颚须 3 节,下唇须 2 节。胸部 3 节,前胸大,黑褐色,而中、后胸小,且相似,气门椭圆形,位于前、中胸之间的膜上。胸足细长,5 节,有 2 枚活动而不对称的爪。腹部第五节背面突起上有 1 对倒钩。腹部 10 节,1～8 节有环形气门各 1 对,第一对较大。幼虫生活于地下。

7.2　步甲科 Carabidae

幼虫体狭长,色深,10～45 mm,性活泼,属肉食甲型。头部伸出。前口式,咀嚼口器。无上唇或退化,上颚发达,成叉状突出于上唇外,下颚显著,轴节小而茎节大,下颚须 4 节,下唇须 2 节。触角 3～5 节,通常 4 节;单眼每侧 6 枚,位于头的两侧。胸部大,3 节的结构相似。胸足短,5 节,发达,在跗节顶端有可活动的爪 1～2 枚。中胸和腹部 1～8 节两侧有环形气门各 1 对。腹部 10 节,末节有 1 对伪足状的突起,腹面有 1 吸盘状的伪足。

7.3　龙虱科 Dytiscidae

体长悬殊,5～70 mm,大多数种类较小而不超过 25 mm,细长而略扁,黄色或褐色,有的为淡绿色。腹部背面灰褐至暗褐色,有纵条或斑纹。头显著,前口式,咀嚼口器;蜕裂线不显著或消失。上唇和唇基愈合,上颚呈镰刀状,内有孔道。单眼 6 对,位于头的两侧。触角显著,4～9 节。胸部 3 节,显著骨化。前胸较中、后胸大。足细长,足 5 节,有 2 个可活动的爪,特别是后足,一侧或两侧生有长毛,适于游泳。腹部从背面观为 8 节,末 2 节成长管状,两侧着生细毛。气门位于腹部 1～7 的侧面。幼虫生活于水中。

7.4　隐翅甲科 Staphilinidae

体细长,2～35 mm,形似成虫。前口式,咀嚼口器。上唇前缘锯齿状,上唇与唇基常

愈合,下颚须 3～5 节,下唇须 2～3 节。触角 3 节。头部每侧有单眼 1～6 枚或缺。胸部
3 节,中、后胸大小和构造相似。胸足 4 节,腹部 10 节,第九节有分节的尾突 1 对。

7.5 葬甲科 Silphidae

体长 5～35 mm,大多为 15～25 mm,头小而宽,有时嵌入前胸。前胸比头宽 2 倍。单
眼每侧 6 枚,分为两群,背 4 腹 2,触角 3 节。前口式,咀嚼口器。胸部 3 节。胸足大,转节
小,腿节大,胫节短,爪强大。胸部气门位于中、后胸膜质区内,服部气门小,位于 1～8 腹
侧区内。在腹部第九节的端部,有 1 对能活动的尾突。

7.6 花萤科 Cantharidae

体长 5～30 mm,大多数幼虫不超过 20 mm,许多种类体呈褐色,近紫或黑色,头大小
适度,色深,蜕裂线清晰。唇基和上唇连成一片。触角 3 节,头的每侧有单眼 1 枚,上颚呈
镰刀状,内侧有沟。胸部 3 节,胸足 3 对,每足由 4 节组成,端部有跗节和爪愈合而成的跗
爪。腹部 10 节,气门位于中胸腹侧面和腹部 1～8 节的侧面。

7.7 萤科 Lampyridae

体长 6～18 mm,纺锤形或呈海蛆形。头小,缩入前胸,有蜕裂线。前口式,上颚镰刀
状,内有管道。触角 3 节。头的每侧仅有单眼 1 枚。胸部 3 节,胸部和胸部的背板显著骨
化,侧面突出。胸足发达,4 节,端部有跗爪。腹部 10 节,第十节极小。有的种类第八节
有发光器。

7.8 芫菁科 Meloidae

芫菁属于完全变态,但在幼虫期,由于龄期不同,它的形式也不同,所以又称复变态或
过变态。第一龄为衣鱼式的三爪虫,体长 3～5 mm。触角 3 节。每侧单眼 1 枚。腹部可
见 9 节,腹末有 2 根长刚毛。足和尾发达。第二龄起变为蛴螬式,新月形,体长 8～12 毫
米,上有许多刚毛。触角 3 节,单眼缺或有眼点。胸部 3 节。腹部 9～10 节,无尾突或长
刚毛。第五龄为坚皮幼虫,体长 7～9 mm,高度骨化,体壁较坚韧。足退化,腹部 9 节,成
为不能活动的拟蛹。第六龄又恢复为蛴螬式。

7.9 叩头甲科 Elateridae

体长 15～60 mm,细长,呈圆柱形,略扁,黄褐色、红棕色或红褐色,有的呈深褐色至近
黑色。头部和末节特别坚硬,前口式,咀嚼口器,无上唇,上颚呈圆锥形,无磨区,但有齿状
突起的臼突;上颚和下唇发达,两者合成一体。胸部明显三节,每节着生 1 对几乎相等的
足。足由 4 节组成,端部有跗爪,腹部 10 节,第九节的背面观因种而异,有尾突,腹部的气
门 2 孔式。

7.10 吉丁虫科 Buprestidae

成长幼虫体大型,长 5～50 mm 左右,乳黄色至白色,胸部的背面和腹面呈黄色、橘
色或褐色。幼虫一般分两型,一种为平头钻心虫,其头胸部显著,前胸细长,腹部较圆;
第二种主要是潜叶的,头部似棒,1～2 节不长于其他节,所有各节为卵圆形。头小,常
部分缩入前胸,触角 3 节,无单眼。胸部三节,前胸扁平而膨大,无足。腹部 9～10 节,
柔软。

7.11 瓢甲科 Coccinellidae

体长 2～18 mm,捕食性者体有时较长直,一般为纺锤形,椭圆形或梨形,色彩鲜艳,行

动活泼。头部突出,圆形或椭圆形,每侧有单眼 3 枚。下口式,咀嚼口器。上颚弯曲,基齿有或无,下颚须 3 节,下唇须短,2 节。触角 3 节。胸足 4 节和 1 个跗爪。体表常有刺毛、毛突、毛瘤、枝刺等各种突起,或盖有白色蜡质分泌物。腹部 10 节,后端弯曲,许多节的背面和侧面被有硬化骨片。第九腹节无尾突,末节有吸盘状臀足。腹部气门位于 1～8 节两侧。

7.12　拟步甲科 Tenebrionidae

体细长,5～40 mm,多刚毛,圆筒形或"C"形,黑色,头部突出,近下口式,咀嚼口器,蜕裂线"V"形或"U"形。触角 2～3 节,第二节长。单眼 4 枚,有上颚及唇基。上颚有白齿,下颚须 3 节,下唇须 2 节。胸部 3 节。前胸较中胸或后胸为长或相若。胸足 4 节,端部为跗爪。腹部 9～10 节,末端有 2 节短而尖的尾突,腹部总长不超过胸长的两倍。气门小,呈椭圆形,位于中胸和腹部 1～8 节的两侧。

7.13　金龟子科 Scarabaeidae

体长 10～125 mm,一般为乳白色至浅黄色,较粗肥,柔软,稍骨化。体多皱折,多细毛。腹部末节圆形,向腹面弯曲呈"C"形,一般称为"蛴螬"。粪食种类较暗。头部骨化,褐色至黑色。触角通常为 4 节,蜕裂线清晰,呈倒"Y"形,下口式,咀嚼口器,上唇及唇基和内唇上着生许多刚毛、刺和小孔,上颚发达,高度骨化,左右上颚均不对称,下颚的轴节和茎节常联合,前端着生分离的外颚叶和内颚叶,下颚须为 3～4 节,下唇小,下唇须仅 2 节。无单眼,胸部 3 节,胸足由 4 节组成,中足长于前足,具爪。腹部 9～10 节,第一至七节又分为 3 小节第七节至腹末平滑。腹部第 3～5 节特别粗肥隆起,常作"驼背"型。气门弯曲,呈"C"形,肛门为横形裂隙。

7.14　天牛科 Cerambycidae

体长悬殊较大,从 15～80 mm,圆柱形而扁,乳白色。头部略扁,常隐缩在前胸内,可伸出前方,骨化较强。头与前胸之间有一宽颈片连系,额三角形。上唇和唇基小而明显。单眼 1～5 对。触角小,3 节。前口式,咀嚼口器。除有些种的前胸骨化较强外,大部分种的体壁不骨化而薄。前胸宽大,约为中、后胸长之和,光滑或具皱纹或具短刺。多数种类胸部具短足,有些种类无足。胸部气门椭圆形,位于中胸或前、中胸间的节间膜上,中、后胸及腹部背面都有骨化的移动器。腹部 10 节,腹足退化,前 6～7 节的背面和腹面一般都有卵形的肉起,突起常排列成单行或不规则。腹部明显可见 8 节,最后一节末端光滑或具疣,后气门在末节的背半部。每个气门板有 3 个平行的长裂缝。

8　双翅目 Diptera

双翅目的昆虫属全变态。幼虫无胸足及腹足,称无足型幼虫。绝大多数幼虫的头部也完全退化,缩在前胸内,有 1 对黑褐色明显的口钩,体乳白色或黄色等。头端尖细,逐渐向后粗大,即称为蛆形。气门大都开口在体末端、前端或两端,称前气门式或两端气门式。气门周围常有不同形状的骨片和突起。

8.1　摇蚊科 Chironomidae

体长 2～25 mm,体小型而细,呈圆柱状。头部长,为前口式,具触角、眼点和上颚等前胸及腹部后端有伪足。体色多为红色,但也有黄色、绿色或棕色的。水生种类在腹部第八节和体末端有其气管鳃或有 2 对血鳃;但陆生种类则无伪足和气管鳃。

8.2　蚊科 Culicidae

体长 3～18 mm,大多数种类为 6～10 mm,幼虫水生,体呈黄、灰、绿、褐或近黑色,形细长,甚活泼。头大有细颈,能自由活动,多毛丛。前口式,咀嚼口器。捕食的种类口器发达,有上唇,上颚有齿,下颚大而扁平,下唇片状,并有一对口刷。眼发达。触角短,仅一节,有中央触角丛。胸部 3 节愈合,大而显著,胸部毛丛甚大。腹部 9～10 节,细而长,1～7 节生有侧毛丛,第八节上有骨质大型呼吸管,基部则有细鳞片及二束大毛丛,端部有气门,尾节上有骨化的"骨板"及指状的"臀鳃"4 片,呼吸管可以关闭。

8.3　虻科 Tabanidae

体长 15～50 mm,近白色、黄色或绿色。圆柱形或圆锥形,两端尖似纺锤,包括头部在内共 11 节。头部小而长,能缩入前胸。触角 1～3 节,上颚钩状。前胸小,腹部 1～7 节,各节相似。在每节的前部有环生的瘤状突起,为行为器官,且多纵皱。腹部第八节尖锐,末端具肛门,背面具气门突,有气门突的尖端具一直的裂隙,且可在裂隙中伸出一扁形刺,末节有一短形的呼吸管。幼虫以水生为主。

8.4　蚜蝇科 Syrphidae

陆生种类成长幼虫体长 6～19 mm,水生种类如连同呼吸管可达 35 mm,呈蛆形。体色污白或乳白,但气门色较深,补蚜种类有黄、粉红、绿和褐色等。头部及口器不显著,大多数种类能缩入前胸,口钩成对,骨化。前胸具气门 1 对,有时呈两端气门式。腹部 9 节,但由于皱褶和刺及毛而不易区分。胸、腹部的表皮粗糙,体侧有短而柔软的突起。有直肠鳃,具呼吸机能。有的种类在身体末端有细长如鼠尾状的呼吸管。幼虫有食蚜蝇和鼠尾蛆两型。食蚜蝇型的体长而略扁,前端狭尖,后端截形;鼠尾蛆型的末端有 1 根细长的呼吸管,其上有后气门。

8.5　实蝇科 Trypetidae

成长幼虫体长 3～15 mm,圆柱形至圆锥形,或蛆形,微黄或乳白色。体前端各节具微刺。有些体节上的微刺集中排列成带状,环绕着体节。微刺带着生在腹节的腹面,往往集中在一个纺锤形的区域里。头部具 1 对黑色而平行的口钩和 1 对载有感觉突起的叶状构造。前胸后背侧方有 1 对淡色的扇状气门。每一气门突出于表皮之上,其端缘有 9～30 个圆形的指状突起,突起常排列成单行或不规则。腹部明显可见 8 节,最后一节末端光滑或具疣,后气门在末节的背半部。每个气门板有 3 个平行的长裂缝。

8.6　果蝇科 Drosophilidae

成长幼虫体长 4～8 mm,大多数种类为纺锤形或圆柱形。体近白色,体稍有皱褶。头部及口钩可缩入前胸,有的种类口钩不紧接。胸部 3 节,前胸着生圆形气门,但不显著,且能收缩,侧叶有 5～8 个呈长指状的突起。腹部 8 节,腹面有非骨化小鬃,可作行走工具。尾气门骨化,互相接近或呈分歧突起状。

8.7　蝇科 Muscidae

成长幼虫体长 5～12 mm,明显蛆形、圆柱形,近白色或乳黄色。体具平滑的外壁,无突出的突起,但腹面有伪足状扁平突。头部针头状,口钩色较深。胸部 3 节,前胸两侧有不太明显的前胸气门,每个气门有 12 枚指状构造的突起。两端气门式。有成对的后气门。后气门区有 4 个或 4 个以上的突起,呈半球形。每一气门有 3 个气门裂,呈放射状排列。腹部有伪足。

8.8 麻蝇科 Sarcohagidae

大多数成长幼虫体长 10～20 mm，蛆形，近白色至淡黄色。中、后胸及大多数腹节具小刺，排列成带。头未骨化，可收缩，前侧区通常具有感觉乳突。口钩一对，可收缩。胸部 3 节，前胸气门生于两侧，并有 6～15 个指状突起。腹部 8 节，每节具 2～3 个褶。尾端后气门板为圆形，陷入很深，有 3 个直形的气门裂，无钮状突起。

8.9 丽蝇科 Calliphoridae

大多数成长幼虫体长 10～18 mm，呈蛆形，近白色。中、后胸及大部分腹节有呈全带的小刺。头未骨化，可收缩，前侧区通常具感觉乳突。口钩一对，色深，可收缩，头咽骨发达。胸部 3 节，前胸两侧着生前胸气门，并有 6～12 个指状突起。腹部 8～10 节，有肉质乳突状小刺。后气门板近圆形，有 3 个纵的气门裂，且位于浅的凹陷中或无凹陷中，有钮状突起。

9 鳞翅目 Lepidotera

幼虫的头部一般具有骨化的头颅，但是那些将头部缩入前胸盾下的头后部分骨化较弱。口器一般都在头的前下方为下口式。有蜕裂线。单眼在头部的侧下方，口器的两侧上方，为淡黄褐色小而圆的透明晶体。每侧一般 6 个，少数为 4～5 个。上唇是悬于唇基下面的一块横片，构造简单，前缘中央有一凹陷缺刻，呈浅弧形。上颚是一对三角形锥状结构，下颚、下唇和舌常联合成一个复合体。下颚须 2～3 节，下唇须 2～3 节。在负唇须节的膜质区内，有由中唇舌组成的刺状中空的吐丝器。触角 3～4 节，比较粗短，基部两节稍大长。胸部由 3 节组成，体壁较柔软。前胸的背面部分骨化，为盾形，叫前胸盾。大部分鳞翅目幼虫具 3 对胸足。腹部由 10 个体节组成，各节的体壁较柔软，各环节可有皱褶。第十节背侧面常有一骨化的臀板。绝大部分鳞翅目幼虫在腹部 3、4、5、6、10 节上有 1 对腹足。气门在前胸的两侧及腹部 1～8 节的两侧，各有 1 对。

9.1 螟蛾科 Pyralidae

幼虫中等大小，长 10～35 mm，绿、黄、粉红、褐或近白色，有时体上毛片部有其他色斑。头壳坚硬，背腹两侧扁平，有蜕裂线。具侧单眼 6 枚，上唇是口器上侧拱起的骨片，中央及两侧各有 6 根刚毛及 1～3 个孔；上颚坚硬。下颚的轴节和外伸的茎节与下唇的亚颏和颏构成口器，前端着生外颚叶和 3 节的下颚须。下唇顶端中央有吐丝器，左右则有下唇须；触角短，基节外伸出两节圆筒状的长节，上生感觉刚毛。胸部分 3 节，前胸节的背面有一片骨化的前胸盾。头部可以缩在胸部下方，中央有一条纵线，每侧着生 6 根刚毛。胸部的背板及腹板都没有坚硬的盾片，但有坚硬的刚毛。胸部着生 3 对胸足，中、后胸有侧毛 3 根，腹部 10 节，表皮柔软，末端有一片硬化的臀板，第一至八节两侧有气门，第三至六节及第十节的腹面有腹足，幼虫无次生刚毛。

9.2 尺蛾科 Geometridae

体小至中型，长 20～50 mm，圆而细。上唇缺刻为"U"形。体壁光滑，腹足退化，仅 2 对腹足，着生在第六和第十节上，但有少数种类在腹部第五节还有 1 对退化的腹足。

9.3 夜蛾科 Noctuidae

虫体小到中型，体长 25～50 mm，粗壮光滑，少数种类具毛瘤、枝刺或次生刚毛，体色一般较暗。头部冠缝长的,多为下口式,冠缝极短或无冠缝者,多为前口式。唇基分前唇基和后唇基 2 部分。前唇基为一简单的横片,上唇前缘的缺刻一般不太深。上颚发达,前缘具齿 5 个,上颚的侧面具 2 根刚毛;下颚的主要部分和下唇的基部连成复合体,两下唇须之间则有由唇舌变来的吐丝器。腹部由 10 个体节组成,腹部 3~6 节各有腹足 1 对,第十腹节着生臀足 1 对。

9.4　粉蝶科 Pieridae

幼虫体小到中型,长 20~40 mm,圆柱形,细长,绿色或黄色,或有黄色或白色纵线。体表有很多小突起和次生刚毛,但无显著的体刺。头部明显,体各节分 4~6 个小环节横皱。腹足 5 对。

9.5　蛱蝶科 Nymphalidae

幼虫体中型,长 25~30 mm,色泽各异,但色深。头常有枝刺,有的大而呈角状,部分幼虫头部仅有 1 对角状突起。若体无枝刺,仅具许多小颗粒突起,此特征可区别于其他蝶类幼虫。体节上常有棘刺。腹足 5 对。

10　膜翅目 Hymenoptera

膜翅目幼虫的头部强烈骨化,具有明显的咀嚼式口器的上颚,大多数种类的头式为下口式,多数种类的头部完全外露。头部呈球形,具浅色或深色,表面光滑或粗糙,或呈颗粒状突起。此外,头部都有一明显的倒"Y"形蜕裂线,额明显,蜕裂线臂和唇基将额包围,唇基宽大于长,具 2~10 根刚毛,通常为 4 根,上唇具 2 根或更多的刚毛,在端喙中央有一凹陷。触角位于单眼的下方和上颚基部的上方。在触角基部的周围有 1 骨化环,环内有膜与触角的基部相连接。触角 1 节至 7 节。上颚高度骨化,一般在颚端缘的齿较右上颚为多。下颚和下唇都有须,在下唇上有 1 丝腺的开口,但没有突出的吐丝器。胸部由 3 节组成,具 1~2 对气门,第一对通常位于前胸,第二对有时缺,如存在时极小,常位于中胸,或接近于后胸处。第一胸节的背面常具有由横沟所划分的 2 个以上的小节,胸部具 3 对胸足,有时分节明显。具爪,有刚毛刺状或肉质的爪间突。腹部由 9~10 节组成。气门位于腹部 1~8 节两侧,每节的背面被横沟划分成 2~7 个小节,第十节背板凸,常具刚毛。腹足为肉质锥形突起,基部宽,尖端小而无趾钩。气门狭卵圆形,气门片常增厚,色深,腹门气门位于背中线和腹中线中间的正中部分,如腹部每节分为若干小节时,则位于最前 3 个节上。

10.1　叶蜂科 Tenthredinidae

体长 10~30 mm 以上,酷似鳞翅目幼虫。体光滑无毛或被或短或长的刚毛、蜡质或黏液状的分泌物。头部有显著的蜕裂线,单眼每侧 1 枚,周围有色斑,触角 4~5 节,左右上颚不对称,下颚须 4 节,下唇须 3 节,胸部 3 节,胸足 5 节,有些种类有明显的爪。腹部 10 节。气门着生于 1~8 节两侧,腹足位于 2~7 或 2~8 节和第十节,少数种类具刚毛或刺。

10.2　姬蜂科 Ichneumonidae

体长 45 mm 左右,纺锤形,乳白色,老熟时呈黑褐色。上颚与头部构造骨化,上颚叶片部有 2 排齿,外寄生姬蜂幼虫的上颚叶部下缘有齿,有时上缘也有齿。胸部 3 节。腹部 10 节。气门共 9 对,位于前胸或中胸和腹部 1~8 节两侧。

参考文献

［1］艾继周. 天然药物学实训［M］. 北京：人民卫生出版社，2009.

［2］安徽省林业厅，安徽经济植物志编写办公室. 安徽经济植物志（下）［M］. 合肥：安徽科学技术出版社，2007.

［3］白洁. 四川大学校园植物现状调查与分析［J］. 四川林业科技，2011,32(2):60-69.

［4］蔡岳文. 药用植物识别技术［M］. 北京：化学工业出版社，2008.

［5］曹静，赵志军，马艳芝. 地肤子等9种中草药提取物对马铃薯晚疫病菌的影响［J］. 江苏农业科学，2009(5):149-150.

［6］曹威，赵财，熊源新，等. 贵州省纳雍珙桐自然保护区苔类植物初探［J］. 山地农业生物学报，2013,32(5):421-427.

［7］陈粉丽，张松林，白芳铭. 兰州市城市生态绿地建设浅议［J］. 湖北农业科学，2009,48(1):250-253.

［8］陈汉斌. 山东省植物志（上卷）［M］. 青岛：青岛出版社，1989.

［9］陈汉斌. 山东省植物志（下卷）［M］. 青岛：青岛出版社，1997.

［10］陈鹏. 动物地理学［M］. 北京：高等教育出版社，1986.

［11］陈鹏. 生物地理学［M］. 长春：东北师范大学出版社，1989.

［12］陈鹏. 土壤动物的采集和调查方法［J］. 生态学杂志，1983,(3):46-51.

［13］陈学新. 昆虫生物地理学［M］. 北京：中国林业出版社，2009.

［14］崔波，李服，马杰. 郑州植物志［M］. 北京：中国科学技术出版社，2008.

［15］戴德昇，林裕芳. 梁野山原生药用植物彩色图谱［M］. 厦门：厦门大学出版社，2015.

［16］邓洪平，孙敏，张家辉. 植物学实验教程［M］. 重庆：西南大学出版社，2012.

［17］邓佳佳，熊源新，刘伟才，等. 贵州省岩下大鲵自然保护区苔藓植物区系调查［J］. 山地农业生物学报，2008,27(2):123-126.

［18］邓莉兰. 风景园林树木学［M］. 北京：中国林业出版社，2010.

［19］邓荫伟，黄连桂，邓业成. 广西银杏冰雪灾害调查及治理技术［J］. 林业科学研究，2009,22(4):586-591.

［20］丁宝章，王遂义. 河南植物志（第4册）［M］. 郑州：河南科学技术出版社，1998.

［21］丁炳扬，潘承文. 天目山植物学实习手册［M］. 杭州：浙江大学出版社，2003.

［22］丁炳扬. 天目山植物志［M］. 杭州：浙江大学出版社，2010.

［23］董鸣. 陆地生物群落调查观测与分析［M］. 北京：中国标准出版社，1996.

［24］董琼，李乡旺，樊国盛. 大中山自然保护区种子植物区系研究［J］. 广西植物，2006,26(5):541-545.

［25］杜培明. 园林植物造景［M］. 北京：旅游教育出版社，2011.

［26］杜培明. 植物景观概论［M］. 南京：江苏科学技术出版社，2009.

［27］杜勤. 药用植物学［M］. 北京：中国医药科技出版社，2011.

［28］段国禄，施江. 植物制片、标本制作和植物鉴定［M］. 北京：气象出版社，2008.

［29］费永俊，刘志雄，叶玉娥. 荆州市西郊乡村沟渠湿地植物群落结构初步研究［J］. 长江大学学报（自

科版)农学卷,2005,25(1):10-13.

[30] 冯富娟. 植物学野外实习手册[M]. 北京:高等教育出版社,2010.

[31] 傅桐生,高玮,宋榆钧. 鸟类分类及生态学[M]. 北京:高等教育出版社,1987.

[32] 傅志军,张芳. 中条山种子植物区系地理研究[J]. 宝鸡文理学院学报(自然科学版),1995(3):
    45-51.

[33] 高凯,秦俊,宋坤,等. 城市居住区绿地斑块的降温效应及影响因素分析[J]. 植物资源与环境学报,
    2009,18(3):50+55.

[34] 高瑞馨. 植物学实验[M]. 哈尔滨:东北林业大学出版社,2005.

[35] 高松. 辽宁中药志 植物类[M]. 沈阳:辽宁科学技术出版社,2010.

[36] 高信曾. 植物学实验指导[M]. 北京:高等教育出版社,1986.

[37] 高远,慈海鑫,邱振鲁,等. 山东蒙山植物多样性及其海拔梯度格局[J]. 生态学报,2009,29(12):
    6377-6384.

[38] 何丽霞,高九思,贾会琴. 豫西地区毛茛科野生花卉资源种类记述(Ⅰ)[J]. 园艺与种苗,2014(5):
    5-9.

[39] 胡杰. 脊椎动物学野外实习指导[M]. 北京:科学出版社,2012.

[40] 胡军. 科学教师用书[M]. 石家庄:河北人民出版社,2004.

[41] 胡炎红,庞启亮. 鄂西地区杉木林生物量模拟及其分配格局[J]. 湖北林业科技,2012(3):6-9.

[42] 华东师范大学,东北师范大学. 植物学(下)[M]. 北京:高等教育出版社,1982.

[43] 黄娇,李仲芳,林丽平. 乐山市园林植物应用现状分析[J]. 福建林业科技,2013,40(3):158-161.

[44] 黄丽萍,刘丽萍,李枝林,等. 美人蕉属植物研究现状与展望[J]. 安徽农学通报,2007,13(12):
    89-91.

[45] 黄士良,王振杰,李大林,等. 河北山地种子植物属的区系地理成分分析[J]. 河北师范大学学报(自
    然科学版),2012,26(4):409-416.

[46] 黄文新,陈薇,丛义艳,等. 湖南通道侗族自治县种子植物属的区系研究[J]. 湖南师范大学自然科
    学学报,2005,28(3):90-93.

[47] 贾鹏,熊源新,王美会,等. 广西那佐自然保护区苔藓植物的组成与区系[J]. 贵州农业科学,2011,
    39(6):34-38.

[48] 贾鹏,熊源新,王美会,等. 广西那坡县苔藓植物初步研究[J]. 广西植物,2011,39(5):34-38.

[49] 贾鹏,熊源新,王美会,等. 广西猫街鸟类自然保护区苔藓植物初步研究[J]. 贵州大学学报(自然科
    学版),2010,27(6):55-62.

[50] 江西中医学院. 药用植物学[M]. 上海:上海科学技术出版社,1979.

[51] 姜汉侨. 植物生态学(第2版)[M]. 北京:高等教育出版社,2010.

[52] 姜如碧. 植物标本的采集和制作[J]. 贵州林业科技,1981,(4):51-54.

[53] 姜治国,王大兴,杨敬元,等. 神农架国家级自然保护区植物资源调查研究[J]. 湖北林业科技,2010,
    (5):35-38.

[54] 蒋洁云,杨廷生. 毕节试验区罩子山苔藓植物区系研究[J]. 毕节学院学报,2011,29(8):18-26.

[55] 赖燕玲,梁嘉声,罗连,等. 深圳马峦山风景区种子植物区系的研究[J]. 西北植物学报,2007,27(1):
    139-155.

[56] 李殿杰,于耀先. 山东地理野外实习[M]. 济南:山东省地图出版社,1997.

[57] 李法曾,梁书宾,陈锡典. 泰山植物检索表[M]. 济南:山东科学技术出版社,1987

[58] 李华西. 构树及其开发利用[J]. 河北林业,2007(1):36-37.

[59] 李建民. 天然药物学[M]. 北京:化学工业出版社,2014.

[60] 李建鑫. 动物标本的制作方法[J]. 河南畜牧兽医,2007,28(11):38-39.

[61] 李建秀,周凤琴,张照荣. 山东药用植物志[M]. 西安:西安交通大学出版社,2013.

[62] 李进进,马书燕. 园林树木[M]. 北京:中国水利水电出版社,2012.

[63] 李利红,罗世炜,曹正明. 药用植物学[M]. 北京:化学工业出版社,2013.

[64] 李琳,赵建成,边文. 滦河上游地区藓类植物区系的初步研究. 西北植物学报,2006,26(8):1671-1676.

[65] 李钦. 药用植物学[M]. 北京:中国医药科技出版社,2006.

[66] 李思健. 枣庄野生植物资源[M]. 济南:山东大学出版社,2007.

[67] 李秀霞,许龙,王长宝,等. 生物学实践指导(下)[M]. 沈阳:东北大学出版社,2014.

[68] 李彦连. 山东省攀援植物属的地理成分分析[J]. 福建林业科技,2008,35(1):107-111.

[69] 李跃霞. 山西省种子植物区系及与相邻区系的比较研究[D]. 太原:山西大学,2006.

[70] 梁卫芳,黎小锋,卢灿章,等. 佛山市高明区乡土树木资源调查研究. 广东林业科技,2009,25(5):63-68.

[71] 刘斌,艾继周,邓茂芳,等. 天然药物学(第2版)[M]. 北京:高等教育出版社,2012.

[72] 刘恩德. 永德大雪山种子植物区系研究[J]. 云南植物研究,2007,29(2):129-136.

[73] 刘丽正,王希华,宋永昌. 计算机技术在群落表制作和群落分类中的应用[J]. 植物资源与环境学报,2001,10(2):47-51.

[74] 刘凌云,郑光美. 普通动物学(第3版)[M]. 北京:高等教育出版社,1997.

[75] 刘思涵. 东天目山种子植物区系及其植被恢复状况[D]. 上海:华东师范大学,2008.

[76] 刘晓娟. 甘肃省太子山植物区系地理研究[D]. 兰州:甘肃农业大学,2005.

[77] 刘晓霞,张金环. 植物标本的采集、制作与保存[J]. 陕西农业科学,2008(1):223-224.

[78] 刘新波,张春华,李凤华. 药用植物学[M]. 哈尔滨:哈尔滨地图出版社,2007.

[79] 刘永英,李琳,王育水,等. 河南省苔藓植物的研究现状及展望[J]. 焦作师范高等专科学校学报,2006,22(1):50-53.

[80] 刘丹,亓文英,高广臣,等. 昆俞山珍稀濒危野生林木种质资源调查研究[J]. 安徽农业科学,2013,41(35):13579-13581.

[81] 陆叶,刘春宇. 药用植物学与生药学实验指导[M]. 苏州:苏州大学出版社,2014.

[82] 陆自强. 植物学实验教程[M]. 北京:中国农业大学出版社,2012.

[83] 马丹炜. 植物地理学(第2版)[M]. 北京:科学出版社,2012.

[84] 马丹炜. 植物地理学实验与实习教程[M]. 北京:科学出版社,2009.

[85] 马俊改. 湖北星斗山国家级自然保护区苔类植物初步研究[D]. 武汉:华中师范大学,2006.

[86] 马炜梁. 植物学[M]. 北京:高等教育出版社,2009.

[87] 马晓业,刘慧娟,许天全,等. 湖北省荆门荆山余脉种子植物区系研究[J]. 武汉植物学研究,2006,24(4):333-338.

[88] 马彦伟,刘全儒,康慕谊. 北京上方山种子植物区系的研究[J]. 北京师范大学学报(自然科学版),2004,40(6):809-813.

[89] 宁祖林,黄勇,王珠娜,等. 湖北利川市种子植物区系研究[J]. 广西植物,2007,27(1):84-89.

[90] 潘凯元. 药用植物学[M]. 北京:高等教育出版社,2005.

[91] 潘凯元. 药用植物学基础[M]. 北京:人民卫生出版社,2008.

[92] 潘胜利. 药用植物学实验指导[M]. 北京:人民卫生出版社,2007.

[93] 庞延军,朱昱苹,杨永华. 植物科学实验[M]. 北京:科学出版社,2013.

[94] 彭涛,张朝晖.贵州香纸沟喀斯特区域苔藓植物区系研究[J].贵州科学,2009,27(4):56-62.

[95] 彭友林.植物学野外实习教程[M].长沙:湖南科学技术出版社,2008.

[96] 彭志.苏州市维管束植物区系和植物资源研究[D].南京:南京林业大学,2009.

[97] 钱永涛.药用植物彩色图谱[M].杭州:浙江科学技术出版社,2009.

[98] 秦树辉.生物地理学[M].北京:科学出版社,2010.

[99] 邱立言.平原地区蕨类植物教学的好材料[J].植物杂志,1990(6):39.

[100] 曲波.植物学[M].北京:高等教育出版社,2011.

[101] 山东树木志编写组.山东树木志[M].济南:山东科学出版社,1984.

[102] 沈显生.中国东部高等植物分科检索与图谱[M].合肥:中国科学技术大学出版社,1997.

[103] 史敏华.中条山药用树木资源[M].北京:中国林业出版社,2010.

[104] 四川医学院,上海第一医学院,北京医学院,等.中草药学[M].北京:人民卫生出版社,1985.

[105] 四川医学院.中草药学[M].北京:人民卫生出版社,1979.

[106] 宋德勋.药用植物[M].北京:中国中医药出版社,2003.

[107] 宋永昌.植被生态学[M].上海:华东师范大学出版社,2001.

[108] 孙萌,张亚芝,雷国莲.新编药用植物学[M].苏州:苏州大学出版社,2008.

[109] 孙启时,路金才,贾凌云.药用植物鉴别与开发利用[M].北京:人民军医出版社,2009.

[110] 孙启时.药用植物学[M].北京:人民卫生出版社,2007.

[111] 孙启时.药用植物学[M].北京:中国医药科技出版社,2009.

[112] 谈献和,王德群.药用植物学[M].北京:中国中医药出版社,2013.

[113] 谈献和,姚振生.药用植物学[M].上海:上海科学技术出版社,2009.

[114] 谭洪田.湖南省九龙江国家森林公园种子植物区系研究[D].长沙:中南林业科技大学,2011.

[115] 唐义富.园艺植物识别与应用[M].北京:中国农业大学出版社,2013.

[116] 涂爱萍.实用植物基础[M].武汉:华中师范大学出版社,2011.

[117] 汪劲武.种子植物分类学[M].北京:高等教育出版社,1985.

[118] 汪明润.佛顶山药用植物调查初报[J].贵州林业科技,1999,27(1):34-39.

[119] 王春.南京紫金山植物区系与植物资源研究[D].南京:南京林业大学,2009.

[120] 王发国,叶华谷,赵南先.广东阳春鹅凰嶂自然保护区种子植物区系研究[J].广西植物,2003,23(6):495-504.

[121] 王荷生.华北植物区系地理[M].北京:科学出版社,1997.

[122] 王会宁.南京栖霞山植物区系地理及野生植物资源研究[D].南京:南京林业大学,2006.

[123] 王凯,李伟,牟志刚,等.鲁东南滨海园林植物资源和耐盐性调查分析.林业资源管理,2011,(2):65-71.

[124] 王利松,孔冬瑞,马海英,等.滇中小百草岭种子植物区系的初步研究[J].云南植物研究,2005,27(2):125-133.

[125] 王美会,熊源新,贾鹏,等.贵州龙头大山自然保护区苔藓植物研究[J].山地农业生物学报,2010,29(5):381-386.

[126] 王仁卿,张昭洁.山东稀有濒危保护植物[M].济南:山东大学出版社,1993.

[127] 王晓凌,寇太记,张有福.植物识别鉴定和生物绘图[M].西安:陕西人民出版社,2008.

[128] 王兴顺.天然药物学[M].北京:人民卫生出版社,2003.

[129] 王旭红.药用植物学实验与指导[M].北京:中国医药科技出版社,2004.

[130] 王一峰,张海栋,金杰强,等.甘肃小陇山种子植物区系地理及多样性分析[J].西北师范大学学报(自然科学版),2007,43(5):75-82.

[131] 王英典,刘宁.植物生物学实验指导[M].北京:高等教育出版社,2001.

[132] 王迎春.生物学综合实习指导[M].北京:高等教育出版社,2011.

[133] 王正银,胡尚钦.中国优势肥用植物资源潜力与利用[J].植物资源与环境学报,2000,9(3):49-53.

[134] 魏士贤.山东树木志[M].济南:山东科学技术出版社,1984.

[135] 吴甘霖,王松.动植物学野外实习指导[M].合肥:合肥工业大学出版社,2008.

[136] 吴国芳,裘佩熹,冯志坚.植物学(下)[M].北京:人民教育出版社,1982.

[137] 吴永彬,张伟良,陈锡沐.广州帽峰山森林公园植物区系研究[J].华南农业大学学报,2006,27(2):83-87.

[138] 武吉华,刘濂.植物地理实习指导[M].北京:高等教育出版社,1983.

[139] 肖荣寰,吕金福.地理野外实习指导[M].长春:东北师范大学出版社,1988.

[140] 谢国文,廖富林,廖建良.植物学实验与实习[M].广州:暨南大学出版社,2011.

[141] 邢福武.东莞植物志[M].武汉:华中科技大学出版社,2010.

[142] 熊耀康,严铸云.药用植物学[M].北京:人民卫生出版社,2012.

[143] 徐应华,秦燕,张华海.黔中地区林木种质资源异地保存基地建设研究[J].内蒙古林业调查设计,2008,31(2):107-110.

[144] 徐远杰.典型喀斯特地区木本植物区系比较研究[D].昆明:西南林业大学,2007.

[145] 许文渊,潘宣,汪乐原.药用植物学[M].北京:中国医药科技出版社,2004.

[146] 薛大勇.动物标本采集、保藏、鉴定和信息共享指南[M].北京:中国标准出版社,2010.

[147] 严铸云.药用植物学[M].北京:中国医药科技出版社,2015.

[148] 阎春兰,刘虹,李贞,等.中南民族大学校内高等植物的初步调查[J].湖北师范学院学报(自然科学版),2009,29(2):33-38.

[149] 杨国华,叶泽超,李俊杰.山西省林业生态示范基地植被调查[J].山西林业科技,2007,(3):27-30.

[150] 杨静慧.植物学[M].北京:中国农业大学出版社,2014.

[151] 杨士弘.自然地理学实验与实习[M].北京:科学出版社,2004.

[152] 杨祯禄.药用植物学[M].北京:中国医药科技出版社,1999.

[153] 姚家玲.植物学实验[M].北京:高等教育出版社,2009.

[154] 姚文淑.药用植物学(第3版)[M].北京:人民卫生出版社,1997.

[155] 姚振生,熊耀康.药用植物资源与鉴定[M].杭州:浙江科学技术出版社,2008.

[156] 姚振生.药用植物学(新世纪第2版)[M].北京:中国中医药出版社,2007.

[157] 殷秀琴.生物地理学(第2版)[M].北京:高等教育出版社.2014.

[158] 尹祖棠.种子植物实验与实习(修订版)[M].北京:北京师范大学出版社,1993.

[159] 应俊生,徐国士.中国台湾种子植物区系的性质、特点及其与大陆植物区系的关系[J].植物分类学报,2002,40(1):1-51.

[160] 余传隆.中药辞海(第1卷)[M].北京:中国医药科技出版社,1993.

[161] 袁凤军,杜凡,许先鹏.铜壁关自然保护区种子植物区系分析[J].林业调查规划,2007,32(4):104-108.

[162] 袁洪卫.胶东植物手册[M].青岛:中国海洋大学出版社,2012.

[163] 臧得奎.山东崂山木本植物区系的研究[J].山东农业大学学报,1992,23(4):405-410.

[164] 臧得奎等.山东半岛种子植物区系的研究[J].莱阳农学院学报.1994,11(4):289-293.

[165] 臧得奎等.山东省特有植物的研究[J].植物研究,1994,14(1):48-58.

[166] 臧得奎等.山东泰山种子植物区系的研究[J].武汉植物学研究,1994,12(3):233-239.

[167] 詹亚华.药用植物学[M].北京:中国医药科技出版社,1998.

[168] 战海霞,张光灿,刘霞,等.沂蒙山林区不同植物群落的土壤颗粒分形与水分入渗特征[J].中国水土保持科学,2009,7(1):49-56.

[169] 张彪,张国良,牛佳田.植物学自学教程[M].北京:科学出版社,2006.

[170] 张存厚,刘果厚.浑善达克沙地种子植物区系分析[J].应用生态学报,2005,16(4):610-614.

[171] 张浩.药用植物学[M].北京:人民卫生出版社,2011.

[172] 张茹春.北京怀沙、怀九河自然保护区植物区系及生态研究[D].石家庄:河北师范大学,2006.

[173] 张生会.植物奥秘探索(33)[M].呼和浩特:内蒙古人民出版社,2006.

[174] 张宋智,刘文桢,郭小龙,等.秦岭西段锐齿栎群落林木个体大小分布特征及物种多样性[J].林业科学研究,2010,23(1):65-70.

[175] 张镱锂,张雪梅.植物区系地理研究中的重要参数——相似性系数[J].干旱区研究,1998,15(1):59-63.

[176] 张用宪,张延武,王军.宿迁市木本植物资源调查研究[J].江苏林业科技,1997,24(3):32-34.

[177] 张元明,曹同,潘伯荣.新疆山地苔藓植物区系相似性的数量分析[J].西北植物学报,2002,22(3):484-489.

[178] 章英才,王俊.植物学实验[M].银川:宁夏人民出版社,2007.

[179] 赵建成,郭书彬,李盼威.小五台山植物志(上)[M].北京:科学出版社,2011.

[180] 赵善伦,吴志芬,张伟.山东植物区系地理[M].济南:山东省地图出版社,1997.

[181] 赵兴云.沂蒙山地区旅游资源定量评价及旅游开发战略构想[J].临沂师范学院学报,2007,29(6):89-96.

[182] 赵兴云.沂蒙山区土地资源的可持续利用研究[J].河北师范大学学报(自然科学版),2003,27(2):207-211.

[183] 赵媛.南京地区地理综合实习指导纲要[M].北京:科学出版社,2010.

[184] 赵智艳,熊源新,杨冰,等.贵州省瘤冠苔科植物种类及区系分析[J].山地农业生物学报,2011,30(4):309-313.

[185] 赵遵田,王锡华,李京东,等.山东省蒙山种子植物研究[J].山东科学,2005,18(4):42-47.

[186] 郑汉臣,蔡少青.药用植物学与生药学[M].北京:人民卫生出版社,1986.

[187] 郑汉臣.药用植物学(第5版)[M].北京:人民卫生出版社,2007.

[188] 郑小吉.药用植物学[M].北京:人民卫生出版社,2005.

[189] 中国大百科全书总编辑委员会.中国大百科全书 生物学(2)[M].北京:中国大百科全书出版社,1991.

[190] 中国大百科全书总编辑委员会.中国大百科全书 生物学(3)[M].北京:中国大百科全书出版社,2002.

[191] 中国大百科全书总编委会.中国大百科全书 精华本[M].北京:中国大百科全书出版社,2002.

[192] 中国科学院植被研究所.中国高等植物图鉴[M].北京:科学出版社,1985.

[193] 中国科学院植物研究所.中国高等植物图鉴(1~5册)[M].北京:科学出版社,1972-1982.

[194] 中国植被编辑委员会.中国植被[M].北京:科学出版社,1980.

[195] 钟觉民.幼虫分类学[M].北京:农业出版社,1990.

[196] 周劲松.园林树木花卉实用教程[M].武汉:武汉理工大学出版社,2012.

[197] 周书芹,熊源新,杨冰,等.贵州省纳雍县大坪箐苔藓植物初步研究[J].山地农业生物学报,2013,32(4):288-294.

[198] 周志钦.金佛山野生果树[M].北京:科学出版社,2010.

[199] 祝正银.药用植物学[M].北京:中国中医药出版社,2006.

［200］訾兴中,张定成.大别山植物志［M］.北京:中国林业出版社,2006.

［201］訾兴中.琅琊山植物志［M］.北京:中国林业出版社,1999.

［202］左经会.六盘水药用植物［M］.北京:科学出版社,2013.